北咨咨询丛书　　丛书主编　王革平

·绿色低碳类·

工程项目
全过程环境咨询服务
理论方法及应用

主　编　张　泉

副主编　何　坚　倪晓飞
　　　　刘河霞　高农农

U0254275

中国建筑工业出版社

图书在版编目（CIP）数据

工程项目全过程环境咨询服务理论方法及应用/张泉主编；何坚等副主编.--北京：中国建筑工业出版社，2024.12.--（北咨咨询丛书/王革平主编）.

ISBN 978-7-112-30694-7

I.TU-023

中国国家版本馆CIP数据核字第2024PB4095号

责任编辑：毕凤鸣　李闻智
文字编辑：王艺彬
责任校对：赵　力

北咨咨询丛书

·绿色低碳类·

丛书主编　王革平

工程项目全过程环境咨询服务理论方法及应用

主编　张　泉

副主编　何　坚　倪晓飞
　　　　刘河霞　高农农

*

中国建筑工业出版社出版、发行（北京海淀三里河路9号）

各地新华书店、建筑书店经销

华之逸品书装设计制版

北京市密东印刷有限公司印刷

*

开本：787毫米×1092毫米　1/16　印张：17　字数：300千字

2024年12月第一版　　2024年12月第一次印刷

定价：**78.00**元

ISBN 978-7-112-30694-7

（43992）

北咨咨询丛书编写委员会

主　编：王革平

副主编：王长江　张晓妍　葛　炜　张　龙　朱迎春　李　晟

委　员（按姓氏笔画排序）：

王铁钢　刘松桥　米　嘉　李　东　李纪宏　邹德欣

张　剑　陈永晖　陈育霞　郑　健　钟　良　袁钟楚

高振宇　黄文军　龚雪琴　康　勇　颜丽君

本书编委会

主　　编：张　泉

副 主 编：何　坚　倪晓飞　刘河霞　高农农

编写人员（按姓氏笔画排序）：

王红梅　肖　轶　张　龙　张晓刚

单丽娜　胡紫月　钟　良　阚兴艳

丛书序言

改革开放以来，我国经济社会发展取得了举世瞩目的成就，工程咨询业亦随之不断发展壮大。作为生产性服务业的重要组成部分，工程咨询业涵盖规划咨询、项目咨询、评估咨询、全过程工程咨询等方面，服务领域涉及经济社会建设和发展的方方面面，工程咨询机构也成为各级政府部门及企事业单位倚重的决策参谋和技术智囊。

为顺应国家投资体制改革和首都发展需要，以提高投资决策的科学性、民主化为目标，经北京市人民政府批准，北京市工程咨询股份有限公司（原北京市工程咨询公司，以下简称"北咨公司"）于1986年正式成立。经过近40年的发展，公司立足于首都经济建设和城市发展的最前沿，面向政府和社会，不断拓展咨询服务领域和服务深度，形成了贯穿投资项目建设全过程的业务链条，一体化综合服务优势明显，在涉及民生及城市发展的许多重要领域构建了独具特色的咨询评估理论方法及服务体系，积累了一批经验丰富的专家团队，为政府和社会在规划政策研究、投资决策、投资控制、建设管理、政府基金管理等方面提供了强有力的智力支持和服务保障，已成为北京市乃至全国有影响力的综合性工程咨询单位。

近年来，按照北京市要求，北咨公司积极推进事业单位转企改制工作，并于2020年完成企业工商注册，这是公司发展史上的重要里程碑，由此公司发展进入新阶段。面对新的发展形势和要求，公司紧密围绕北京市委全面深化改革委员会提出的打造"政府智库"和"行业龙头企业"的发展定位，以"内优外拓转型"为发展主线，以改革创新为根本动力，进一步巩固提升"收放有度、管控有力、运营高效、充满活力"的北咨管理模式，进一步深化改革，建立健全现代企业制度，进一步强化干部队伍建设，塑造"以奋斗者为本"的企业文化，进一步推动新技术引领传统咨询业务升级，稳步实施"内部增长和外部扩张并重"的双线战略，打造高端智库，加快推动上市重组并购进程，做大做强工程咨询业务，形成北咨品牌彰显的工程咨询龙头企业形象。

我国已进入高质量发展阶段，伴随着改革深入推进，市场环境持续优化，工程咨询行业仍处于蓬勃发展时期，工程咨询理论方法创新正成为行业发展的动力和手段。北咨公司始终注重理论创新和方法领先，始终注重咨询成效和增值服务，多年来形成了较为完善的技术方法、服务手段和管理模式。为完整、准确、全面贯彻新发展理念，北咨公司全面启动"工程咨询理论方法创新工程"，对公司近40年来理论研究和实践经验进行总结、提炼，系统性梳理各业务领域咨询理论方法，充分发挥典型项目的示范引领作用，推出"北咨咨询丛书"。

本丛书是集体智慧的结晶，反映了北咨公司的研究水平和能力，是外界认识和了解北咨的一扇窗口，同时希望借此研究成果，与同行共同交流、研讨，助推行业高质量发展。

工程项目全过程环境咨询服务理论方法及应用

序

在全球工业化和城市化加速推进的背景下，环境问题已成为全球范围内亟待解决的重大挑战。虽然城市化进程带来了全球经济的显著飞跃，但同时也导致了环境污染、生态系统受损以及资源日益枯竭等一系列严峻问题，对自然环境构成了巨大威胁，严重阻碍了经济可持续发展。在全球环境保护政策驱动下，环境咨询服务顺势而生，近年来，随着经济社会发展和资源环境矛盾日益突出，环境咨询服务逐步呈现多元化、综合化的特征，发展为涵盖从规划、设计、施工直至运营退役的全方位、全生命周期的环境咨询服务。

全过程环境咨询服务，不仅是对传统环境管理模式的深刻变革，更是对实现经济发展与环境保护双赢目标的有力支撑。它强调将环境保护理念贯穿于工程项目的每一个环节，确保项目在创造经济效益的同时，最大限度地减少对环境的负面影响。

全过程环境咨询服务，犹如全过程咨询领域中的一颗璀璨明珠，快速崛起，成为促进经济社会发展全面绿色转型、建设人与自然和谐共生现代化的关键桥梁，其地位和作用愈发显得举足轻重。

《工程项目全过程环境咨询服务理论方法及应用》一书，正是在这一背景下应运而生的一部力作。该书旨在深入挖掘全过程环境咨询服务的理论基础，系统梳理其实践操作方法，并通过丰富的应用案例分析，为环境保护领域的专家学者、从业人员以及企业管理者提供一套全面、实用、可操作的参考指南。全书内容翔实，结构清晰，既涵盖了环境影响评价、环境监理、环保管理等基础环节，又深入探讨了突发环境事件应急预案的制定、项目退役后的土壤污染调查与修复等前沿议题，真正实现了理论与实践的紧密结合，前瞻性与实用性并重。

北咨公司秉承打造"高端智库"和"行业领军企业"的战略定位，深入学习和贯彻习近平生态文明思想，组建了专业的环境咨询业务团队，积极协助市区两级政府部门和企事业单位开展各类环境咨询服务。通过对各类环境咨询工作的系统总结，北咨公司形成了独特的"工程项目全过程环境咨询服务理论方法"。本书作为北咨公司40年环境咨询工作的结晶，不仅为环境咨询从业者提供了宝贵的借鉴和启示，也为企业管理者提供了有益的参考。我们期待本书能够激发广大环境咨询从业者的深入思考和积极行动，为推动我国环境咨询行业的繁荣发展贡献一份力量。

2024年10月

前　言

在全球化的浪潮中，环境问题已经成为全人类共同面临的挑战。随着工业化和城市化的快速发展，资源的过度消耗和环境污染已经对人类的生存环境造成了严重影响。在这样的背景下，环境咨询服务行业应运而生，它不仅为工程项目提供专业的环境管理和可持续发展解决方案，更是实现经济与环境协调发展的重要手段。

全过程环境咨询服务，作为环境咨询行业的一个细分领域，涵盖了工程项目从策划、设计、施工、运营到退役的全生命周期。这种服务模式的出现，标志着环境咨询从单一的项目评估向全过程、全方位的综合服务转变，它不仅能够帮助企业降低环境风险、提高资源利用效率，还能够促进企业实现绿色转型和可持续发展。

本书系统地介绍全过程环境咨询服务的理论基础、方法论及其在实际工程中的应用。本书内容全面，覆盖了环境咨询的基本概念、环境保护法律法规体系、全过程环境咨询服务的各个阶段，以及具体的案例分析。本书旨在为企业管理人员提供决策参考，为环境咨询从业者提供技术指导，为相关学者和学生提供研究资料，共同推动我国环境保护事业的发展。

在编写本书的过程中，我们得到了北京市工程咨询股份有限公司环境咨询团队的大力支持。多位经验丰富的专家和学者参与了本书的编写工作，他们的专业知识和实践经验为本书的内容增添了丰富的色彩。此外，本书在编制过程中还参考了国内外相关领域的标准、文献和著作，这些宝贵的资料为本书的编写提供了坚实的理论基础。

本书的编写是一次跨学科、跨领域的合作，它不仅涉及环境科学、工程管理、法律法规等多个学科的知识，还涉及环境保护的实际应用。我们深知，环境咨询服务是一个不断发展的领域，新的理论和实践方法在不断涌现。因此，本书的编写也是一个不断学习和更新的过程。我们期待读者能够从本书中获得启发，同时也期待读者提出宝贵的意见和建议，以便我们不断改进和完善。

环境咨询服务的发展，不仅需要政府的政策引导和法律法规的规范，还需要社会各界的广泛参与和共同努力。我们希望通过本书激发更多人对环境保护的关注和参与，共同为实现绿色发展、建设美丽中国贡献力量。

在这个充满挑战和机遇的时代，全过程环境咨询服务正扮演着越来越重要的角色。我们相信，通过我们的共同努力，一定能够探索出一条经济与环境协调发展的新路，为子孙后代留下一个绿色、健康、可持续的生存环境。

本书由北京市工程咨询股份有限公司环境咨询团队编写，其中第一章由张泉、单丽娜、肖轶编写；第二章由倪晓飞、张泉编写；第三章由单丽娜、肖轶编写；第四章由胡紫月、倪晓飞编写；第五章由张泉、倪晓飞编写；第六章由阚兴艳编写；第七章由张泉、倪晓飞、阚兴艳、胡紫月、单丽娜、肖轶编写；第八章由张龙、钟良、何坚、刘河霞、高农农编写，高农农、王红梅、张晓刚负责校对工作。本书在编制过程中还得到了北京市工程咨询股份有限公司各级领导和全体员工的大力支持，在此一并表示感谢，编制过程中参考了相关领域的标准、文献和相关著作，在此向有关作者致以感谢。

因时间和水平所限，本书中难免存在不足和疏漏之处，敬请读者批评指正。

编者

2024年10月

目　录

工程项目全过程环境咨询服务理论方法及应用

目录

工程项目全过程环境咨询服务理论方法及应用

概述 1

1.1 环境咨询基本概念

随着我国社会和经济的高速发展，环境问题日益突出，社会各界对环境问题越发重视，特别是党的十八大以来，国家不断加大自然生态系统和环境保护力度，生态文明理念日益深入人心，环境保护扎实推进，生态保护和建设不断取得新成效，与此同时，环境咨询服务业迅速发展，并形成了以环境影响评价、排污许可、竣工环境保护验收等工作内容为代表的环境咨询服务体系。

环境咨询服务业是工程咨询中不可或缺的一部分，其肩负着环境可持续发展的重要责任。环境咨询服务是为环境治理、环境信息与技术咨询、推进治理工程等环节提供专业技术、经济、设备等建议的智力型有偿服务行业。从时间节点上进行划分，项目谋划及可行性研究阶段应开展环境保护相关工作研究；项目开工建设前应完成环境影响评价工作并取得行政许可；项目有排污行为前应取得排污许可证；建设项目竣工后应完成竣工环境保护验收工作；项目运行阶段部分企业还需开展环境突发应急预案工作；退役期部分企业还需进行土壤污染调查、风险评估或风险管控与修复工作。上述工作贯穿于建设项目全过程工程咨询，是对全过程工程咨询的延续，从广义上讲，也属于全过程工程咨询的范畴。

1.1.1 行业现状

我国环境咨询服务业发展迅速。其一，环境咨询服务机构数量多，据不完全统计，现有环境咨询服务机构数量达10万余家，并且呈持续上升趋势。其二，环境咨询服务形式多元化，从初期提供单一的技术服务，到如今提供全过程咨询一体化的服务模式，咨询服务形式日益丰富。其三，环境咨询服务制度日趋完善，随着国家对环境保护工作的重视，环境保护制度不断完善，配套的环境保护制度可为环境咨询服务业的开展提供有力支撑。

生态环境部科技与财务司、中国环境保护产业协会联合发布的《中国环保产业发展状况报告（2022）》，对列入全国环保产业重点企业基本情况调查和全国环境服务业财务统计的17548家企业进行统计，其中，环境服务专营企业有15218家，环境保护产品生产及环境服务兼营企业有826家。15218家环境服务专营企业共实现营业收入10889.2亿元，营业利润651.8亿元，利润率6.00%，吸纳就业人员837860人。其中，营业收入100亿元及以上、10亿～50亿元的企业数量占环境服务专营企业数量的比重分别为0.1%、0.6%，但贡献了合计超过46%的利润，吸纳了合计超过21%的就业人员；而营业收入低于2000万元的企业，数量占比高达76.8%，吸纳了近30%就业人员，但营业利润为负值。

2016—2021年环境服务专营企业经营状况如表1-1和图1-1所示。2016—2021年企业样本数量有所增加，营业收入、营业利润均增长明显，2021年较2016年增长率分别为160.85%、22.68%、53.44%，而利润率在2017年达到峰值后震荡下跌，2021年利润率仅为2017年的52.54%。

2016—2021年环境服务专营企业经营状况　　　　　表1-1

序号	年份	企业样本数量（个）	营业收入（亿元）	营业利润（亿元）	利润率（%）	就业人员（人）
1	2021	15218	10889.2	651.8	6.00	837860
2	2020	13105	6974.9	545.4	7.82	744420
3	2019	10486	5821.1	576.7	9.91	/
4	2018	8587	4528.2	426.5	9.42	/
5	2017	6244	3282.4	375	11.42	/
6	2016	5834	8876.3	424.8	4.79	/

图1-1　2016—2021年环境服务专营企业经营状况

1.1.2 存在问题

虽然环境咨询行业取得了长足发展，但也存在一些不足。

一是行业发展面临结构性挑战。大型国有企业、地方环保集团进军环保产业，在改善生态环境、履行社会责任的同时，也挤占了中小企业的市场空间，不同分工、不同规模、不同所有制企业之间的融合共生、协同创新、合作共赢的可持续发展模式尚未成型。

二是服务能力尚未满足新时代生态文明建设的需求。一方面，系统化、全过程的服务能力建设有待加强，全过程环境咨询等新业务的发展仍处于探索阶段，原创性研究能力和基础研究工作开展不足；另一方面，现代信息技术融合较慢，信息收集和信息化建设滞后、数据库建设和数据分析能力不足。

三是市场环境有待改善。一方面，市场准入门槛低，低价竞争较突出，自律管理与服务能力尚需加强；另一方面，市场拖欠款问题突出，大、中、小、微型企业应收账款均增多，对企业经营产生一定影响。

四是综合型人才匮乏。高水平推进全过程环境咨询人才数量不足，自主培养的国际化高端人才稀缺。

1.2 环境保护法律法规体系

我国已建立由法律、行政法规、政府部门规章、地方性法规和地方性规章、生态环境标准、环境保护国际公约组成的完整的环境保护法律法规体系。

1.2.1 法律

1.《中华人民共和国宪法》

《中华人民共和国宪法》中对环境保护的规定是环境保护立法的依据和指导原则。

《中华人民共和国宪法》第九条第二款规定："国家保障自然资源的合理利用，保护珍贵的动物和植物。禁止任何组织或者个人用任何手段侵占或者破坏自然资源。"第二十六条第一款规定："国家保护和改善生活环境和生态环境，防治污染和其他公害。"

《中华人民共和国宪法》序言明确："推动物质文明、政治文明、精神文明、社会文明、生态文明协调发展。"

2.环境保护法律

环境保护法律包括环境保护综合法、环境保护单行法和环境保护相关法。

环境保护综合法是指《中华人民共和国环境保护法》，定位为环境领域的基础性、综合性法律，主要规定环境保护的基本原则和基本制度，解决共性问题。

环境保护单行法包括污染防治类法律，如《中华人民共和国水污染防治法》《中华人民共和国大气污染防治法》《中华人民共和国土壤污染防治法》《中华人民共和国固体废物污染环境防治法》《中华人民共和国噪声污染防治法》《中华人民共和国放射性污染防治法》《中华人民共和国海洋环境保护法》《中华人民共和国环境影响评价法》等；生态保护类法律，如《中华人民共和国长江保护法》《中华人民共和国水土保持法》《中华人民共和国防沙治沙法》等。

环境保护相关法是指一些自然资源保护和其他有关部门法律，如《中华人民共和国森林法》《中华人民共和国草原法》《中华人民共和国渔业法》《中华人民共和国矿产资源法》《中华人民共和国水法》等，涉及环境保护的相关要求，也是环境保护法律法规体系的一部分（表1-2）。

我国主要环境保护法律一览表　　　　　　　　　表1-2

序号	名称	公布/修正日期
一	《中华人民共和国宪法》（2018年修正文本）	2018年3月11日修正
二	环境保护法律	
1	《中华人民共和国环境保护法》	2014年4月24日
2	《中华人民共和国领海及毗连区法》	1992年2月25日
3	《中华人民共和国专属经济区和大陆架法》	1998年6月26日
4	《中华人民共和国海域使用管理法》	2001年10月27日
5	《中华人民共和国放射性污染防治法》	2003年6月28日
6	《中华人民共和国矿产资源法》	2009年8月27日
7	《中华人民共和国可再生能源法》	2009年12月26日
8	《中华人民共和国海岛保护法》	2009年12月26日
9	《中华人民共和国水土保持法》	2010年12月25日
10	《中华人民共和国清洁生产促进法》	2012年2月29日
11	《中华人民共和国渔业法》	2013年12月28日
12	《中华人民共和国深海海底区域资源勘探开发法》	2016年2月26日
13	《中华人民共和国水法》	2016年7月2日
14	《中华人民共和国煤炭法》	2016年11月7日
15	《中华人民共和国气象法》	2016年11月7日
16	《中华人民共和国水污染防治法》	2017年6月27日
17	《中华人民共和国核安全法》	2017年9月1日
18	《中华人民共和国文物保护法》	2017年11月4日
19	《中华人民共和国海洋环境保护法》	2023年10月24日
20	《中华人民共和国噪声污染防治法》	2021年12月24日
21	《中华人民共和国土壤污染防治法》	2018年8月31日

序号	名称	公布/修正日期
22	《中华人民共和国防沙治沙法》	2018年10月26日
23	《中华人民共和国节约能源法》	2018年10月26日
24	《中华人民共和国循环经济促进法》	2018年10月26日
25	《中华人民共和国大气污染防治法》	2018年10月26日
26	《中华人民共和国环境保护税法》	2018年10月26日
27	《中华人民共和国环境影响评价法》	2018年12月29日
28	《中华人民共和国城乡规划法》	2019年4月23日
29	《中华人民共和国土地管理法》	2019年8月26日
30	《中华人民共和国资源税法》	2019年8月26日
31	《中华人民共和国森林法》	2019年12月28日
32	《中华人民共和国固体废物污染环境防治法》	2020年4月29日
33	《中华人民共和国生物安全法》	2020年10月17日
34	《中华人民共和国长江保护法》	2020年12月26日
35	《中华人民共和国草原法》	2021年4月29日
36	《中华人民共和国种子法》	2021年12月24日
37	《中华人民共和国湿地保护法》	2021年12月24日
38	《中华人民共和国黑土地保护法》	2022年6月24日
39	《中华人民共和国黄河保护法》	2022年10月30日
40	《中华人民共和国野生动物保护法》	2022年12月30日
41	《中华人民共和国青藏高原生态保护法》	2023年4月26日

1.2.2 行政法规

　　环境保护行政法规是由国务院制定并公布的环境保护规范性文件，包含根据法律授权制定的环境保护法的实施细则或条例，以及对环境保护的某个领域而制定的条例、规定和办法，如《建设项目环境保护管理条例》和《规划环境影响评价条例》等。

1.2.3 政府部门规章

　　政府部门规章是指国务院生态环境主管部门单独发布或与国务院有关部门联合发布的环境保护规范性文件，以及政府其他有关行政主管部门依法制定的环境保护规范性文件。政府部门规章是以环境保护法律和行政法规为依据而制定的，或者是针对某些尚未有相应法律和行政法规的领域作出的规定。

1.2.4 地方性法规和地方性规章

　　环境保护地方性法规和地方性规章是指享有立法权的地方权力机关和地方政府机关依据《中华人民共和国宪法》和《中华人民共和国立法法》相关法律制定的环境保护规范性文件。这些规范性文件是根据本地实际情况和特定环境问题制定的，并在本地区实施，有较强的可操作性。地方性法规和地方性规章不能和法律、行政法规相抵触。

1.2.5 生态环境标准

　　生态环境标准是环境保护法律法规体系的组成部分，是环境执法和环境管理工作的技术依据。我国生态环境标准分为国家生态环境标准和地方生态环境标准。国家生态环境标准在全国范围或者标准指定区域范围执行，包括国家生态环境质量标准、国家生态环境风险管控标准、国家污染物排放标准、国家生态环境监测标准、国家生态环境基础标准和国家生态环境管理技术规范。地方生态环境标准在发布该标准的省、自治区、直辖市行政区域范围或者标准指定区域范围执行，包括地方生态环境质量标准、地方生态环境风险管控标准、地方污染物排放标准和地方其他生态环境标准。

1.2.6 环境保护国际公约

　　环境保护国际公约指我国缔结和参加的环境保护国际公约、条约和议定书。国际公约与《中华人民共和国环境保护法》有不同规定时，优先适用国际公约的规定，但我国声明保留的条款除外。

1.2.7 各法律法规层次间关系

　　《中华人民共和国宪法》是环境保护法律法规体系建立的依据和基础（图1-2）。对于环境保护的要求，环境保护综合法、单行法或相关法的法律效力一样。如果法律规定中有不一致的地方，应遵循后法大于先法的原则。

　　行政法规的法律地位仅次于法律。部门规章、地方性法规和地方政府规章均不得违背法律和行政法规的规定。地方性法规和地方政府规章只在制定法规、规章的辖区内有效。

　　我国的环境保护法律法规如与参加和签署的国际公约有不同规定时，应优先适用国际公约的规定，但我国声明保留的条款除外。

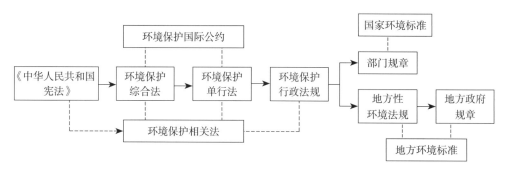

图 1-2　环境保护法律法规体系各层次间关系

1.3 全过程环境咨询服务

1.3.1 基本概念

1.定义

全过程环境咨询服务是对工程建设项目准备、施工、验收、运营以及退役的全生命周期提供涉及组织、管理、经济、技术和合规等各有关方面的环境咨询服务。

2.性质

全过程环境咨询服务性质为咨询服务，包括管理咨询和经济、技术咨询。

3.目的

全过程环境咨询的目的是加强工程建设项目全生命周期生态环境保护决策科学性，确保项目在全生命周期各阶段符合生态环境法律法规及政策规范标准要求，提升项目生态环境效益。

4.服务周期

全过程环境咨询涵盖工程建设项目的全生命周期，包括准备阶段、施工阶段、验收阶段、运营阶段和退役阶段，具体由委托合同约定。

1.3.2 服务理念

1.针对碎片化整体性治理

全过程环境咨询立足工程建设项目全生命周期环境管理。相比独立咨询服务而言，全过程环境咨询具有管理性、系统性和统一性等特点。

2.解决建设、运营、退役分离

全过程环境咨询强调工程建设项目全生命周期的生态环境保护方案优化和系统论证，既确保工程建设方案的生态环境保护措施可行，也确保项目建成后的运营方案满足相关生态环境法律法规和标准要求，还可以确保项目退役后地块污染得到有效识别和治理。

1.3.3 服务内容

1. 准备阶段环境咨询服务

准备阶段环境咨询服务包含谋划阶段环境咨询服务、可行性研究阶段环境咨询服务以及环境影响评价等服务。

谋划阶段环境咨询服务包含"三线一单"目标论证、相关规划及规划环境影响评价目标论证、选址选线与相关法律法规目标论证。

可行性研究阶段环境咨询服务主要指项目可行性研究报告中生态环境影响分析，是从推动绿色发展、促进人与自然和谐共生的角度，分析拟建项目所在地的生态环境现状，评价项目在污染物排放、生态保护、生物多样性和环境敏感区等方面的影响。

环境影响评价是指对规划和建设项目实施后可能造成的环境影响进行分析、预测和评估，提出预防或者减轻不良环境影响的对策和措施，进行跟踪监测的方法与制度。

2. 施工阶段环境监理服务

建设项目环境监理是指建设项目环境监理单位受建设单位委托，依据有关环境保护法律法规、建设项目环境影响评价及其批复文件、环境监理合同等，对建设项目实施专业化的环境保护咨询和经济、技术咨询服务，协助和指导建设单位全面落实建设项目各项环境保护措施。

环境监理作为一种第三方的咨询服务活动，具有服务性、科学性、公正性、独立性等特性。环境监理借助其在环境保护专业及环境管理等业务领域的技术优势，引导和帮助建设单位有效落实环境影响评价文件和设计文件提出的各项要求，在建设单位授权范围内，协助建设单位强化对承包商的指导和监督，有效落实建设项目"三同时"制度。

3. 验收阶段环境咨询服务

验收阶段环境咨询服务主要包含排污许可咨询服务和环境保护验收咨询服务等。

排污许可是指环境保护主管部门依排污单位的申请和承诺，通过发放排污许可证法律文书形式，依法依规规范和限制排污单位排污行为并明确环境管理要求，依据排污许可证对排污单位实施监管执法的环境管理制度。

建设项目竣工环境保护验收作为建设项目全过程环境管理的重要组成部分，是对建设项目建成试运行前整个环境保护工作的总体性检查，是全面落实"三同时"制度的重要措施和内容。其目的是确保建设项目全面落实环境保护措施、环境保护设施与生产同时投产使用。根据《国务院关于修改〈建设项目环境保护管理条例〉的决定》（国令第682号）相关要求，编制环境影响报告书、环境影响报告表的建设项目，其配套建设的环境保护设施经验收合格，方可正式投入生产或者使用；未经验收或者验收不合格的，不得投入生产或者使用。

4. 运营阶段环境咨询服务

运营阶段环境咨询服务包含环保管家服务和突发环境事件应急预案等服务。环保管家是由第三方专业环保公司提供的专项服务，通过环境管理工作调查、环境保护状况调查、建立环境基础档案、污染治理等方式，向服务对象提供专业化、定制化的环境保护服务，避免企业在运行阶段触及法律红线及环境保护处罚，提升管理效率，改善环境保护治理水平。该项服务包含污染源排放清单、污染源清单数据分析、走航监测、环境保护巡查、制定污染源专项治理方案、开展环境保护技术培训等。

环境应急预案是指企业为了在应对各类事故、自然灾害时，采取紧急措施，避免或最大限度减少污染物或其他有毒有害物质进入厂界外大气、水体、土壤等环境介质，而预先制定的工作方案。

5. 退役阶段环境咨询服务

退役阶段环境咨询服务包含退役地块土壤污染调查与风险评估、污染地块土壤风险管控与修复等内容。

土壤污染状况调查与风险评估按时间先后顺序分为：土壤污染状况调查和风险评估两个过程。首先，采用系统的调查方法，确定地块是否被污染以及污染程度和范围的过程，土壤污染状况调查一般又包括三个阶段：第一阶段污染识别、第二阶段初步调查、第三阶段详细调查；其次，在土壤污染状况调查的基础上，分析地块土壤和地下水中的污染物对人群的主要暴露途径，评估污染物对人体健康的致癌风险或危害水平。工作开展过程中，根据地块实际污染情况及每个阶段调查结果确定地块需要开展哪几个阶段的调查，以及是否需要开展风险评估工作。

土壤污染风险管控与修复是指根据前期土壤调查和风险评估结果，对需要采取风险管控措施的污染地块，制定风险管控方案，实现针对性的风险管控措施，如防止污染地块土壤或地下水中的污染物扩散，保护地块周边环境保护敏感目标，降低危害风险。对需要采取治理与修复措施的污染地块，制定修复方案，实施治理与修复，同步进行治理与修复工程过程监管及二次污染防治。风险管控与修复工程完工后，土壤污染责任人应当委托第三方机构对治理与修复效果进行评估，确保污染地块风险管控或治理修复效果达到既定目标。

1.3.4 服务优势

1.有助于提高生态环境保护管理水平

党的十八大以来，党中央、国务院坚持推进"放管服"改革，围绕优化营商环境作出一系列重大部署，出台一批政策举措，通过不断深化改革创新，激发各类市场主体活力。《建设项目环境保护事中事后监督管理办法》明确了国家和省级环境保护部门监督指导责任、市县级环境保护部门属地管理职责，强化了建设单位主体责任，规定了地方党委政府领导职责，明确了监管内容、程序、方式等，为强化事中事后监管奠定制度基础。

环境咨询机构具备作为建设项目全过程环境咨询牵头单位的政策体系优势。建立以政府监管、信用约束、行业自律为原则的全过程环境咨询服务体系，是加强建设项目全过程环境管理、强化事后监管的必然要求，能够进一步提高政府监管的指导作用。

2.有助于体现项目法人的生态环境保护责任担当

"绿水青山就是金山银山"理念是习近平生态文明思想的标志性观点和代表性论断，是习近平生态文明思想的重要组成部分，为实现生态环境高水平保护和经济高质量发展，提供了理论依据和实践路径，具有鲜明的时代意义。把"绿水青山就是金山银山"理念落实到具体行动中，需要强化系统观念在生态环境保护工作中的科学运用，从全系统工程和全局角度推进生态环境保护工作。

对工程建设项目进行全过程环境管理，并聘请专业机构进行全过程环境咨询，是项目法人深入贯彻"绿水青山就是金山银山"理念的必然要求，体现了项目法人作为生态环境保护第一责任人的担当。

3.有助于促进咨询服务高质量发展

全过程环境咨询推动环境咨询服务理念和服务模式创新，进一步发挥咨询企业综合优势和特长，促进行业优化升级、资源整合，提高行业的供给质量和能力。

全过程环境咨询提供涵盖工程建设项目准备、施工、验收、运行、退役等阶段的全生命周期咨询服务，信息流更为流畅，使得环境咨询成果更加连贯、更加系统、更加全面，对正在实施和未实施的阶段起到指导和控制作用，增强项目全生命周期的生态环境保护合法合规把控，提升项目生态环境效益，从而进一步推动经济与社会实现全面绿色转型。

2 准备阶段环境咨询服务

2.1 谋划阶段环境咨询服务

2.1.1 项目谋划与"三线一单"生态环境分区管控目标论证

1."三线一单"生态环境分区管控实施背景及作用

《中共中央关于党的百年奋斗重大成就和历史经验的决议》指出，进入新时代，在生态文明建设上，党从思想、法律、体制、组织、作风上全面发力，全方位、全地域、全过程加强生态环境保护，推动划定生态保护红线、环境质量底线、资源利用上线，开展一系列根本性、开创性、长远性工作。2018年6月印发的《中共中央 国务院关于全面加强生态环境保护坚决打好污染防治攻坚战的意见》以及2021年11月印发的《中共中央 国务院关于深入打好污染防治攻坚战的意见》均提出要加强"三线一单"生态环境分区管控，强化"三线一单"生态环境分区管控成果在政策制定、环境准入、园区管理、执法监管等方面的应用。

实施"三线一单"（生态保护红线、环境质量底线、资源能源利用上线和生态环境准入清单）生态环境分区管控制度，是新时代贯彻落实习近平生态文明思想、深入打好污染防治攻坚战、加强生态环境源头防控的重要举措。

1）生态保护红线约束作用

生态保护红线是生态空间范围内具有特殊重要生态功能，必须实行强制性严格保护的区域。除受自然条件限制、确实无法避让的铁路、公路、航道、防洪、管道、干渠、通信、输变电等重要基础设施项目外，在生态保护红线范围内，严控各类开发建设活动，依法不予审批新建工业项目和矿产开发项目的环境影响评价文件。

2）环境质量底线约束作用

环境质量底线是国家和地方设置的大气、水和土壤环境质量目标，也是改善环境质量的基准线。有关规划环境影响评价应落实区域环境质量目标管理要求，提出区域或者行业污染物排放总量管控建议以及优化区域或行业发展布局、结构和规模的对策措施。项目环境影响评价应对照区域环境质量目标，深入分析预测项目建设对环境质量的影响，强化污染防治措施和污染物排放控制要求。

3）资源能源利用上线约束作用

资源是环境的载体，资源利用上线是各地区能源、水、土地等资源消耗不得突破的"天花板"。相关规划环境影响评价应依据有关资源利用上线，对规划实施以及规划内项目的资源开发利用，区分不同行业，从能源资源开发等量或减量替代、开采方式和规模控制、利用效率和保护措施等方面提出建议，为规划编制和审批决策提供重要依据。

4）生态环境准入清单约束作用

生态环境准入负面清单是基于生态保护红线、环境质量底线和资源利用上线，以清单方式列出的禁止、限制等差别化环境准入条件和要求。要在规划环境影响评价清单式管理试点的基础上，从布局选址、资源利用效率、资源配置方式等方面入手，制定环境准入负面清单，充分发挥负面清单对产业发展和项目准入的指导和约束作用。

2.项目谋划与"三线一单"生态环境分区管控符合性分析

"三线一单"生态环境分区管控，是通过开展区域空间生态环境系统评价，衔接经济社会发展战略，以改善生态环境质量为核心，确定生态保护红线、环境质量底线、资源利用上线，划定生态环境管控单元，制定生态环境准入清单，同时将生态环境保护、污染排放控制、环境风险防控、资源开发利用等管控要求落到具体管控单元，强化空间、总量、准入生态环境管控，促进区域高质量发展、高水平保护。

项目谋划阶段应与"三线一单"生态环境分区管控区域进行对照，明确项目位置与生态环境管控区域的位置关系，针对位于优先保护单元的项目，应重点关注项目对生态环境的保护，维护该区域的生态安全格局，提升区域生态系统服务功能；针对位于重点管控单元的项目，应将各类开发建设活动限制在资源环境承载能力之内，优化空间布局，提升资源利用效率，加强污染物排放控制和环境风险防控；针对位于一般管控单元的项目，应以保持区域生态环境质量基本稳定为目标，严格落实区域生态环境保护相关要求。

2.1.2 项目谋划与相关规划及规划环境影响评价目标论证

规划环境影响评价是指在规划编制阶段，对规划实施可能造成的环境影响进行分析、预测和评价，并提高预防或者减轻不良环境影响的对策和措施的过程。这一过程具有结构化、系统化和综合性的特点，规划应有多个可替代的方案。通过评价将结论融入拟制定的规划中或提出单独的报告，并将成果体现在决策中。

项目谋划阶段，针对项目不同选址，结合规划环境影响评价中规划方案的定位、目标、功能以及产业布局要求，明确项目选址与规划及规划环境影响评价的政策符合性；结合资源环境承载力情况，分析项目对水资源、土地资源、大气环境容量、水环境容量、污水处理厂承载能力、固体废物处置设施规模及生态环境适应性的需求，明确区域各类资源是否能支撑项目落地。

2.2 可行性研究阶段环境咨询服务

建设项目可行性研究报告实行环境保护一票否决制，环境保护篇（章）的内容的合理性是建设项目建设方案合理的重要条件，是可行性研究报告中的重要内容之一。2023年3月，国家发展改革委印发《政府投资项目可行性研究报告编写通用大纲（2023年版）》和《企业投资项目可行性研究报告编写参考大纲（2023年版）》（以下分别简称《通用大纲》和《参考大纲》），两个大纲坚持以习近平新时代中国特色社会主义思想为指导，系统总结了2002年以来可行性研究编制工作经验，贯彻新发展理念，融入新时代投资建设要求，是投融资体制改革的巩固和深化，是新时期做好工程咨询服务的重要规范。《通用大纲》和《参考大纲》更加突出项目的生态及资源能源节约，将绿色发展融入可行性研究，在项目投资中一贯秉持可持续发展理念，促进项目与当地人与自然和谐共生，降低生态环境风险。不仅强调对项目的经济可行性分析，同时更加注重应用新理念、新方法，突出对经济效益、社会效益、生态效益、安全效益的综合评价。例如，《通用大纲》和《参考大纲》在"项目影响效果分析"部分均明确要求对项目影响作出全面评价，除"经济影响分析"外，还要求开展"社会影响""生态环境影响""资源和能源利用效果""碳达峰碳中和"共五个方面的分析。生态环境影响分析是项目可行性研究报告中项目影响效果分析中的一部分，是从推动绿色发展、促进人与自然和谐共生的角度，分析拟建项目所在地的生态环境现状，评价项目在污染物排放、生态保护、生物多样性和环境敏感区等方面的影响。

2.2.1 编制原则

环境保护是一项政策性很强的工作，涉及国家、地方环境保护法规和当地居民要求，生态环境影响分析的编制应具有公正性、客观性、合规性等原则。

1.公正性

环境影响评价工作的公正性是指必须做到独立、客观、公正，不能受到外部因素的影响而带有主观倾向性。

2.客观性

环境影响内容的编制要从实际出发，以事实为依据，既要看到工程项目所处的环境现状，又要看到与此相关的一些问题，不能从主观愿望出发想当然地进行评价。

3.合规性

工程项目建设符合国家的产业政策、环境保护政策和法规，符合流域、区域功能区划、生态保护规划和城市发展总体规划，布局合理，符合清洁生产的原则，符合国家有关生物化学、生物多样性等生态保护的法律法规及政策，符合国家资源综合利用的政策，符合国家土地利用的政策，符合国家及地方规定的总量控制要求，符合国家及地方的污染物达标排放和区域环境质量的要求。

2.2.2 编制意义

1.有利于提高项目决策水平

投资领域要贯彻新发展理念，实现更高质量、更有效率、更加公平、更可持续发展，就要正确处理投资与环境、资源的关系，坚定不移走生产发展、生活富裕、生态良好的文明发展道路，从源头上抓好管理，强化项目选址或选线要求，加强资源环境要素保障分析，论证拟建项目水资源、能源、大气环境、生态等承载能力及其保障条件；重视节约资源，资源开发类项目要制定资源开发和综合利用方案，评价资源利用效率；重视能耗控制，加强资源和能源利用效果分析，对于占用重要资源的项目，评价项目能效水平以及对项目所在地区能耗调控的影响；重视碳达峰碳中和，要求预测并核算项目年度碳排放总量、主要产品碳排放强度，提出项目碳排放控制方案，明确拟采取减少碳排放的路径与方式，分析项目对所在地区碳达峰碳中和目标实现的影响；注重绿色建设，工程方案应重视节约集约用地、绿色建材、绿色建筑、超低能耗建筑、装配式建筑、生态修复等绿色及韧性工程相关内容。要站在人与自然和谐共生的高度谋划发展，加快发展方式绿色转型，做好环境污染防治，提升生态系统多样性、稳定性、持续性，积极稳妥推进碳达峰碳中和，实现投资项目建设与生态环境的协调统一。

2.为项目经济效果分析提供依据

开展生态环境影响分析，推动绿色发展、促进人与自然和谐共生，分析拟建项目所在地的生态环境现状，评价项目污染物排放以及对生态环境、生物多样性和环境敏感区等方面的影响，排查环境制约因素，分析项目产生的环境影响，从宏观角度进行项目经济分析，合理衡量项目对增加社会资源的净贡献和耗费社会资源的代价，以正确反映项目对社会福利的净贡献。

3.分析环境影响，为环境保护投资估算提供依据

分析项目在建设过程及运营过程中产生的环境影响及采取的环境保护措施，分析环境保护措施的经济性、技术性和可行性，给出各项环境保护措施的投资估算，为项目环境保护投资估算提供依据。

2.2.3 编制内容

1.生态和环境现状

生态和环境现状包括项目场址的自然生态系统状况、资源承载力、环境条件、现有污染物情况和环境容量状况等，明确项目建设是否涉及生态保护红线以及与相关规划环境影响评价结论的相符性。

1）所在地区环境质量现状

简要说明投资项目厂址的地理位置，所在地区的自然环境和社会环境概况说明，投资项目可能涉及的环境敏感区分布和保护现状。简述投资项目所在地区的空气环境、水环境、声环境、土壤环境和生态环境等质量现状及污染变化趋势。分析说明所在地区环境质量受污染的主要原因。

简要说明投资项目所在地区环境容量，主要污染物排放总量控制及排放指标要求。

2）企业环境保护现状与分析

改扩建项目和技术改造项目应简述企业的环境保护现状分析说明，其存在的主要环境保护问题，以及是否需要采取"以新带老"整改措施。如投资项目拟依托企业已建或在建的环境保护措施，应简要说明拟依托设施的处理规模、处理工艺、处理效果和富余能力等。

简述投资项目所在工业园区的环境保护现状，分析说明其存在的主要环境保护问题，如投资项目拟依托工业园区已建、在建或拟建，环境保护措施应简要说明拟依托设施的处理规模、处理工艺、处理效果和富余能力等。

3）执行的有关环境保护法律、法规和标准

列出投资项目应遵循的国家、行业及地方的有关环境保护法律、法规、部门规章和规定。

根据建设地区的环境功能区划列出投资项目执行的污染质量标准和污染物排放标准，包括国家标准和地方标准，对于没有国内标准的特征污染物可参考国外相关的标准。

2.生态环境影响分析

生态环境影响分析包括生态破坏、排放污染物类型，排放量情况，分析水土流失、对生态环境的影响因素和影响程度，对流域和区域生态系统及环境的综合影响。

1）废水

汇总列表说明各装置设施废水污染物的排放情况，包括废水排放源、排放量，污染物名称、浓度、排放特征、处理方法和排放去向等。

2）废气

汇总列表说明各装置或设施废气污染物的排放情况，包括废气排放源、排放量，污染物名称、浓度及排放速率、排放特征、处理方法和排放去向等。

3）固体废物及废液

汇总列表说明各装置或设施固体废物的排放情况，包括固体废物排放源、排放量组成、固体废物类别、排放特征、处理方法和排放去向等。

4）噪声

汇总列表说明各装置或设施噪声的排放情况，包括噪声源名称、数量、空间位置、排放特征、减噪措施和前后噪声值等。

5）其他

汇总列表说明各装置或设施振动、电磁波、放射性物质等污染物的排放情况，包括污染源数量、强度、排放特征和处理措施等。

3.生态环境保护措施

按照有关生态环境保护修复、水土保持的政策法规要求，对可能造成的生态环境损害提出治理措施，对治理方案的可行性、治理效果进行分析论证。根据项目情况，提出污染防治措施方案并进行可行性分析论证。

简述投资项目贯彻执行清洁生产、循环经济、节能减排和保护环境原则，以及从源头控制到末端治理全过程所采取的环境保护措施及综合利用方案，并分析说明预期效果。

1）废水治理

简述投资项目从源头控制到最终处理所采取的废水治理措施及综合利用方案，说明投资项目主要废水处理设施的处理能力、处理工艺和预期效果等，说明装置及设施内废水预处理设施与全厂性废水处理设施的关系。如投资项目拟依托企业现有的废水处理设施，应说明投资项目废水排放与拟依托的废水处理设施的关系，并分析依托的可能性。

说明投资项目废水的最终排放量、水质、排放去向和达标情况。

2）废气治理

简述投资项目从源头控制到最终处理所采取的废气治理措施及综合利用方案，说明投资项目主要废气处理设施的处理能力、处理工艺和预期效果等，说明废气预处理设施与最终处理设施的关系。投资项目拟依托现有的废气处理设施的，要说明投资项目废气排放与拟依托的废气处理设施的关系，并分析依托的可能性。

说明投资项目各个外排废气的达标情况和主要污染物的排放总量。

3）固体废物治理

简述投资项目从源头控制到最终处理处置所采取的固体废物治理措施，包括综合利用、临时贮存、焚烧、填埋、委托第三方处理等。说明投资项目主要固体废物处理处置设施的处理能力、处理工艺，以及说明投资项目固体废物排放与拟依托的固体废物处理处置设施的关系，并分析依托的可行性。

说明投资项目固体废物的综合利用量、项目自身处理处置量和委托第三方处理处置量及去向。

4）噪声治理

简述投资项目采取的主要噪声控制措施，并分析说明预期效果。

2.3 环境影响评价服务

2.3.1 环境影响评价制度

环境影响评价，是指对规划和建设项目实施后可能造成的环境影响进行分析、预测和评估，提出预防或者减轻不良环境影响的对策和措施，进行跟踪监测的方法与制度。环境影响评价是一种评价技术，而环境影响评价制度是把环境影响评价工作以法律、法规或行政规章的形式确定下来而遵守的制度，是由多部法律进行规范，并制定了专门的环境影响评价法，配套制定了国务院行政法规、部门规章、地方性法规及规章等，形成了我国环境影响评价制度体系，是环境影响评价的完整体系。

2.3.2 发展历程

1.创立阶段

1979年颁布的《中华人民共和国环境保护法（试行）》中提出："一切企业、事业单位的选址、设计、建设和生产，都必须充分注意防止对环境的污染和破坏。

在进行新建、改建和扩建工程时，必须提出对环境影响的报告书，经环境保护部门和其他有关部门审查批准后才能进行设计。"该法首次确立了环境影响评价的法律地位。1989年颁布的《中华人民共和国环境保护法》对环境影响评价的法律地位进行重申。随着环境影响评价制度在预防和减轻环境污染和生态破坏中发挥的作用日益明显，1998年国务院发布实施《建设项目环境保护管理条例》，规定对项目的环境影响评价实行分类管理。

2.发展阶段

我国于2002年颁布并于2003年实施了《中华人民共和国环境影响评价法》，标志着我国环境影响评价制度法制化地位正式确立，其中对环境影响评价的定义为：环境影响评价，是指对规划和建设项目实施后可能造成的环境影响进行分析、预测和评估，提出预防或者减轻不良环境影响的对策和措施，进行跟踪监测的方法与制度。《中华人民共和国环境影响评价法》的实施使环境影响评价制度得到新的发展。

3.完善阶段

2014年4月24日，第十二届全国人民代表大会常务委员会第八次会议通过了修订后的《中华人民共和国环境保护法》，其中明确："未依法进行环境影响评价的建设项目，不得开工建设。"2017年7月16日，国务院对《建设项目环境保护管理条例》进行修订，2018年12月29日，第十三届全国人民代表大会常务委员会第七次会议上，正式修订了《中华人民共和国环境影响评价法》，其中第二十五、二十六条指出：建设项目的环境影响评价文件未依法经审批部门审查或者审查后未予批准的，建设单位不得开工建设。建设项目建设过程中，建设单位应当同时实施环境影响报告书、环境影响报告表以及环境影响评价文件审批部门审批意见中提出的环境保护对策措施。

在我国，环境影响评价已经成为经济建设和环境保护工作中不可缺少的一个组成部分，其理论和实践都在不断地发展。

2.3.3 工作流程

1.确定评价类别

依据《建设项目环境保护管理条例》《中华人民共和国环境影响评价法》及《建设项目环境影响评价分类管理名录》确定评价类别，不得擅自改变环境影响评价类别。评价类别包括：环境影响报告书、环境影响报告表和环境影响登记表三种。建设内容涉及该名录中两个及以上项目类别的建设项目，其环境影响评价类别按照其中单项等级最高的确定。该名录未作规定的建设项目，不纳入建设项目环境影响评价管理；省级生态环境主管部门对该名录未作规定的建设项目，认为确有必要纳入建设项目环境影响评价管理的，可以根据建设项目的污染因子、生态影响因子特征及其所处环境的敏感性质和敏感程度等，提出环境影响评价分类管理的建议，报生态环境部认定后实施。

2.编制环境影响评价文件

依据生态环境部发布的《建设项目环境影响报告书（表）编制监督管理办法》，建设单位可以委托技术单位对其建设项目开展环境影响评价，编制建设项目环境影响报告书、环境影响报告表；建设单位具备环境影响评价技术能力的，可以自行对其建设项目开展环境影响评价，编制建设项目环境影响报告书、环境影响报告表。编制建设项目环境影响报告书、环境影响报告表应当遵守国家有关环境影响评价标准、技术规范等规定。

环境影响评价工作一般分为三个阶段，即调查分析和工作方案制定阶段、分析论证和预测评价阶段、环境影响报告书（表）编制阶段，如图2-1所示。

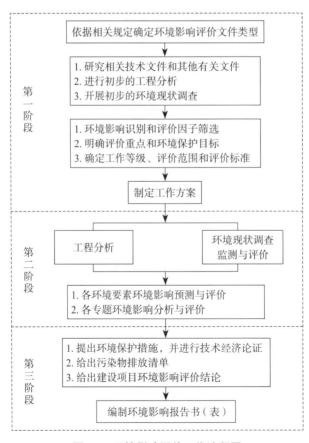

图 2-1 环境影响评价工作流程图

第一阶段：即调查分析和工作方案制定阶段，研究有关文件，通过分析判定建设项目选址选线、规模、性质和工艺路线等与国家和地方有关环境保护法律法规、标准、政策、规范、相关规划、规划环境影响评价结论及审查意见的符合性，并与生态保护红线、环境质量底线、资源利用上线和环境准入负面清单进行对照，作为开展环境影响评价工作的前提和基础。进行初步的工程分析和环境现状调查，筛选重点评价项目，确定各单项环境影响评价的工作等级及范围。

第二阶段：即分析论证和预测评价阶段，工程分析和环境现状调查，并进行环境影响预测和评价环境影响。

第三阶段：即环境影响报告书（表）编制阶段，汇总、分析第二阶段工作所得到的各种资料、数据，提出环境保护措施，并进行技术经济论证，给出污染物排放清单，得出结论，完成环境影响报告书（表）的编制。

除国家规定需要保密的情形外，对环境可能造成重大影响、应当编制环境影响报告书的建设项目，建设单位应当在报批建设项目环境影响报告书前，举行论证会、听证会，或者采取其他形式，征求有关单位、专家和公众的意见。建设单位报批的环境影响报告书应当附具对有关单位、专家和公众的意见采纳或者不采纳的说明。

3.环境影响评价审批

1）审批程序

建设项目的环境影响报告书、报告表，由建设单位按照国务院的规定报有审批权的生态环境主管部门审批。海洋工程建设项目的海洋环境影响报告书的审批，依照《中华人民共和国海洋环境保护法》的规定办理。

审批部门应当自收到环境影响报告书之日起六十日内，收到环境影响报告表之日起三十日内，分别作出审批决定并书面通知建设单位。国家对环境影响登记表实行备案管理。

建设项目的环境影响评价文件经批准后，建设项目的性质、规模、地点、采用的生产工艺或者防治污染、防止生态破坏的措施发生重大变动的，建设单位应当重新报批建设项目的环境影响评价文件。

建设项目的环境影响评价文件自批准之日起超过五年，方决定该项目开工建设的，其环境影响评价文件应当报原审批部门重新审核；原审批部门应当自收到建设项目环境影响评价文件之日起十日内，将审核意见书面通知建设单位。

2）审批权限

国务院生态环境主管部门负责审批下列建设项目的环境影响评价文件：

（1）核设施、绝密工程等特殊性质的建设项目；

（2）跨省、自治区、直辖市行政区域的建设项目；

（3）由国务院审批的或者由国务院授权有关部门审批的建设项目。

上述规定以外的建设项目的环境影响评价文件的审批权限，由省、自治区、直辖市人民政府规定。

（4）建设项目可能造成跨行政区域的不良环境影响，有关生态环境主管部门对该项目的环境影响评价结论有争议的，其环境影响评价文件由共同的上一级生态环境主管部门审批。

（5）建设项目的环境影响评价文件经批准后，建设项目的性质、规模、地点、采用的生产工艺或者防治污染、防止生态破坏的措施发生重大变动的，建设单位应当重新报批建设项目的环境影响评价文件。

（6）建设项目的环境影响评价文件自批准之日起超过五年，方决定该项目开工建设的，其环境影响评价文件应当报原审批部门重新审核；原审批部门应当自收到建设项目环境影响评价文件之日起十日内，将审核意见书面通知建设单位。

2.3.4 主要内容

1.工程分析

1）工程分析重点

工程分析是环境影响评价中分析项目环境影响因素的重要章节，通过对建设项目的工程方案和工艺流程进行分析，确定项目在施工期、运营期以及服务期满后的主要污染源源强及生态影响，从环境保护角度分析项目选址选线方案、总图布置、环境保护治理措施，并提出要求及建议。由于建设项目对环境影响的表现不同，对环境的影响分为污染影响类和生态影响类，污染影响类项目以污染物排放对大气环境、水环境、土壤环境、声环境的影响为主，工程分析以项目工艺流程分析为重点，确定项目污染源；生态影响类项目以建设期、运营期对生态环境的影响为主，工程分析以建设期施工方式及运营期的运营方式为分析重点，确定项目的主要生态影响。

2）工程分析主要内容

工程分析是根据项目原材料及产品方案、工艺流程及产污环节识别可能的环境影响，进行初步的污染影响因素分析，筛选可能对环境产生较大影响的主要因素进行深入分析。工程分析的主要内容如表2-1所示。

工程分析项目	分析内容	备注
工程概况	主体工程、辅助工程、公用工程、环境保护工程、储运工程以及依托工程	明确项目组成、建设地点、规模、方案、建设周期、总投资及环境保护投资等
工艺流程及产污环节	工艺流程及产污环节图	简述工艺过程
污染源源强核算	污染物源强核算、物料平衡与水平衡、无组织排放源强统计及分析、非正常排放源强统计及分析	污染物产生环节包括生产、装卸、储存、运输
总图布置方案	分析厂区与周围环境保护目标之间的位置关系，确保保护目标环境防护距离的安全性	根据气象、水文等自然条件分析厂区平面布置的合理性
环境保护措施方案	分析环境保护措施所选工艺及方案的经济性、合理性和可行性	分析环境保护投资在总投资中所占的比例

工程分析的主要内容　　　　　　　　表2-1

3）源强核算方法

为指导和规范各行业污染源源强核算工作，生态环境部制定《污染源源强核算技术指南 准则》(HJ 884—2018)及各主要行业污染源源强核算技术指南，规定了建设项目环境影响评价中污染源源强核算的总体要求、源强核算程序、源强核算方法等内容。污染源源强核算包括以下四种方法。

（1）物料衡算法

物料衡算法遵循质量守恒定律，即生产过程中单位时间内投入系统的物料总量必须等于产出产品量和物料流失量之和。计算公式如下：

$$\sum G_{投入} = \sum G_{产品} + \sum G_{流失}$$

式中：$\sum G_{投入}$——单位时间投入系统的物料总量；

$\sum G_{产品}$——单位时间产出产品总量；

$\sum G_{流失}$——单位时间物料流失总量。

根据上式，可以得到污染物源强计算公式如下：

$$\sum G_{源强} = \sum G_{投入} - \sum G_{产品} - \sum G_{副产品} - \sum G_{回收} - \sum G_{转化}$$

式中：$\sum G_{源强}$——某污染物产生强度；

$\sum G_{投入}$——单位时间投入物料中的污染物总量；

$\sum G_{产品}$——单位时间进入产品结构中的污染物总量；

$\sum G_{副产品}$——单位时间进入副产品结构中污染物总量；

$\sum G_{\text{回收}}$——单位时间进入回收产品中污染物总量；

$\sum G_{\text{转化}}$——单位时间生产过程中被分解、转化的污染物总量。

（2）排污系数法

排污系数法是根据生产过程中单位产品的排污系数进行计算，从而求得污染物放源强的方法。计算公式如下：

$$P_{\text{源强}} = W \times K$$

式中：$P_{\text{源强}}$——污染物产生强度；

W——单位产品单位时间产量；

K——单位产品经验排放系数。

（3）实测法

实测法是指通过对某个污染源现场测定，得到污染物排放浓度和排放量，然后依此计算排放量。计算公式如下：

$$P_{\text{源强}} = C \times Q$$

式中：$P_{\text{源强}}$——污染物产生强度；

C——实测污染物平均浓度；

Q——单位时间内烟气或废水流量。

（4）类比分析法

类比分析法是利用与拟建项目类型相同的现有项目设计资料或实测数据进行核算的方法。分析现有项目资料，得到污染物的产污系数，通过类比分析及修正，得到适用于拟建项目的污染物排放系数。由此计算污染物排放源强。计算公式如下：

$$P_{\text{源强}} = W \times K$$

式中：$P_{\text{源强}}$——污染物产生强度；

W——单位产品单位时间产量；

K——单位产品类比排放系数。

2.大气环境影响评价

通过对项目施工期和运营期产生的大气环境影响进行分析、预测和评估，分析项目排放的大气污染物的达标情况和对大气环境的影响，为项目的选址选线、排放方案、大气污染治理措施等提供科学依据和指导性意见。

1）大气环境影响评价等级与评价范围

根据工程分析筛选出的大气环境影响评价因子，选取项目污染源正常排放的主要污染物及排放参数，采用导则推荐的预测模型中估算模型分别计算项目排放主要污染物的最大地面空气质量浓度占标率P_i及第i个污染物的地面空气质量浓度达到标准值的10%时所对应的最远距离$D_{10\%}$。

$$P_i = \frac{C_i}{C_{0i}} \times 100\%$$

式中：P_i —— 第i个污染物的最大地面空气质量浓度占标率，%；

C_i —— 采用估算模型计算出的第i个污染物的最大1h地面空气质量浓度，$\mu g/m^3$；

C_{0i} —— 第i个污染物的环境空气质量浓度标准，$\mu g/m^3$。

选取P_i中最大值判断评价工作等级，评价工作等级判别表如表2-2所示。

评价工作等级判别表   表2-2

评价工作等级	评价工作分级判据
一级评价	$P_{max} \geqslant 10\%$
二级评价	$1\% \leqslant P_{max} < 10\%$
三级评价	$P_{max} < 1\%$

根据$D_{10\%}$确定评价范围。

一级评价项目根据建设项目排放污染物的最远影响距离（$D_{10\%}$）确定大气环境影响评价范围。即以项目厂址为中心区域，自厂界外延$D_{10\%}$的矩形区域作为大气环境影响评价范围。当$D_{10\%}$大于25km时，确定评价范围为边长50km的矩形区域；当$D_{10\%}$小于2.5km时，评价范围边长取5km。

二级评价项目大气环境影响评价范围边长取5km。

三级评价项目不需设置大气环境影响评价范围。

2）环境空气现状调查与评价

调查项目所在区域环境质量达标情况，作为项目所在区域是否为达标区的判断依据。城市环境空气质量达标情况评价指标为SO_2、NO_2、PM_{10}、$PM_{2.5}$、CO和O_3，六项污染物全部达标即为城市环境空气质量达标。根据国家或地方生态环境主管部门公开发布的城市环境空气质量达标情况，判断项目所在区域是否属于达标区。

一级评价项目调查评价范围内有环境质量标准的评价因子的环境质量监测数据或进行补充监测，用于评价项目所在区域污染物环境质量现状，以及计算环境空气保护目标和网格点的环境质量现状浓度。长期监测数据按《环境空气质量评价技术规范（试行）》（HJ 663—2013）中的统计方法对各污染物的年评价指标进行环境质量现状评价。对于超标的污染物，计算其超标倍数和超标率。补充监测数据分别对各监测点位不同污染物的短期浓度进行环境质量现状评价。对于超标的污染物，计算其超标倍数和超标率。

二级评价项目调查评价范围内有环境质量标准的评价因子的环境质量监测数据或进行补充监测，用于评价项目所在区域污染物环境质量现状。

3）大气环境影响预测与评价

（1）一级评价项目应采用进一步预测模型开展大气环境影响预测与评价。

a. 达标区的评价项目。

项目正常排放条件下，预测环境空气保护目标和网格点主要污染物的短期浓度和长期浓度贡献值，评价其最大浓度占标率。预测评价叠加环境空气质量现状浓度后，环境空气保护目标和网格点主要污染物的保证率日平均质量浓度和年平均质量浓度的达标情况；对于项目排放的主要污染物仅有短期浓度限值的，评价其短期浓度叠加后的达标情况。

项目非正常排放条件下，预测评价环境空气保护目标和网格点主要污染物的1h最大浓度贡献值及占标率。

b. 不达标区的评价项目。

项目正常排放条件下，预测环境空气保护目标和网格点主要污染物的短期浓度和长期浓度贡献值，评价其最大浓度占标率。预测评价叠加大气环境质量限期达标规划的目标浓度后，环境空气保护目标和网格点主要污染物保证率日平均质量浓度和年平均质量浓度的达标情况；对于项目排放的主要污染物仅有短期浓度限值的，评价其短期浓度叠加后的达标情况。

项目非正常排放条件下，预测环境空气保护目标和网格点主要污染物的1h最大浓度贡献值，评价其最大浓度占标率。

（2）二级评价项目不进行进一步预测与评价，只对污染物排放量进行核算。

（3）三级评价项目不进行进一步预测与评价。

3. 地表水环境影响评价

1）评价等级与评价范围确定

（1）评价因子筛选

建设项目的地表水环境影响主要包括水污染影响与水文要素影响。根据其主要影响，建设项目的地表水环境影响评价划分为水污染影响型、水文要素影响型以及两者兼有的复合影响型。

水污染影响型建设项目评价因子结合建设项目所在水环境控制单元或区域水环境质量现状，筛选出水环境现状调查评价与影响预测评价的因子。

水文要素影响型建设项目评价因子，应根据建设项目对地表水体水文要素影响的特征确定。河流、湖泊及水库主要评价水面面积、水量、水温、径流过程、水位、水深、流速、水面宽、冲淤变化等因子，湖泊和水库需要重点关注湖底水域面积或蓄水量及水力停留时间等因子。

（2）评价等级

水污染影响型建设项目根据排放方式和废水排放量划分评价等级，如表2-3所示。

水污染影响型建设项目评价等级判定 表2-3

评价等级	判定依据	
	排放方式	废水排放量Q/（m³/d）；水污染物当量数W/（无量纲）
一级	直接排放	$Q \geqslant 20000$ 或 $W \geqslant 600000$
二级	直接排放	其他
三级A	直接排放	$Q < 200$ 且 $W < 6000$
三级B	间接排放	—

注：1.水污染物当量数等于该污染物的年排放量除以该污染物的污染当量值，计算排放污染物的污染物当量数，应区分第一类水污染物和其他类水污染物，统计第一类污染物当量数总和，然后与其他类污染物按照污染物当量数从大到小排序，取最大当量数作为建设项目评价等级确定的依据。

2.废水排放量按行业排放标准中规定的废水种类统计，没有相关行业排放标准要求的通过工程分析合理确定，应统计含热量大的冷却水的排放量，可不统计间接冷却水、循环水以及其他含污染物极少的清净下水的排放量。

3.厂区存在堆积物（露天堆放的原料、燃料、废渣等以及垃圾堆放场）、降尘污染的，应将初期雨污水纳入废水排放量，相应的主要污染物纳入水污染当量计算。

4.建设项目直接排放第一类污染物的，其评价等级为一级；建设项目直接排放的污染物为受纳水体超标因子的，评价等级不低于二级。

5.直接排放受纳水体影响范围涉及饮用水水源保护区、饮用水取水口、重点保护与珍稀水生生物的栖息地、重要水生生物的自然产卵场等保护目标时，评价等级不低于二级。

6.建设项目向河流、湖库排放温排水引起受纳水体水温变化超过水环境质量标准要求，且评价范围有水温敏感目标时，评价等级为一级。

7.建设项目利用海水作为调节温度介质，排水量≥500万m³/d，评价等级为一级；排水量＜500万m³/d，评价等级为二级。

8.仅涉及清净下水排放的，如其排放水质满足受纳水体水环境质量标准要求的，评价等级为三级A。

9.依托现有排放口，且对外环境未新增排放污染物的直接排放建设项目，评价等级参照间接排放，定为三级B。

10.建设项目生产工艺中有废水产生，但作为回水利用，不排放到外环境的，评价等级为三级B。

水文要素影响型建设项目评价等级划分根据水温、径流与受影响地表水域等三类水文要素的影响程度进行判定，如表2-4所示。

水文要素影响型建设项目评价等级判定 表2-4

评价等级	水温	径流		受影响地表水域		
	年径流量与总库容百分比 α/%	兴利库容与年径流量百分比 β/%	取水量占多年平均径流量百分比 γ/%	工程垂直投影面积及外扩范围 A_1/km²；工程扰动水底面积 A_2/km²；过水断面宽度占用比例或占用水域面积比例 R/%		工程垂直投影面积及外扩范围 A_1/km²；工程扰动水底面积 A_2/km²
				河流	湖库	入海河口、近岸海域
一级	$\alpha \leqslant 10$；或稳定分层	$\beta \geqslant 20$；或完全年调节与多年调节	$\gamma \geqslant 30$	$A_1 \geqslant 0.3$；或 $A_2 \geqslant 1.5$；或 $R \geqslant 10$	$A_1 \geqslant 0.3$；或 $A_2 \geqslant 1.5$；或 $R \geqslant 20$	$A_1 \geqslant 0.5$；或 $A_2 \geqslant 3$
二级	$20 > \alpha > 10$；或不稳定分层	$20 > \beta > 2$；或季调节与不完全年调节	$30 > \gamma > 10$	$0.3 > A_1 > 0.05$；或 $1.5 > A_2 > 0.2$；或 $10 > R > 5$	$0.3 > A_1 > 0.05$；或 $1.5 > A_2 > 0.2$；或 $20 > R > 5$	$0.5 > A_1 > 0.15$；或 $3 > A_2 > 0.5$
三级	$\alpha \geqslant 20$；或混合型	$\beta \leqslant 2$；或无调节	$\gamma \leqslant 10$	$A_1 \leqslant 0.05$；或 $A_2 \leqslant 0.2$；或 $R \leqslant 5$	$A_1 \leqslant 0.05$；或 $A_2 \leqslant 0.2$；或 $R \leqslant 5$	$A_1 \leqslant 0.15$；或 $A_2 \leqslant 0.5$

注：1. 影响范围涉及饮用水水源保护区、重点保护与珍稀水生生物的栖息地、重要水生生物的自然产卵场、自然保护区等保护目标，评价等级应不低于二级。

2. 跨流域调水、引水式电站、可能受到河流感潮河段影响，评价等级应不低于二级。

3. 造成入海河口（湾口）宽度束窄（束窄尺度达到原宽度的5%以上），评价等级不低于二级。

4. 对不透水的单方向建筑尺度较长的水工建筑物（如防波堤、导流堤等），其与潮流或水流主流向切线垂直方向投影长度大于2km时，评价等级应不低于二级。

5. 允许在一类海域建设的项目，评价等级为一级。

6. 同时存在多个水文要素影响的建设项目，分别判定各水文要素影响评价等级，并取其中最高等级作为水文要素影响型建设项目评价等级。

（3）评价范围

a. 地表水环境影响评价一级、二级及三级A，其评价范围应符合以下要求：

（a）应根据主要污染物迁移转化状况，至少需覆盖建设项目污染影响所及水域；

（b）受纳水体为河流时，应满足覆盖对照断面、控制断面与消减断面等关心断面的要求；

（c）受纳水体为湖泊、水库时，一级评价，评价范围宜不小于以入湖（库）排放口为中心、半径为5km的扇形区域；二级评价，评价范围宜不小于以入湖（库）排放口为中心、半径为3km的扇形区域；三级A评价，评价范围宜不小于以入湖（库）排放口为中心、半径为1km的扇形区域；

（d）影响范围涉及水环境保护目标的，评价范围至少应扩大到水环境保护目标内受到影响的水域；

（e）同一建设项目有两个及两个以上废水排放口，或排入不同地表水体时，按各排放口及所排入地表水体分别确定评价范围；有叠加影响的，叠加影响水域应作为重点评价范围。

b.地表水环境影响评价三级B，其评价范围应符合以下要求：

（a）应满足其依托污水处理设施环境可行性分析的要求；

（b）涉及地表水环境风险的，应覆盖环境风险影响范围所及的水环境保护目标水域。

c.水文要素影响型建设项目评价范围，根据评价等级、水文要素影响类别、影响及恢复程度确定，评价范围应符合以下要求：

（a）水温要素影响评价范围为建设项目形成水温分层水域，以及下游未恢复到天然（或建设项目建设前）水温的水域；

（b）径流要素影响评价范围为水体天然性状发生变化的水域，以及下游增减水影响水域；

（c）地表水域影响评价范围为相对建设项目建设前日均或潮均流速及水深、或高（累积频率5%）低（累积频率90%）水位（潮位）变化幅度超过 ±5% 的水域；

（d）建设项目影响范围涉及水环境保护目标的，评价范围至少应扩大到水环境保护目标内受影响的水域；

（e）存在多类水文要素影响的建设项目，应分别确定各水文要素影响评价范围，取各水文要素评价范围的外包线作为水文要素的评价范围。

2）环境现状调查与评价

水污染影响型建设项目一级、二级评价时，应调查受纳水体近3年的水环境质量数据，分析其变化趋势。评价建设项目评价范围内水环境功能区或水功能区、近岸海域环境功能区水质达标状况，水环境控制单元或断面水质达标状况，水环境保护目标质量状况。对照断面、控制断面等代表性断面的水质状况。分析水质超标因子、超标程度，分析超标原因；

水文要素影响型建设项目一级、二级评价时，应开展建设项目所在流域、区域的水资源与开发利用状况调查。根据建设项目水文要素影响特点，评价所在流域（区域）水资源与开发利用程度、生态流量满足程度、水域岸线空间占用状况等。

3）预测内容

根据影响类型、预测因子、预测情景、预测范围、地表水体类别、所选用的预测模型及评价要求确定。

（1）水污染影响型建设项目，主要包括：

a.各关心断面（控制断面、取水口、污染源排放核算断面等）水质预测因子的浓度及变化；到达水环境保护目标处的污染物浓度；

b.各污染物最大影响范围；

c.湖泊、水库及半封闭海湾等，还需关注富营养化状况与水华、赤潮等；

d.排放口混合区范围。

（2）水文要素影响型建设项目，主要包括：

a.河流、湖泊及水库的水文情势预测分析，主要包括水域形态、径流条件、水力条件以及冲淤变化等内容，具体包括水面面积、水量、水温、径流过程、水位、水深、流速、水面宽、冲淤变化等，湖泊和水库需要重点关注湖库水域面积或蓄水量及水力停留时间等因子；

b.感潮河段、入海河口及近岸海域水动力条件预测分析，主要包括流量、流向、潮区界、潮流界、纳潮量、水位、流速、水面宽、水深、冲淤变化等因子。

4.地下水环境影响评价

1）评价工作等级

依据《环境影响评价技术导则 地下水环境》（HJ 610—2016），建设项目的地下水环境敏感程度可分为敏感、较敏感、不敏感三级，分级原则如表2-5所示。

地下水环境敏感程度分级表

表2-5

敏感程度	地下水环境敏感特征
敏感	集中式饮用水水源（包括已建成的在用、备用、应急水源，在建和规划的饮用水水源）准保护区；除集中式饮用水水源以外的国家或地方政府设定的与地下水环境相关的其他保护区，如热水、矿泉水、温泉等特殊地下水资源保护区
较敏感	集中式饮用水水源（包括已建成的在用、备用、应急水源，在建和规划的饮用水水源）准保护区以外的补给径流区；未划定准保护区的集中式饮用水水源，其保护区以外的补给径流区；分散式饮用水水源地；特殊地下水资源（如矿泉水、温泉等）保护区以外的分布区等其他未列入上述敏感分级的环境敏感区
不敏感	上述地区之外的其他地区

注："环境敏感区"是指《建设项目环境影响评价分类管理名录》中所界定的涉及地下水的环境敏感区。

根据建设项目对地下水环境影响的程度，结合《建设项目环境影响评价分类管理名录》将建设项目分为四类，Ⅰ类、Ⅱ类、Ⅲ类建设项目的地下水环境影响评价等级划分如表2-6所示，Ⅳ类建设项目不开展地下水环境影响评价。

评价工作等级分级表 表2-6

环境敏感程度 项目类别	Ⅰ类项目	Ⅱ类项目	Ⅲ类项目
敏感	一	一	二
较敏感	一	二	三
不敏感	二	三	三

2）调查评价范围

建设项目（除线性工程外）地下水环境影响现状调查评价范围可采用公式计算法、查表法和自定义法确定。

当建设项目所在地水文地质条件相对简单，且所掌握的资料能够满足公式计算法的要求时，应采用公式计算法确定，参照《饮用水水源保护区划分技术规范》（HJ 338—2018）；当不满足公式计算法的要求时，可采用查表法确定。当计算或查表范围超出所处水文地质单元边界时，应以所处水文地质单元边界为宜。

（1）公式计算法

$$L = \alpha \times K \times I \times T / ne$$

式中：L ——下游迁移距离，m；

α ——变化系数，$\alpha \geqslant 1$，一般取2；

K ——渗透系数，m/d；

I ——水力坡度，无量纲；

T ——质点迁移天数，取值不小于5000d；

ne ——有效孔隙度，无量纲。

采用该方法时应包含重要的地下水环境保护目标，所得的调查评价范围如图2-2所示。

（2）查表法

查表法可参照表2-7要求进行。

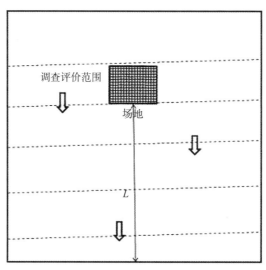

注：虚线表示等水位线；空心箭头表示地下水流向；场地上游距离根据评价需求确定，场地两侧不小于 $L/2$。

图 2-2 调查评价范围示意图

地下水环境现状调查评价范围参照表   表2-7

评价等级	调查评价面积（km²）	备注
一级	≥20	应包括重要的地下水环境保护目标，必要时适当扩大范围
二级	6~20	
三级	≤6	

（3）自定义法

可根据建设项目所在地水文地质条件自行确定，需说明理由。线性工程应以工程边界两侧向外延伸200m作为调查评价范围；穿越饮用水源准保护区时，调查评价范围应至少包含水源保护区。

3）地下水环境现状监测与评价

（1）水文地质条件调查

在充分收集资料的基础上，根据建设项目特点和水文地质条件复杂程度，开展调查工作，主要内容包括：

①气象、水文、土壤和植被状况；

②地层岩性、地质构造、地貌特征与矿产资源；

③包气带岩性、结构、厚度、分布及垂向渗透系数等；

④含水层岩性、分布、结构、厚度、埋藏条件、渗透性、富水程度等；隔水层（弱透水层）的岩性、厚度、渗透性等；

⑤地下水类型，地下水补、径、排条件；

⑥地下水水位、水质、水温、地下水化学类型；

⑦泉的成因类型，出露位置、形成条件及泉水流量、水质、水温，开发利用情况；

⑧集中供水水源地和水源井的分布情况（包括开采层的成井密度、水井结构、深度以及开采历史）；

⑨地下水现状监测井的深度、结构以及成井历史、使用功能；

⑩地下水环境现状值（地下水污染对照值）。

（2）地下水环境现状监测

建设项目地下水环境现状监测应通过对地下水水质、水位的监测，掌握或了解评价区地下水水质现状及地下水流场，为地下水环境现状评价提供基础资料。

①监测点布设原则

a. 监测层位应包括潜水含水层、可能受建设项目影响且具有饮用水开发利用价值的含水层。

b. 一般情况下，地下水水位监测点数宜大于相应评价级别地下水水质监测点数的2倍。

c. 地下水水质监测点布设的具体要求：

监测点布设应尽可能靠近建设项目场地或主体工程，监测点数应根据评价等级和水文地质条件确定。

一级评价项目潜水含水层的水质监测点应不少于7个，可能受建设项目影响且具有饮用水开发利用价值的含水层3~5个。原则上建设项目场地上游和两侧的地下水水质监测点均不得少于1个，建设项目场地及其下游影响区的地下水水质监测点不得少于3个。

二级评价项目潜水含水层的水质监测点应不少于5个，可能受建设项目影响且具有饮用水开发利用价值的含水层2~4个。原则上建设项目场地上游和两侧的地下水水质监测点均不得少于1个，建设项目场地及其下游影响区的地下水水质监测点不得少于2个。

②现状监测因子

地下水水质现状监测因子原则上应包括两类：一类是基本水质因子，另一类是特征因子。

a. 基本水质因子以pH、氨氮、硝酸盐、亚硝酸盐、挥发性酚类、氰化物、砷、汞、铬（六价）、总硬度、铅、氟、镉、铁、锰、溶解性总固体、高锰酸盐指数、硫酸盐、氯化物、总大肠菌群、细菌总数等，及背景值超标的水质因子为基础，可根据区域地下水类型、污染源状况适当调整。另外需要分析地下水环境中K^+、Na^+、Ca^{2+}、Mg^{2+}、CO_3^{2-}、HCO_3^-、Cl^-、SO_4^{2-}的浓度。

b.特征因子根识别结果确定，可根据区域地下水化学类型、污染源状况适当调整。

③现状监测结果评价

对属于《地下水质量标准》（GB/T 14848—2017）水质指标的评价因子，应按其规定的水质分类标准值进行评价；对于不属于《地下水质量标准》（GB/T 14848—2017）水质指标的评价因子，可参照国家（行业、地方）相关标准[如《地表水环境质量标准》（GB 3838—2002）、《生活饮用水卫生标准》（GB 5749—2022）、《地下水水质标准》（DZ/T 0290—2015）等]进行评价。现状监测结果应进行统计分析，给出最大值、最小值、均值、标准差、检出率和超标率等。

④地下水环境影响预测与评价

地下水环境影响预测应给出特征因子不同时段的影响范围、程度，最大迁移距离，给出预测期内场地边界或地下水环境保护目标处特征因子随时间的变化规律。当建设项目场地天然包气带垂向渗透系数小于1×10^{-6}cm/s或厚度超过100m时，须考虑包气带阻滞作用，预测特征因子在包气带中迁移。以下情况应得出可以满足标准要求的结论：

a.建设项目各个不同阶段，除场界内小范围以外地区，均能满足《地下水质量标准》（GB/T 14848—2017）或国家（行业、地方）相关标准要求的；

b.在建设项目实施的某个阶段，有个别评价因子出现较大范围超标，但采取环境保护措施后，可满足《地下水质量标准》（GB/T 14848—2017）或国家（行业、地方）相关标准要求的。

以下情况应得出不能满足标准要求的结论：

新建项目排放的主要污染物，改、扩建项目已经排放的及将要排放的主要污染物在评价范围内地下水中已经超标的；

环境保护措施在技术上不可行，或在经济上明显不合理的。

5.声环境影响评价

1）评价等级

（1）评价范围内有适用于《声环境质量标准》（GB 3096—2008）规定的0类

声环境功能区域，或建设项目建设前后评价范围内声环境保护目标噪声级增量达5dB（A）以上[不含5dB（A）]，或受影响人口数量显著增加时，按一级评价。

（2）建设项目所处的声环境功能区为《声环境质量标准》（GB 3096—2008）规定的1类、2类地区，或建设项目建设前后评价范围内声环境保护目标噪声级增量达3~5dB（A），或受噪声影响人口数量增加较多时，按二级评价。

（3）建设项目所处的声环境功能区为《声环境质量标准》（GB 3096—2008）规定的3类、4类地区，或建设项目建设前后评价范围内声环境保护目标噪声级增量在3dB（A）以下[不含3dB（A）]，且受影响人口数量变化不大时，按三级评价。

2）评价范围

（1）对于以固定声源为主的建设项目（如工厂、码头、站场等）：

①满足一级评价的要求，一般以建设项目边界向外200m为评价范围；

②二级、三级评价范围可根据建设项目所在区域和相邻区域的声环境功能区类别及声环境保护目标等实际情况适当缩小；

③如依据建设项目声源计算得到的贡献值到200m处，仍不能满足相应功能区标准值时，应将评价范围扩大到满足标准值的距离。

（2）对于以移动声源为主的建设项目（如公路、城市道路、铁路、城市轨道交通等地面交通）：

①满足一级评价的要求，一般以线路中心线外两侧200m以内为评价范围；

②二级、三级评价范围可根据建设项目所在区域和相邻区域的声环境功能区类别及声环境保护目标等实际情况适当缩小；

③如依据建设项目声源计算得到的贡献值到200m处，仍不能满足相应功能区标准值时，应将评价范围扩大到满足标准值的距离。

3）声环境现状调查和评价

一级、二级评价：调查评价范围内声环境保护目标的名称、地理位置、行政区划、所在声环境功能区、不同声环境功能区内人口分布情况、与建设项目的空间位置关系、建筑情况等。评价范围内具有代表性的声环境保护目标的声环境质量现状需要现场监测，其余声环境保护目标的声环境质量现状可通过类比或现场监测结合模型计算给出。调查评价范围内有明显影响的现状声源的名称、类型、数量、位置、源强等。评价范围内现状声源源强调查应采用现场监测法或收集资料法确定。分析现状声源的构成及其影响，对现状调查结果进行评价。

三级评价：调查评价范围内声环境保护目标的名称、地理位置、行政区划、所在声环境功能区、不同声环境功能区内人口分布情况、与建设项目的空间位置关系、建筑情况等。对评价范围内具有代表性的声环境保护目标的声环境质量现状进行调查，可利用已有的监测资料，无监测资料时可选择有代表性的声环境保护目标进行现场监测，并分析现状声源的构成。分析评价范围内既有主要声源种类、数量及相应的噪声级、噪声特性等，明确主要声源分布。分别评价厂界（场界、边界）和各声环境保护目标的超标和达标情况，分析其受到既有主要声源的影响状况。

4）声环境影响预测和评价

预测建设项目在施工期和运营期所有声环境保护目标处的噪声贡献值和预测值，评价其超标和达标情况。预测和评价建设项目在施工期和运营期厂界（场界、边界）噪声贡献值，评价其超标和达标情况。铁路、城市轨道交通、机场等建设项目，还需预测列车通过时段内声环境保护目标处的等效连续A声级（L_{Aeq}，T_p）、单架航空器通过时在声环境保护目标处的最大A声级（L_{Amax}）。一级评价应绘制运行期代表性评价水平年噪声贡献值等声级线图，二级评价根据需要绘制等声级线图。

6.固体废物环境影响评价

根据《中华人民共和国固体废物污染环境防治法》：收集、贮存、运输、利用、处置固体废物的单位和个人，必须采取防扬散、防流失、防渗漏或者其他防止污染环境的措施；不得擅自倾倒、堆放、丢弃、遗撒固体废物。

建设项目固体废物的环境影响评价过程和其他环境要素的环境影响评价过程类似。主要包括污染源调查、一般固体废物污染控制措施、危险废物的处置措施等内容，其中一般固体废物或危险废物贮存或处置设施的建设则同时执行相应的污染控制标准。

1）污染源的确定

固体废物污染源的确定主要包括固体废物的种类、产生量。通过对所建项目的工程分析，依据生产工艺过程统计出各个环节产生固体废物的种类、组分、排放量及排放规律，对建设项目固体废物的产生、收集、贮存、运输、利用、处置全过程进行分析评价，明确各种固体废物是一般固体废物还是危险废物。

2）一般固体废物处置措施

根据建设项目工艺过程的各个环节产生的固体废物的危害性排放方式等因素，依据减量化、资源化和无害化的控制原则，同时按照全过程控制的基本要求分析其在产生、收集、运输、贮存等过程中对环境的影响，有针对性地提出污染的防治措施，同时对措施的可行性进行论证。

3）危险废物处置措施

根据《中华人民共和国固体废物污染环境防治法》《固体废物鉴别标准 通则》（GB 34330—2017），对建设项目产生的物质（除目标产物，即产品、副产品外），依据产生来源、利用和处置过程鉴别属于固体废物并且作为固体废物管理的物质，应按照《国家危险废物名录》《危险废物鉴别标准 通则》（GB 5085.7—2019）等进行属性判定。

应给出危险废物收集、贮存、运输、利用、处置环节采取的污染防治措施，并以表格的形式列明危险废物的名称、数量、类别、形态、危险特性和污染防治措施等内容（表2-8）。

工程分析中危险废物汇总样表   表 2-8

序号	危险废物名称	危险废物类别	危险废物代码	产生量（吨/年）	产生工序及装置	形态	主要成分	有害成分	产废周期	危险特性	污染防治措施*
1											
2											
...											

注：污染防治措施一栏中应列明各类危险废物的贮存、利用或处置的具体方式。对同一贮存区同时存放多种危险废物的，应明确分类、分区、包装存放的具体要求。

环境影响报告书（表）应从危险废物的产生、收集、贮存、运输、利用和处置等全过程以及建设期、运营期、服务期满后等全时段角度考虑，分析预测建设项目产生的危险废物可能造成的环境影响，进而指导危险废物污染防治措施的补充完善。

7.生态环境影响评价

（1）评价等级判定

①涉及国家公园、自然保护区、世界自然遗产、重要生境时，评价等级为一级；

②涉及自然公园时，评价等级为二级；

③涉及生态保护红线时，评价等级不低于二级；

④根据《环境影响评价技术导则 地表水环境》（HJ 2.3—2018）判断属于水文要素影响型且地表水评价等级不低于二级的建设项目，生态影响评价等级不低于二级；

⑤根据《环境影响评价技术导则 地下水环境》（HJ 610—2016）、《环境影响评价技术导则 土壤环境（试行）》（HJ 964—2018）判断地下水水位或土壤影响范

围内分布有天然林、公益林、湿地等生态保护目标的建设项目，生态影响评价等级不低于二级；

⑥当工程占地规模大于20km²时（包括永久和临时占用陆域和水域），评价等级不低于二级；改扩建项目的占地范围以新增占地（包括陆域和水域）确定；

除以上情况，评价等级为三级。

（2）评价范围确定

生态影响评价应能够充分体现生态完整性和生物多样性保护要求，涵盖评价项目全部活动的直接影响区域和间接影响区域。评价范围应依据评价项目对生态因子的影响方式、影响程度和生态因子之间的相互影响和相互依存关系确定。可综合考虑评价项目与项目区的气候过程、水文过程、生物过程等生物地球化学循环过程的相互作用关系，以评价项目影响区域所涉及的完整气候单元、水文单元、生态单元、地理单元界限为参照边界。

①涉及占用或穿（跨）越生态敏感区时，应考虑生态敏感区的结构、功能及主要保护对象合理确定评价范围。

②矿山开采项目评价范围应涵盖开采区及其影响范围、各类场地及运输系统占地以及施工临时占地范围等。

③水利水电项目评价范围应涵盖枢纽工程建筑物、水库淹没、移民安置等永久占地、施工临时占地以及库区坝上、坝下地表地下、水文水质影响河段及区域、受水区、退水影响区、输水沿线影响区等。

④线性工程穿越生态敏感区时，以线路穿越段向两端外延1km、线路中心线向两侧外延1km为参考评价范围，实际确定时应结合生态敏感区主要保护对象的分布、生态学特征、项目的穿越方式、周边地形地貌等适当调整，主要保护对象为野生动物及其栖息地时，应进一步扩大评价范围，涉及迁徙、洄游物种的，其评价范围应涵盖工程影响的迁徙洄游通道范围；穿越非生态敏感区时，以线路中心线向两侧外延300m为参考评价范围。

（3）生态现状调查与评价

陆生生态现状调查内容主要包括：评价范围内的植物区系、植被类型，植物群落结构及演替规律，群落中的关键种、建群种、优势种；动物区系、物种组成及分布特征；生态系统的类型、面积及空间分布；重要物种的分布、生态学特征、种群现状，迁徙物种的主要迁徙路线、迁徙时间，重要生境的分布及现状。

水生生态现状调查内容主要包括：评价范围内的水生生物、水生生境和渔业现状；重要物种的分布、生态学特征、种群现状以及生境状况；鱼类等重要水生动物调查包括种类组成、种群结构、资源时空分布，产卵场、索饵场、越冬场等重要生境的分布、环境条件以及洄游路线、洄游时间等行为习性。

收集生态敏感区的相关规划资料、图件、数据，调查评价范围内生态敏感区主要保护对象、功能区划、保护要求等。

调查区域存在的主要生态问题，如水土流失、沙漠化、石漠化、盐渍化、生物入侵和污染危害等。调查已经存在的对生态保护目标产生不利影响的干扰因素。

一级、二级评价应根据现状调查结果选择以下全部或部分内容开展评价：

①根据植被和植物群落调查结果，编制植被类型图，统计评价范围内的植被类型及面积，可采用植被覆盖度等指标分析植被现状，图示植被覆盖度空间分布特点；

②根据土地利用调查结果，编制土地利用现状图，统计评价范围内的土地利用类型及面积；

③根据物种及生境调查结果，分析评价范围内的物种分布特点、重要物种的种群现状以及生境的质量、连通性、破碎化程度等，编制重要物种、重要生境分布图，迁徙、洄游物种的迁徙、洄游路线图；涉及国家重点保护野生动植物、极危、濒危物种的，可通过模型模拟物种适宜生境分布，图示工程与物种生境分布的空间关系；

④根据生态系统调查结果，编制生态系统类型分布图，统计评价范围内的生态系统类型及面积；结合区域生态问题调查结果，分析评价范围内的生态系统结构与功能状况以及总体变化趋势；涉及陆地生态系统的，可采用生物量、生产力、生态系统服务功能等指标开展评价；涉及河流、湖泊、湿地生态系统的，可采用生物完整性指数等指标开展评价；

⑤涉及生态敏感区的，分析其生态现状、保护现状和存在的问题；明确并图示生态敏感区及其主要保护对象、功能分区与工程的位置关系；

⑥可采用物种丰富度、香农－威纳多样性指数、Pielou均匀度指数、Simpson优势度指数等对评价范围内的物种多样性进行评价。

三级评价可采用定性描述或面积、比例等定量指标，重点对评价范围内的土地利用现状、植被现状、野生动植物现状等进行分析，编制土地利用现状图、植被类型图、生态保护目标分布图等图件。

（4）生态影响预测与评价

①一级、二级评价应根据现状评价内容选择以下全部或部分内容开展预测评价：

a.采用图形叠置法分析工程占用的植被类型、面积及比例；通过引起地表沉陷或改变地表径流、地下水水位、土壤理化性质等方式对植被产生影响的，采用生态机理分析法、类比分析法等方法分析植物群落的物种组成、群落结构等变化情况；

b.结合工程的影响方式预测分析重要物种的分布、种群数量、生境状况等变化情况；分析施工活动和运行产生的噪声、灯光等对重要物种的影响；涉及迁徙、洄游物种的，分析工程施工和运行对迁徙、洄游行为的阻隔影响；涉及国家重点保护野生动植物、极危、濒危物种的，可采用生境评价方法预测分析物种适宜生境的分布及面积变化、生境破碎化程度等，图示建设项目实施后的物种适宜生境分布情况；

c.结合水文情势、水动力和冲淤、水质（包括水温）等影响预测结果，预测分析水生生境质量、连通性以及产卵场、索饵场、越冬场等重要生境的变化情况，图示建设项目实施后的重要水生生境分布情况；结合生境变化预测分析鱼类等重要水生生物的种类组成、种群结构、资源时空分布等变化情况；

d.采用图形叠置法分析工程占用的生态系统类型、面积及比例；结合生物量、生产力、生态系统功能等变化情况预测分析建设项目对生态系统的影响；

e.结合工程施工和运行引入外来物种的主要途径、物种生物学特性以及区域生态环境特点，参考《外来物种环境风险评估技术导则》（HJ 624—2011）分析建设项目实施可能导致外来物种造成生态危害的风险；

f.结合物种、生境以及生态系统变化情况，分析建设项目对所在区域生物多样性的影响；分析建设项目通过时间或空间的累积作用方式产生的生态影响，如生境丧失、退化及破碎化、生态系统退化、生物多样性下降等；

g.涉及生态敏感区的，结合主要保护对象开展预测评价；涉及以自然景观、自然遗迹为主要保护对象的生态敏感区时，分析工程施工对景观、遗迹完整性的影响，结合工程建筑物、构筑物或其他设施的布局及设计，分析与景观、遗迹的协调性。

②三级评价可采用图形叠置法、生态机理分析法、类比分析法等预测分析工程对土地利用、植被、野生动植物等的影响。

8.土壤环境影响评价

（1）生态影响型评价工作等级

建设项目所在地土壤环境敏感程度分为敏感、较敏感、不敏感，判别依据如表2-9所示；同一建设项目涉及两个或两个以上场地或地区，应分别判定其敏感程度；产生两种或两种以上生态影响后果的，敏感程度按最高级别判定。

生态影响型敏感程度分级表　　　　　　表2-9

敏感程度	判别依据		
	盐化	酸化	碱化
敏感	建设项目所在地干燥度[a]＞2.5且常年地下水位平均埋深＜1.5m的地势平坦区域；或土壤含盐量＞4g/kg的区域	pH≤4.5	pH≥9.0
较敏感	建设项目所在地干燥度＞2.5且常年地下水位平均埋深≥1.5m的，或1.8＜干燥度≤2.5常年地下水位平均埋深＜1.8m的地势平坦区域；建设项目所在地干燥度＞2.5或常年地下水位平均埋深＜1.5m的平原区；或2g/kg＜土壤含盐量≤4g/kg的区域	4.5＜pH≤5.5	8.5≤pH＜9.0
不敏感	其他	5.5＜pH＜8.5	

注：a是指采用E601观测的多年平均水面蒸发量与降水量的比值，即蒸降比值。

根据行业特征、工艺特点或规模大小等将建设项目类别分为Ⅰ类、Ⅱ类、Ⅲ类、Ⅳ类，其中Ⅳ类建设项目可不开展土壤环境影响评价；自身为敏感目标的建设项目，可根据需要仅对土壤环境现状进行调查。根据建设项目类别与生态影响型项目敏感程度分级结果划分评价工作等级（表2-10）。

生态影响型评价工作等级划分表　　　　　　表2-10

敏感程度	Ⅰ类	Ⅱ类	Ⅲ类
敏感	一级	二级	三级
较敏感	二级	二级	三级
不敏感	二级	三级	/

注："/"表示可不开展土壤环境影响评价工作。

（2）污染影响型评价工作等级

将建设项目占地规模分为大型（≥50hm²）、中型（5~50hm²）和小型（≤5hm²），建设项目占地主要为永久占地。建设项目所在地周边的土壤环境敏感程度分为敏感、较敏感、不敏感（表2-11）。

敏感程度	判别依据
敏感	建设项目周边存在耕地、园地、牧草地、饮用水水源地或居民区、学校、医院、疗养院、养老院等土壤环境敏感目标的
较敏感	建设项目周边存在其他土壤环境敏感目标的
不敏感	其他情况

根据土壤环境影响评价项目类别、占地规模与敏感程度划分评价工作等级（表2-12）。

污染影响型评价工作等级划分表　　　　　　　表 2-12

敏感程度	I 类			II 类			III 类		
	大	中	小	大	中	小	大	中	小
敏感	一级	一级	一级	二级	二级	二级	三级	三级	三级
较敏感	一级	一级	二级	二级	二级	二级	三级	三级	/
不敏感	一级	二级	二级	二级	三级	三级	三级	/	/

注："/"表示可不开展土壤环境影响评价工作。

（3）调查评价范围

调查评价范围应包括建设项目可能影响的范围，能满足土壤环境影响预测和评价要求；改、扩建类建设项目的现状调查评价范围还应兼顾现有工程可能影响的范围。

建设项目（除线性工程外）土壤环境影响现状调查评价范围可根据建设项目影响类型、污染途径、气象条件、地形地貌、水文地质条件等确定并说明，或参考表2-13确定。

现状调查范围　　　　　　　表 2-13

评价工作等级	影响类型	调查范围[a]	
		占地[b]范围内	占地范围外
一级	生态影响型	全部	5km 范围内
	污染影响型		1km 范围内
二级	生态影响型		2km 范围内
	污染影响型		0.2km 范围内

评价工作等级	影响类型	调查范围ᵃ	
		占地ᵇ范围内	占地范围外
三级	生态影响型	全部	1km 范围内
	污染影响型		0.05km 范围内

注：a 涉及大气沉降途径影响的，可根据主导风向下风向的最大落地浓度点适当调整。
　　b 矿山类项目指开采区与各场地的占地；改、扩建类的指现有工程与拟建工程的占地。

（4）现状监测与评价

建设项目土壤环境现状监测应根据建设项目的影响类型、影响途径，有针对性地开展监测工作，了解或掌握调查评价范围内土壤环境现状。

①现状监测因子

a.基本因子为《土壤环境质量 农用地土壤污染风险管控标准（试行）》（GB 15618—2018）、《土壤环境质量 建设用地土壤污染风险管控标准（试行）》（GB 36600—2018）中规定的基本项目，分别根据调查评价范围内的土地利用类型选取；

b.特征因子为建设项目产生的特有因子，既是特征因子又是基本因子的，按特征因子对待；

根据调查评价范围内的土地利用类型，分别选取《土壤环境质量 农用地土壤污染风险管控标准（试行）》（GB 15618—2018）、《土壤环境质量 建设用地土壤污染风险管控标准（试行）》（GB 36600—2018）等标准中的筛选值进行评价，土地利用类型无相应标准的可只给出现状监测值。

②现状监测点数量

建设项目各评价工作等级的监测点数不少于表2-14中规定数量。

③土壤环境质量现状评价

土壤环境质量现状评价应采用标准指数法，并进行统计分析，给出样本数量、最大值、最小值、均值、标准差、检出率和超标率、最大超标倍数等。

给出各监测点位土壤盐化、酸化、碱化的级别，统计样本数量、最大值、最小值和均值，并评价均值对应的级别。

（5）预测与评价

选择适宜的预测方法，预测评价建设项目各实施阶段不同环节与不同环境影响防控措施下的土壤环境影响，给出预测因子的影响范围与程度，明确建设项目对土壤环境的影响结果。

现状监测布点类型与数量   表 2-14

评价工作等级		占地范围内	占地范围外
一级	生态影响型	5个表层样点[a]	6个表层样点
	污染影响型	5个柱状样点[b]，2个表层样点	4个表层样点
二级	生态影响型	3个表层样点	4个表层样点
	污染影响型	3个柱状样点，1个表层样点	2个表层样点
三级	生态影响型	1个表层样点	2个表层样点
	污染影响型	3个表层样点	—

注："—"表示无现状监测布点类型与数量的要求。

a 表层样应在0～0.2m取样。

b 柱状样通常在0～0.5m、0.5～1.5m、1.5～3m分别取样，3m以下每3m取1个样，可根据基础埋深、土体构型适当调整。

应重点预测评价建设项目对占地范围外土壤环境敏感目标的累积影响，并根据建设项目特征兼顾对占地范围内的影响预测。

以下情况可得出建设项目土壤环境影响可接受的结论：

①建设项目各不同阶段，土壤环境敏感目标处且占地范围内各评价因子均满足相关标准要求的；

②生态影响型建设项目各不同阶段，出现或加重土壤盐化、酸化、碱化等问题，但采取防控措施后，可满足相关标准要求的；

③污染影响型建设项目各不同阶段，土壤环境敏感目标处或占地范围内有个别点位、层位或评价因子出现超标，但采取必要措施后，可满足《土壤环境质量 农用地土壤污染风险管控标准（试行）》（GB 15618—2018）、《土壤环境质量 建设用地土壤污染风险管控标准（试行）》（GB 36600—2018）或其他土壤污染防治相关管理规定的。

以下情况不能得出建设项目土壤环境影响可接受的结论：

①生态影响型建设项目：土壤盐化、酸化、碱化等对预测评价范围内土壤原有生态功能造成重大不可逆影响的；

②污染影响型建设项目各不同阶段，土壤环境敏感目标处或占地范围内多个点位、层位或评价因子出现超标，采取必要措施后，仍无法满足《土壤环境质量 农用地土壤污染风险管控标准（试行）》（GB 15618—2018）、《土壤环境质量 建设用地土壤污染风险管控标准（试行）》（GB 36600—2018）或其他土壤污染防治相关管理规定的。

9.环境风险评价

环境风险评价基本内容包括风险调查、风险识别、风险事故情形分析、风险预测与评价、环境风险管理对策等。

（1）风险调查

分析建设项目物质及工艺系统危险性和环境敏感性，进行风险潜势的判断，确定风险评价等级。评价工作等级划分根据建设项目涉及的物质及工艺系统危险性和所在地的环境敏感性确定环境风险潜势，按照表2-15确定评价工作等级。

评价工作等级划分 表2-15

环境风险潜势	Ⅳ、Ⅳ+	Ⅲ	Ⅱ	Ⅰ
评价工作等级	一	二	三	简单分析[a]

注：a简单分析是相对于详细评价工作内容而言的，在描述危险物质、环境影响途径、环境危害后果、风险防范措施等方面给出定性的说明。

风险潜势为Ⅳ及以上，进行一级评价；风险潜势为Ⅲ，进行二级评价；风险潜势为Ⅱ，进行三级评价；风险潜势为Ⅰ，可开展简单分析。根据评价等级的不同，各环境要素的风险预测要求有所不同。

①大气环境风险预测

一级评价需选取最不利气象条件和事故发生地的最常见气象条件，选择适用的数值方法进行分析预测，给出风险事故情形下危险物质释放可能造成的大气环境影响范围与程度。对于存在极高大气环境风险的项目，应进一步开展关心点概率分析。二级评价需选取最不利气象条件，选择适用的数值方法进行分析预测，给出风险事故情形下危险物质释放可能造成的大气环境影响范围与程度。三级评价应定性分析说明大气环境影响后果。

②地表水环境风险预测

一级、二级评价应选择适用的数值方法预测地表水环境风险，给出风险事故情形下可能造成的影响范围与程度；三级评价应定性分析说明地表水环境影响后果。

③地下水环境风险预测

一级评价应优先选择适用的数值方法预测地下水环境风险，给出风险事故情形下可能造成的影响范围与程度；低于一级评价的，风险预测分析与评价要求参照《环境影响评价技术导则　地下水环境》（HJ 610—2016）执行。

（2）风险识别

明确危险物质在生产系统中的主要分布，筛选具有代表性的风险事故情形，合理设定事故源项。给出建设项目环境风险识别汇总，包括危险单元、风险源、主要危险物质、环境风险类型、环境影响途径、可能受影响的环境敏感目标等，说明风险源的主要参数。风险识别包括以下几部分：

①物质危险性识别，包括主要原辅材料、燃料、中间产品、副产品、最终产品、污染物、火灾和爆炸伴生/次生物等。

②生产系统危险性识别，包括主要生产装置、储运设施、公用工程和辅助生产设施，以及环境保护设施等。

③危险物质向环境转移的途径识别，包括分析危险物质特性及可能的环境风险类型，识别危险物质影响环境的途径，分析可能影响的环境敏感目标。

（3）风险事故情形分析

风险事故情形设定内容应包括环境风险类型、风险源、危险单元、危险物质和影响途径等。在风险识别的基础上，选择对环境影响较大并具有代表性的事故类型，设定风险事故情形。

事故源强是为事故后果预测提供分析模拟情形。事故源强设定可采用计算法和经验估算法。计算法适用于以腐蚀或应力作用等引起的泄漏型为主的事故；经验估算法适用于以火灾、爆炸等突发性事故伴生/次生的污染物释放。

（4）风险预测与评价

分析说明环境风险危害范围与程度，提出环境风险防范的基本要求。

①有毒有害物质在大气中的扩散

a.给出下风向不同距离处有毒有害物质的最大浓度，以及预测浓度达到不同毒性终点浓度的最大影响范围。

b.给出各关心点的有毒有害物质浓度随时间变化情况，以及关心点的预测浓度超过评价标准时对应的时刻和持续时间。

c.对于存在极高大气环境风险的建设项目，应开展关心点概率分析，即有毒有害气体（物质）剂量负荷对个体的大气伤害概率、关心点处气象条件的频率、事故发生概率的乘积，以反映关心点处人员在无防护措施条件下受到伤害的可能性。有毒有害气体大气伤害概率估算参见《建设项目环境风险评价技术导则》（HJ 169—2018）。

②有毒有害物质在地表水、地下水环境中的运移扩散

a.地表水

根据风险事故情形对水环境的影响特点，预测结果可采用以下表述方式：

（a）给出有毒有害物质进入地表水体最远超标距离及时间。

（b）给出有毒有害物质经排放通道到达下游（按水流方向）环境敏感目标处的到达时间、超标时间、超标持续时间及最大浓度，对于在水体中漂移类物质，应给出漂移轨迹。

b.地下水

给出有毒有害物质进入地下水体到达下游厂区边界和环境敏感目标处的到达时间、超标时间、超标持续时间及最大浓度。

③结合各要素风险预测，分析说明建设项目环境风险的危害范围与程度。大气环境风险的影响范围和程度由大气毒性终点浓度确定，明确影响范围内的人口分布情况；地表水、地下水对照功能区质量标准浓度（或参考浓度）进行分析，明确对下游环境敏感目标的影响情况。环境风险可采用后果分析、概率分析等方法开展定性或定量评价，以避免急性损害为重点，确定环境风险防范的基本要求。

（5）环境风险管理对策

明确环境风险防范措施及突发环境事件应急预案编制要求。

①大气环境风险防范应结合风险源状况明确环境风险的防范、减缓措施，提出环境风险监控要求，并结合环境风险预测分析结果、区域交通道路和安置场所位置等，提出事故状态下人员的疏散通道及安置等应急建议。

②事故废水环境风险防范应明确"单元－厂区－园区/区域"的环境风险防控体系要求，设置事故废水收集（尽可能以非动力自流方式）和应急储存设施，以满足事故状态下收集泄漏物料、污染消防水和污染雨水的需要，明确并图示防止事故废水进入外环境的控制、封堵系统。应急储存设施应根据发生事故的设备容量、事故时消防用水量及可能进入应急储存设施的雨水量等因素综合确定。应急储存设施内的事故废水，应及时进行有效处置，做到回用或达标排放。结合环境风险预测分析结果，提出实施监控和启动相应的园区/区域突发环境事件应急预案的建议要求。

③地下水环境风险防范应重点采取源头控制和分区防渗措施，加强地下水环境的监控、预警，提出事故应急减缓措施。

10.碳排放评价

生态环境部发布的《关于开展重点行业建设项目碳排放环境影响评价试点的通知》（环办环评函〔2021〕346号）首次提出对部分省份开展重点行业建设项目碳排放环境影响评价，《重点行业建设项目碳排放环境影响评价试点技术指南（试行）》中指出，部分省份电力、钢铁、建材、有色、石化和化工等六大重点行业中需编制环境影响报告书的建设项目二氧化碳排放环境影响评价。在环境影响报告书中增加碳排放环境影响评价专章，按照生态环境部《关于加强高耗能、高排放建设项目生态环境源头防控的指导意见》（环环评〔2021〕45号）要求，分析建设项目碳排放是否满足相关政策要求，明确建设项目二氧化碳产生节点，开展碳减排及二氧化碳与污染物协同控制措施可行性论证，核算二氧化碳产生和排放量，分析建设项目二氧化碳排放水平，提出建设项目碳排放环境影响评价结论。

（1）建设项目碳排放政策符合性分析

分析建设项目碳排放与国家、地方和行业碳达峰行动方案，生态环境分区管控方案和生态环境准入清单，相关法律、法规、政策，相关规划和规划环境影响评价等的相符性。

（2）建设项目碳排放分析

①碳排放影响因素分析

全面分析建设项目二氧化碳产排节点，在工艺流程图中增加二氧化碳产生、排放情况（包括正常工况、开停工及维修等非正常工况）和排放形式。明确建设项目化石燃料燃烧源中的燃料种类、消费量、含碳量、低位发热量和燃烧效率等，涉及碳排放的工业生产环节原料、辅料及其他物料种类、使用量和含碳量，烧焦过程中的烧焦量、烧焦效率、残渣量及烧焦时间等，火炬燃烧环节火炬气流量、组成及碳氧化率等参数，以及净购入电力和热力量等数据。说明二氧化碳源头防控、过程控制、末端治理、回收利用等减排措施状况。

②二氧化碳源强核算

根据二氧化碳产生环节、产生方式和治理措施，可参照生态环境部办公厅发布的《重点行业建设项目碳排放环境影响评价试点技术指南（试行）》及各行业企业温室气体排放核算与报告指南、《工业企业温室气体排放核算和报告通则》（GB/T 32150—2015）及各行业温室气体排放核算与报告要求、国家发展改革委办公厅发布的重点行业企业温室气体排放核算方法与报告指南中二氧化碳排放量核算方法，开展重点行业建设项目工艺过程生产运行阶段二氧化碳产生和排放量的核算。

一般生产企业的二氧化碳排放总量等于企业边界内所有的化石燃料燃烧排放量、工业生产过程排放量及企业净购入电力和净购入热力隐含产生的二氧化碳排放量之和，还应扣除固碳产品隐含的排放量，按以下公式计算。

$$E_{二氧化碳}=E_{燃烧}+E_{过程}+E_{电和热}-R_{固碳}$$

式中：$E_{二氧化碳}$——企业二氧化碳排放总量，单位为t；

$E_{燃烧}$——企业所有净消耗化石燃料燃烧活动产生的二氧化碳排放量，单位为t；

$E_{过程}$——企业工业生产过程产生的二氧化碳排放量，单位为t；

$E_{电和热}$——企业净购入电力和净购入热力产生的二氧化碳排放量，单位为t；

$R_{固碳}$——企业固碳产品隐含的二氧化碳排放量，单位为t。

改扩建及异地搬迁建设项目还应包括现有项目的二氧化碳产生量、排放量和碳减排潜力分析等内容。对改扩建项目的碳排放量的核算，应分别按现有、在建、改扩建项目实施后等几种情形汇总二氧化碳产生量、排放量及其变化量，核算改扩建项目建成后最终碳排放量，鼓励有条件的改扩建及异地搬迁建设项目核算非正常工况及无组织二氧化碳产生和排放量。

（3）减污降碳措施及其可行性论证

①碳减排措施可行性论证

给出建设项目拟采取的节能降耗措施。有条件的项目应明确拟采取的能源结构优化，工艺产品优化，碳捕集、利用和封存（CCUS）等措施，分析论证拟采取措施的技术可行性、经济合理性，其有效性判定应以同类或相同措施的实际运行效果为依据，没有实际运行经验的，可提供工程化实验数据。采用碳捕集和利用的，还应明确所捕集二氧化碳的利用去向。

②污染治理措施比选

在满足《建设项目环境影响评价技术导则 总纲》（HJ 2.1—2016）、《环境影响评价技术导则 大气环境》（HJ 2.2—2018）和《环境影响评价技术导则 地表水环境》（HJ 2.3—2018）关于污染治理措施方案选择要求前提下，在环境影响报告书环境保护措施论证及可行性分析章节，开展基于碳排放量最小的废气和废水污染治理设施和预防措施的多方案比选，即对于环境质量达标区，在保证污染物能够达标排放，并在环境影响可接受的前提下，优先选择碳排放量最小的污染防治措施方案。对于环境质量不达标区（环境质量细颗粒物$PM_{2.5}$因子对应污染源因子二氧化硫SO_2、氮氧化物NOx、颗粒物PM和挥发性有机物VOCs，环境质量臭氧O_3因子对应污染源因子NOx和VOCs），在保证环境质量达标因子能够达标排放，并在环境影响可接受前提下，优先选择碳排放量最小的针对达标因子的污染防治措施方案。

11.环境影响报告表的主要内容

根据建设项目环境影响特点，生态环境部将报告表分为污染影响类和生态影响类，配套制定了《建设项目环境影响报告表编制技术指南（污染影响类）（试行）》和《建设项目环境影响报告表编制技术指南（生态影响类）（试行）》。污染影响类适用《建设项目环境影响评价分类管理名录》中以污染影响为主要特征的建设项目环境影响报告表编制，生态影响类以生态影响为主要特征的建设项目环境影响报告表编制。同时涉及污染和生态影响的建设项目，填写《建设项目环境影响报告表（生态影响类）》。建设项目产生的环境影响/生态环境影响需要深入论证的，应按照环境影响评价相关技术导则开展专项评价工作。根据建设项目排污情况及所涉环境敏感程度/项目特点和涉及的环境敏感区类别，确定专项评价的类别。根据相关要求开展大气、地表水、环境风险、生态和海洋等专项评价，专项评价一般不超过两项。报告表的主要内容包括以下几个部分。

（1）项目概况

（2）工程分析

①污染影响类项目

工程分析主要包括建设内容、工艺流程和产排污环节、与项目有关的原有环境污染问题。

②生态影响类建设项目

工程分析主要包括地理位置、项目组成及规模、总平面及现场布置、施工方案等。

（3）环境现状、保护目标及评价标准

①污染影响类项目

区域环境质量现状包括：大气环境、地表水环境、声环境、生态环境、电磁辐射、地下水、土壤环境等环境质量现状情况，以引用国家、地方环境质量监测网数据或生态环境主管部门公开发布的质量数据等为主，以补充监测为辅，根据环境质量数据及区域规划情况，评价环境质量达标情况。

环境保护目标：大气环境保护目标以厂界外500m范围内的自然保护区、风景名胜区、居住区、文化区和农村地区中人群较集中的区域为主要保护目标；声环境以厂界外50m范围内敏感度为声环境保护目标；地下水环境以厂界外500m范围内的地下水集中式饮用水水源和热水、矿泉水、温泉等特殊地下水资源为主要保护目标；生态环境主要为新增用地范围内生态环境保护目标。

污染物排放控制标准：填写建设项目相关的国家、地方污染物排放控制标准，以及污染物的排放浓度、排放速率限值。

总量控制指标：填写地方生态环境主管部门核定的总量控制指标。

②生态影响类建设项目

生态环境现状：说明主体功能区规划和生态功能区划情况，以及项目用地及周边与项目生态环境影响相关的生态环境现状。

生态环境保护目标：按照环境影响评价相关技术导则要求确定评价范围并识别环境保护目标。填写环境保护目标的名称、与建设项目的位置关系、规模、主要保护对象和涉及的功能分区等。

评价标准：填写建设项目相关的国家和地方环境质量、污染物排放控制等标准。

（4）主要环境影响和保护措施

①污染影响类项目

简述施工期环境保护措施，包括施工扬尘、废水、噪声、固体废物、振动等防治措施。涉及新增用地的，应明确新增用地范围内生态环境保护目标的保护措施。以运营期环境影响和保护措施为主要分析对象。污染源核算及污染防治措施按源强核算技术指南和排污许可证申请与核发技术规范编制。

②生态影响类建设项目

结合建设项目特点，识别施工期、运营期可能产生生态破坏和环境污染的主要环节、因素，明确影响的对象、途径和性质，分析影响范围和影响程度。选址选线环境合理性分析：从环境制约因素、环境影响程度等方面分析选址选线的环境合理性，有不同方案的应进行环境影响对比分析，从环境角度提出推荐方案。

应针对建设项目生态环境影响的对象、范围、时段、程度，参照环境影响评价相关技术导则要求，提出避让、减缓、修复、补偿、管理、监测等对策措施，分析措施的技术可行性、经济合理性、运行稳定性、生态保护和修复效果的可达性，选择技术先进、经济合理、便于实施、运行稳定、长期有效的措施。

（5）环境保护措施监督检查清单、结论

环境保护措施监督检查清单包括项目所采取的环境保护措施和执行标准以及其他环境管理要求。

结论：从环境保护角度，明确建设项目环境影响可行或不可行的结论。

12.环境影响评价报告书的主要内容

环境影响评价报告书一般包括概述、总则、建设项目工程分析、环境现状调查与评价、环境影响预测与评价、环境保护措施及其可行性论证、环境影响经济损益分析、环境管理与监测计划、结论。

（1）概述、总则

它主要包括项目背景及由来、编制依据、环境影响因素识别、评价因子筛选、环境影响评价标准的确定、环境影响评价等级的划分、环境影响评价范围的确定、环境保护目标的确定。

（2）建设项目工程分析

它主要包括建设项目概况、影响因素分析、污染源源强核算等。

（3）环境现状调查与评价

根据环境影响因素识别结果，开展相应的现状调查与评价。充分收集和利用评价范围内各例行监测点、断面或站位的近三年环境监测资料或背景值调查资料，当现有资料不能满足要求时，应进行现场调查和测试，现状监测和观测网点应根据各环境要素环境影响评价技术导则要求布设，兼顾均布性和代表性原则。符合相关规划环境影响评价结论及审查意见的建设项目，可直接引用符合时效的相关规划环境影响评价的环境调查资料及有关结论。

（4）环境影响预测与评价

环境影响预测与评价的因子应包括反映建设项目特点的常规污染因子、特征污染因子和生态因子，以及反映区域环境质量状况的主要污染因子、特殊污染因子和生态因子。须考虑环境质量背景与环境影响评价范围内在建项目同类污染物环境影响的叠加。对于环境质量不符合环境功能要求或环境质量改善目标的，应结合区域限期达标规划对环境质量变化进行预测。

对以生态影响为主的建设项目，应预测生态系统组成和服务功能的变化趋势，重点分析项目建设和生产运行对环境保护目标的影响。

（5）环境保护措施及其可行性论证

明确提出建设项目建设阶段、生产运行阶段拟采取的具体污染防治、生态保护、环境风险防范等环境保护措施；分析论证拟采取措施的技术可行性、经济合理性、长期稳定运行和达标排放的可靠性、满足环境质量改善和排污许可要求的可行性、生态保护和恢复效果的可达性。

（6）环境影响经济损益分析

以建设项目实施后的环境影响预测与环境质量现状进行比较，从环境影响的正负两方面，以定性与定量相结合的方式，对建设项目的环境影响后果（包括直接和间接影响、不利和有利影响）进行货币化经济损益核算，估算建设项目环境影响的经济价值。

（7）环境管理与监测计划

提出建立日常环境管理制度、组织机构和环境管理台账相关要求，明确各项环境保护设施和措施的建设、运行及维护费用保障计划。环境监测计划应包括污染源监测计划和环境质量监测计划，内容包括监测因子、监测网点布设、监测频次、监测数据采集与处理、采样分析方法等，明确自行监测计划内容。

（8）结论

对建设项目的建设概况、环境质量现状、污染物排放情况、主要环境影响、公众意见采纳情况、环境保护措施、环境影响经济损益分析、环境管理与监测计划等内容进行概括总结，结合环境质量目标要求，明确给出建设项目的环境影响可行性结论。

2.3.5 公众参与

1.任务及要求

根据《环境影响评价公众参与办法》（生态环境部部令 第4号），编制环境影响报告书的建设项目应当进行环境影响评价公众参与。建设单位应当听取环境影响评价范围内的公民、法人和其他组织的意见，鼓励听取环境影响评价范围之外的公民、法人和其他组织的意见。环境影响评价公众参与遵循依法、有序、公开、便利的原则。

2.工作程序及内容

环境影响评价公众参与调查分为三个阶段：

（1）第一阶段

在确定环境影响报告书编制单位后7个工作日内通过其网站、建设项目所在地公共媒体网站或者建设项目所在地相关政府网站（以下统称网络平台）公开下列信息：

①建设项目名称、选址选线、建设内容等基本情况，改建、扩建、迁建项目应当说明现有工程及其环境保护情况；

②建设单位名称和联系方式；

③环境影响报告书编制单位的名称；

④公众意见表的网络链接；

⑤提交公众意见表的方式和途径。

在环境影响报告书征求意见稿编制过程中，公众均可向建设单位提出与环境影响评价相关的意见。

（2）第二阶段

本项目环境影响报告书征求意见稿形成后，公开下列信息，征求与该建设项目环境影响有关的意见：

①环境影响报告书征求意见稿全文的网络链接及查阅纸质报告书的方式和途径；

②征求意见的公众范围；

③公众意见表的网络链接；

④公众提出意见的方式和途径；

⑤公众提出意见的起止时间。

征求公众意见的期限不得少于10个工作日。

通过下列三种方式同步公开：

①通过网络平台公开，且持续公开期限不得少于10个工作日；

②通过本项目所在地公众易于接触的报纸公开，且在征求意见的10个工作日内公开信息不得少于2次；

③通过在本项目所在地公众易于知悉的场所张贴公告的方式公开，且持续公开期限不得少于10个工作日。

通过广播、电视、微信、微博及其他新媒体等多种形式发布信息。可以通过发放科普资料、张贴科普海报、举办科普讲座或者通过学校、社区、大众传播媒介等途径，向公众宣传与本项目环境影响有关的科学知识，加强与公众互动。

若组织召开公众座谈会、专家论证会的，应当在会议召开的10个工作日前，将会议的时间、地点、主题和可以报名的公众范围、报名办法，通过网络平台和在建设项目所在地公众易于知悉的场所张贴公告等方式向社会公开。综合考虑地域、职业、受教育水平、受建设项目环境影响程度等因素，从报名的公众中选择参加会议或者列席会议的公众代表，并在会议召开的5个工作日前通知拟邀请的相关专家，并书面通知被选定的代表在公众座谈会、专家论证会结束后5个工作日内，根据现场记录，整理公众座谈会纪要或者专家论证结论，并通过网络平台向社会公开公众座谈会纪要或者专家论证结论。公众座谈会纪要和专家论证结论应当如实记载各种意见。

（3）第三阶段

向生态环境主管部门报批环境影响报告书前，应当组织编写建设项目环境影响评价公众参与说明，通过网络平台，公开拟报批的环境影响报告书全文和公众参与说明。

公众参与说明包括下列主要内容：

①公众参与的过程、范围和内容；

②公众意见收集整理和归纳分析情况；

③公众意见采纳情况，或者未采纳情况、理由及向公众反馈的情况等。

2.3.6 管理要求

1.法律责任

（1）建设单位未依法报批建设项目环境影响报告书、报告表，或者未按规定重新报批或者报请重新审核环境影响报告书、报告表，擅自开工建设的，由县级以上生态环境主管部门责令停止建设，根据违法情节和危害后果，处建设项目总投资额百分之一以上百分之五以下的罚款，并可以责令恢复原状；对建设单位直接负责的主管人员和其他直接责任人员，依法给予行政处分。建设单位未依法备案建设项目环境影响登记表的，由县级以上生态环境主管部门责令备案，处五万元以下的罚款。

（2）海洋工程建设项目的建设单位有本条所列违法行为的，依照《中华人民共和国海洋环境保护法》的规定处罚。

（3）建设项目环境影响报告书、环境影响报告表存在基础资料明显不实，内容存在重大缺陷、遗漏或者虚假，环境影响评价结论不正确或者不合理等严重质量问题的，由设区的市级以上人民政府生态环境主管部门对建设单位处五十万元以上二百万元以下的罚款，并对建设单位的法定代表人、主要负责人、直接负责的主管人员和其他直接责任人员，处五万元以上二十万元以下的罚款。

（4）接受委托编制建设项目环境影响报告书、环境影响报告表的技术单位违反国家有关环境影响评价标准和技术规范等规定，致使其编制的建设项目环境影响报告书、环境影响报告表存在基础资料明显不实，内容存在重大缺陷、遗漏或者虚假，环境影响评价结论不正确或者不合理等严重质量问题的，由设区的市级以上人民政府生态环境主管部门对技术单位处所收费用三倍以上五倍以下的罚款；情节严重的，禁止从事环境影响报告书、环境影响报告表编制工作；有违法所得的，没收违法所得。

（5）编制单位有上述（1）、（2）规定的违法行为的，编制主持人和主要编制人员五年内禁止从事环境影响报告书、环境影响报告表编制工作；构成犯罪的，依法追究刑事责任，并终身禁止从事环境影响报告书、环境影响报告表编制工作。

2.质量管理

（1）根据《建设项目环境影响报告书（表）编制监督管理办法》，编制单位应当具备环境影响评价技术能力。环境影响报告书（表）的编制主持人和主要编制人员应当为编制单位中的全职人员，环境影响报告书（表）的编制主持人还应当为取得环境影响评价工程师职业资格证书的人员。

（2）生态环境部在信用平台建立编制单位和编制人员的诚信档案，并生成编制人员信用编号，公开编制单位名称、统一社会信用代码等基础信息以及编制人员姓名、从业单位等基础信息。

（3）环境影响报告书（表）应当由一个单位主持编制，并由该单位中的一名编制人员作为编制主持人。编制主持人应当全过程组织参与环境影响报告书（表）编制工作，并加强统筹协调。

（4）在监督检查过程中发现环境影响报告书（表）不符合有关环境影响评价法律法规、标准和技术规范等规定、存在下列质量问题之一的，由市级以上生态环境主管部门对建设单位、技术单位和编制人员给予通报批评：

①评价因子中遗漏建设项目相关行业污染源源强核算或者污染物排放标准规定的相关污染物的；

②降低环境影响评价工作等级，降低环境影响评价标准，或者缩小环境影响评价范围的；

③建设项目概况描述不全或者错误的；

④环境影响因素分析不全或者错误的；

⑤污染源源强核算内容不全，核算方法或者结果错误的；

⑥环境质量现状数据来源、监测因子、监测频次或者布点等不符合相关规定，或者所引用数据无效的；

⑦遗漏环境保护目标，或者环境保护目标与建设项目位置关系描述不明确或者错误的；

⑧环境影响评价范围内的相关环境要素现状调查与评价、区域污染源调查内容不全或者结果错误的；

⑨环境影响预测与评价方法或者结果错误，或者相关环境要素、环境风险预测与评价内容不全的；

⑩未按相关规定提出环境保护措施，所提环境保护措施或者其可行性论证不符合相关规定的。

（5）在监督检查过程中发现环境影响报告书（表）存在下列严重质量问题之一的，由市级以上生态环境主管部门依照《中华人民共和国环境影响评价法》第三十二条的规定，由设区的市级以上人民政府生态环境主管部门对建设单位处五十万元以上二百万元以下的罚款，并对建设单位的法定代表人、主要负责人、直接负责的主管人员和其他直接责任人员，处五万元以上二十万元以下的罚款：

①建设项目概况中的建设地点、主体工程及其生产工艺，或者改扩建和技术改造项目的现有工程基本情况、污染物排放及达标情况等描述不全或者错误的；

②遗漏自然保护区、饮用水水源保护区或者以居住、医疗卫生、文化教育为主要功能的区域等环境保护目标的；

③未开展环境影响评价范围内的相关环境要素现状调查与评价，或者编造相关内容、结果的；

④未开展相关环境要素或者环境风险预测与评价，或者编造相关内容、结果的；

⑤所提环境保护措施无法确保污染物排放达到国家和地方排放标准或者有效预防和控制生态破坏，未针对建设项目可能产生的或者原有环境污染和生态破坏提出有效防治措施的；

⑥建设项目所在区域环境质量未达到国家或者地方环境质量标准，所提环境保护措施不能满足区域环境质量改善目标管理相关要求的；

⑦建设项目类型及其选址、布局、规模等不符合环境保护法律法规和相关法定规划，但给出环境影响可行结论的；

⑧其他基础资料明显不实，内容有重大缺陷、遗漏、虚假，或者环境影响评价结论不正确、不合理的。

3 施工阶段环境监理服务

3.1 概述

3.1.1 环境监理定义

建设项目环境监理(以下简称"环境监理")是指建设项目环境监理单位受建设单位委托,依据有关环境保护法律法规、建设项目环境影响评价及其批复文件、环境监理合同等,对建设项目实施专业化的环境保护咨询和技术服务,协助和指导建设单位全面落实建设项目各项环境保护措施。

环境监理作为专业的第三方咨询服务活动,具有服务性、科学性、公正性、独立性等特性。环境监理单位借助其在环境保护及环境管理等业务领域的专业优势和技术优势,帮助和引导建设单位有效落实环境影响评价文件和设计文件提出的各项要求,在建设单位授权范围内,协助建设单位强化对承包商的指导和监督,切实有效落实建设项目"三同时"(同时设计、同时施工、同时投产使用)制度。

3.1.2 环境监理的主要任务

环境监理的主要任务(或主要功能)包括以下5个方面:

(1)环境监理单位受建设单位委托,承担全面核实设计文件与环境影响评价报告及其批复文件的一致性任务。

(2)依据环境影响评价报告及其批复文件,环境监理单位督查项目施工过程中各项环境保护措施的落实情况。

(3)负责组织建设期环境保护宣传和培训,指导施工单位落实施工期各项环境保护措施,确保环境保护"三同时"的有效执行,以驻场、旁站或巡查等方式实行环境监理。

(4)发挥环境监理单位在环境保护及环境管理等业务领域的专业优势和技术优势,搭建环境保护信息交流平台,建立有效的环境保护沟通、协调及会商机制。

(5)协助建设单位配合好环境保护部门的"三同时"监督检查、建设项目环境保护试生产审查和竣工环境保护验收工作。

3.1.3 实施环境监理的意义

近年来,随着我国国民经济的高速发展,建设项目的数量显著上升,环境监理任务十分繁重。在建设过程中,建设项目存在环境保护措施和设施"三同时"落实不到位，以及未经批准建设内容擅自重大变动等违法违规现象仍比较突出，这些问题导致频繁发生环境污染和生态破坏事件，其中一些事件的环境影响是不可逆转的，有些环境保护措施难以补救。各级环境保护主管部门现有的监管力量难以对所有建设项目进行全面的"三同时"监督检查和日常检查，导致项目建设过程中产生的环境问题存在投产后集中呈现的隐患，给环境保护验收管理工作带来巨大压力。为了应对这些挑战，推行环境监理显得尤为关键。通过推行环境监理，有助于将建设项目环境管理的重心由事后管理转移到全过程管理，并促使从单一的环境保护行政监管向行政监管与建设单位内部监管相结合的模式转变，这不仅促进了建设项目全面、同步落实环境影响评价报告中提出的环境保护措施，还对提升环境监管效率和效果具有重要意义。通过环境监理，可以更有效地确保建设项目在各个阶段都遵循环境保护法规和标准，减少对环境的负面影响，推动可持续发展。

（1）环境监理是提高环境影响评价有效性、落实"三同时"制度，实现建设项目全生命周期环境监管的重要手段。

为了加强建设项目的环境保护管理，严格控制新污染的产生，加快治理原有的污染，保护和改善环境，国家先后颁布了《中华人民共和国环境保护法》（2014年修订）、《中华人民共和国环境影响评价法》（2018年修正）、《建设项目环境保护管理条例》（2017年修订）和《建设项目竣工环境保护验收管理办法》（2001年）等法律法规，确立了以环境影响评价和"三同时"制度为核心的建设项目环境管理的法律地位和管理体系，明确了建设项目管理程序和要求，从而使我国建设项目环境保护管理步入法制化管理轨道。

在落实环境保护"三同时"制度过程中，"同时设计"可依靠环境影响评价和相关设计规范加以保障和制约，"同时投产使用"也有竣工验收的相关法规和规范加以保障落实，然而，"同时施工"这一环节却面临着监督管理手段不足的问题。因此，如何强化项目建设期间的环境管理，成为提升整体建设项目环境管理水平的一个关键点。如果在项目建设过程中未能严格落实各项环境保护措施，施工活动缺少必要的规范，可能导致建设项目在竣工时已对环境造成不可逆转的破坏，这种破坏不仅侵害了公众的环境利益，而且可能加剧社会公众对建设项目的误解，甚至引发抵制行为。那种只重视结果而忽视过程的"沙漏型"环境管理制度，并不利于生态环境的保护和社会环境的和谐发展。我们需要的是一种能够从项目开始到结束，全程覆盖、全面监管的环境管理模式，确保环境保护措施得到切实有效的执行。

环境监理是一条将事后管理转变为全过程跟踪管理、将政府强制性管理转变为政府监督管理和建设单位自律的有效途径，对于减免施工对环境不利影响、保证工程建设与环境保护相协调、预防和通过早期干预避免环境污染事故等方面都有重要的作用。

（2）环境监理是强化建设单位环境保护自律行为的有效措施。

在众多建设项目中，环境保护工作常常面临着点多面广、专业性强、技术要求高以及政策性强等挑战。为了有效应对这些挑战，建设单位往往需要借助外部力量，即社会监理机构的人力资源、专业技术、丰富经验和先进的测试手段。通过委托这些专业的监理单位，作为独立的第三方，为建设项目提供环境监理与环境管理服务。

环境监理单位在执行任务时，遵循"公正、独立、自主"的原则，为建设单位提供专业的技术和管理服务。这种服务模式已被证明是工程环境管理中最经济且有效的手段之一。通过这种方式，可以确保建设项目在环境保护方面的要求得到妥善实施，同时也为建设单位提供了一种可靠的风险管理机制。

（3）环境监理是实现工程环境保护目标的重要保证。

在工程建设过程中，考虑到工程地质和场地条件的多样性，施工布置、时序以及辅助设施的规模都需要进行细致的优化调整。这种调整是动态的，需要及时更新，以满足实际施工过程中的需求。相应地，施工期间的环境保护要求也应当具备动态调整的能力，以确保与工程的实际进展相匹配。然而，基于早期设计成果所编制的环境影响评价文件，在环境保护措施的设计深度上可能难以完全跟上工程建设不断优化调整的步伐。因此，在施工过程中出现的许多环境保护问题，需要环境监理以专业的现场协调和解决方案来应对，以确保工程的环境保护工作能够达到相关法规和标准的要求。此外，受到各种主观和客观因素的影响，工程建设各方的环境保护意识和主动性可能存在不足或偏差。因此，通过环境监理加强环境保护监督、宣传和环境管理变得尤为重要。工程建设中与环境保护相关的大量过程记录和信息，需要进行系统化和规范化的管理。这不仅有助于提高信息处理的效率，也是确保环境保护竣工验收工作顺利进行的关键。

3.1.4 环境监理单位和人员

1.环境监理单位

（1）环境监理单位的概念

环境监理单位一般是指取得环境保护主管部门的资格审核批准文件，具有法人资格，主要从事建设项目环境监理工作的企业组织，如环境监理公司、环境监理事务所等，也包括主业为其他工作，而有省级以上环境保护主管部门的资格审核批准文件，法人资格的单位下设的专门从事环境监理的二级机构，如科研单位的"环境监理部""环境监理室"等。

环境监理单位需要具备独立的法人资格，同时环境监理单位是企业。企业是实行独立核算，从事营利性经营和服务活动的经济组织。换言之，环境监理单位是以盈利为目的、依照法定程序设立的企业法人。

（2）环境监理单位的设立

目前，每个省份针对所在省份的具体情况，对环境监理单位的设立条件有不同的要求，但基本都涵盖以下几个方面：

①在中华人民共和国境内登记的各类所有制企业或事业法人，具有固定的工作场所和工作条件，对于固定资金也有一定的要求。

②具有适量的工程分析、工程环境、生态、土建等方面的专业技术人员；开展项目环境监理的单位应具有环境影响评价工程师和注册监理工程师；根据不同规模的项目开展环境监理工作，应对环境影响评价工程师和注册监理工程师的人数有不同的要求。

③所有环境监理人员上岗前都应进行环境监理业务培训，考核或考试合格者，才能进行现场环境监理工作；对开展的不同规模的环境监理项目，应对环境监理专业技术人员的数量有不同的要求。

④配备与环境监理工作范围一致的专项仪器设备，具备文件和图片的数字化处理能力，具有较完善的计算机网络系统和档案管理系统。

（3）环境监理单位的职责、权利与利益

建设单位、环境监理单位、工程监理单位及承建单位共同构成了建设项目的现场环境管理体系，在这一体系中各方有着不同的职责、权利与利益。其中，环境监理单位的职责、权利与利益如下：

①环境监理单位的职责

建设项目环境监理应当承担建设单位委托环境监理合同所明确的环境监理责任。环境监理单位受建设单位的委托，向建设单位负责，监督管理承建单位的环境保护行为，并与工程监理单位互通信息，协调一致，共同对建设项目进行管理。

②环境监理单位的权利

环境监理除了享有监理权之外，还享有知情权、参议权等。环境监理单位有权了解工程及其施工情况。环境监理是依附于工程主体建设过程进行的环境保护工作，因此，环境监理单位了解工程有关施工情况，熟悉工作流程、工作计划及工程合同十分必要。在了解建设单位或施工单位有关工程施工情况，熟悉工作流程、工作计划及工程合同的基础上，环境监理单位有权参加施工期内涉及环境保护措施落实、变更等商议决议，并在合同允许范围内参与决策。

③环境监理单位的利益

环境监理单位的利益主要包括环境监理费用和相关工作环境。根据环境监理合同，环境监理单位为业主单位提供有偿的咨询服务。同时为了更好地开展环境监理工作，建设单位应该为环境监理单位提供必要的工作条件，创建一定的工作环境，搞好环境保护有关知识的宣传教育。

2.环境监理人员

（1）环境监理人员要求

环境监理工程师应具有以下特点：

①熟悉工程建设项目环境污染和生态破坏的特点，掌握必要的环境保护专业知识，能对建设项目施工活动的环境影响、环境保护措施实施效果、环境监测成果等进行准确的分析和判断，从而保证全面实现工程环境预防保护目标、污染治理目标和恢复建设目标。

②必须具备一定的行业专业技术知识，熟悉工作对象；熟悉工程建设项目的技术要求、施工程序及特点和可能产生的生态环境问题。

③具备一定的管理工作经验和相应的工作能力（如表达能力、组织协调能力等），应当熟悉行业标准和环境保护法律法规，能够运用合同解决问题，能够很好地处理多方关系，有效地处理污染事故和有针对性地进行必需的社会调查研究。

（2）环境监理人员的职责

①总环境监理工程师的职责

总环境监理工程师又称环境监理总监，是指取得国家环境监理资质，全面负责建设项目环境监理的专业环境监理工程技术人员。一般具有以下职责：

a.确定项目环境监理机构的组织形式、人员配备、工作分工及岗位职责。

b.主持制定项目环境监理规划，审批环境监理部和环境监理工程师编制的监理细则。

c.组织、检查、考核环境监理人员的工作，对不称职的监理人员及时进行调整，保证监理机构有序、高效地开展工作。

d. 参与处理环境保护工程变更事宜，签署工程变更指令。

e. 主持环境监理例会，参与环境保护工程质量缺陷与污染事故调查。

f. 参与公开预备会议及工程例会。

g. 负责与业主商讨、草拟环境监理合同的补充（变更）条款。

h. 负责协调环境监理部与领导小组、工程监理部、环境监测单位、承包人以及公司内各部门的沟通和工作联系。

i. 审核签认分部分项工程的环境保护验收评定资料。

j. 参与工程竣工验收，签发工程移交环境保护证明书。

k. 整理并审核签署项目的环境监理档案资料。

l. 兼任监理部安全主任，负责监理部安全管理领导工作。

②环境监理工程师的职责

环境监理工程师是指取得国家环境监理专业资质，并根据环境监理项目岗位职责和环境监理总监的指令，负责实施某一专业或某一方面的环境监理工作，具有相应环境监理文件签发权的环境监理工程技术人员。一般具有以下职责：

a. 在环境总监的领导下制订环境监理实施细则，并组织实施。

b. 具体组织实施分管工程的环境监理工作，使监理工作有序开展。

c. 检查承包人按设计图进行环境保护工程施工及环境保护措施执行情况。

d. 组织、检查和指导监理员工作。

e. 负责审查承包人提交的与环境监理有关的施工计划、施工技术方案、申请及报告等，并向环境总监提出审查意见。

f. 负责检查各分部、分项工程施工中的环境影响，如有环境问题填写整改通知单，经项目环境总监签发后，督促承包人落实整改。

g. 负责分项工程及隐蔽工程环境保护验收。

h. 负责各分项工程施工中必要的环境监测工作。

i. 负责记录环境监理工作实施情况，参与编写本专业的有关监理报告。

j. 负责整理分管工程环境监理的有关工程竣工验收资料。

k. 及时、全面地向环境总监报告自己负责的监理工作情况。

l. 及时记录监理日记，参加工地例会，向项目环境总监反映环境监理中存在的重大环境保护问题。

m. 完成环境总监安排的其他工作。

③环境监理员的职责

环境监理员是指经过环境监理业务培训，具有环境监理专业资质，从事具体项目现场监督管理的技术人员。一般具有以下职责：

a. 在专业环境监理工程师的指导下开展现场环境监理工作。

b. 巡视施工现场环境保护措施、环境保护"三同时"建设情况及生态保护情况，并做好检查记录工作。

c. 担任旁站工作，发现问题及时指出并向专业环境监理工程师报告。

d. 做好环境监理日记和有关的环境监理记录。

④文员的职责

a. 熟悉环境监理总部和环境监理部内部工作有关体系。

b. 认真完成环境监理部与公司、建设单位、工程监理部、总包商、分包商之间交流的图纸、资料、文件收发管理工作，包括电子文件。

c. 完成环境监理总部和环境监理部图纸、资料文件归档管理工作。

d. 及时办理环境监理部内部传阅手续，认真完成文件、资料传阅及归档工作。

e. 及时完成监理部内部文字打印工作。

f. 完成监理部的接待工作。

g. 及时收集并记载工地环境保护监理大事记。

h. 完成项目环境总监（或代表）安排的其他工作。

3.1.5 工作程序

①环境监理投标单位通过研读环境影响报告及批复文件、初步设计及批复文件和其他工程基础资料，在踏勘现场的基础上制定环境监理方案（大纲）。

②通过招标投标等方式承揽环境监理业务，与建设单位签订环境监理合同，同时组建项目环境监理部。

③对工程设计文件进行环境保护审核（设计阶段环境监理）。

④施工开始前，根据前期工作编制环境监理细则、进一步明确环境保护工作重点，并向承包商进行环境保护工作交底。

⑤根据环境监理细则和相关文件的要求，开展施工期环境监理工作。

⑥项目完工后协助业主申请试运行，编制环境监理阶段报告。

⑦试运行阶段，协助建设单位完善主体工程配套环境保护设施和生态保护措施，健全环境管理体系并有效运转。

⑧协助建设单位组织开展建设项目竣工环境保护验收准备工作，编制环境监理总结报告，向建设单位移交环境监理档案资料。

3.1.6 工作方法

在环境监理工作实际开展中，采取的工作方法有多种形式，主要包括核查、监督、报告、咨询、宣传培训等。

（1）核查

依照环境影响评价报告及批复内容，在项目建设各阶段核对项目建设内容、选线选址、污染防治措施、生态恢复措施的符合情况。

①对设计文件的核查

在项目设计阶段，项目设计中建设内容、选线选址、污染防治措施、生态恢复措施等较环境影响评价中的内容会出现调整变化。环境监理参与设计会审是为了体现事前预防的作用，环境监理在参与设计会审中，根据产业政策及环境影响评价相关法规仔细核对项目环境影响评价与设计文件的符合性，对调整的内容及其可能产生的环境影响进行初步判断，并及时反馈建设单位，建议建设单位完善相关环境保护手续或要求设计单位对设计内容进行补充完善。

②对施工方案的核查

项目实施过程中，环境监理应审查各承包商报送的分项施工组织设计、施工工艺等涉及环境保护的内容，特别是部分分项施工工序涉及自然保护区、饮用水水源保护区等环境敏感区域时，环境监理必须要做好对施工方案的审核，在环境监理审核通过后方可进行相关施工工序。

③对实际建设内容的核查

在项目施工及试运行阶段，也会出现由于市场原因调整建设内容的情况。在项目的施工及试运行阶段，环境监理通过资料核对及现场调查的方式，全程持续调查项目实际建设的工程内容、污染防治措施、生态恢复措施等是否按照设计文件实施、是否较环境影响评价文件内容发生调整，是否有效落实了环境保护"三同时"制度。

④核查重点

综合以上内容，环境监理在采取核查工作方法时，应重点核查的内容包括：重点对照核查设计文件（含施工图、施工组织）与环境影响评价时的工程方案变化情况，如发生重大变化，应尽快提醒建设单位履行相关手续。

重点关注项目与相关环境敏感区位置关系的变化、施工方案的变化可能带来的对环境敏感区影响的变化。

重点关注针对环境敏感区采取的环境保护措施和生态恢复措施是否落实到设计文件中。

（2）监督

在实际工作开展中，环境监理一般采用以下工作方式对工程建设项目开展环境保护监督工作。

①现场工作

巡视检查：环境监理单位在及时与建设单位沟通的前提下，按照一定频次对项目的建设现场开展巡视检查。巡视检查的主要工作内容是掌握项目工程的实际建设情况和进度，根据建设情况和进度对建设项目的批建符合性、环境保护"三同时"制度、施工环境保护达标、生态保护措施等方面现场查找问题、提出建议，并做好现场巡视制度记录。巡视检查是环境监理的主要工作方式之一。

旁站：旁站是指在某些施工工序涉及环境敏感区域，可能对周围环境、生态造成较大影响，或隐蔽工程等关键工程进行时，环境监理单位应对该施工工序和关键工程采取全过程现场跟班监督活动，如防腐防渗工程、环境保护治理设施安装过程及现场环境监测等，环境监理应采取旁站形式。在施工工序和关键工程开始前到场旁站，重点检查要求的污染防治措施和生态保护措施是否落实到位，关键工程和环境保护设备是否按照环境影响评价及设计的要求进行施工及安装等；在关键施工工序、关键工程建设和环境保护设备安装结束后方可离开，离开前应检查评估施工造成的污染和生态破坏是否控制在既定目标内，隐蔽工程、防腐防渗工程是否符合环境影响评价及设计等内容。在旁站过程中，环境监理单位应做好定时记录，并将评估结果整理上报建设单位。

跟踪检查：在环境监理巡视检查、旁站监理过程中发现的环境保护问题，以环境监理工作联系单建议建设单位（以通知单形式要求施工单位）进行整改，在完成相关环境保护问题的整改闭合后，环境监理应对相应问题的整改情况进行跟踪检查。

环境监测：在环境监理巡视检查、旁站监理过程中，为了掌握日常施工造成的环境污染情况，环境监理单位通过便携式环境监测仪器进行简单的现场环境监测，辅助环境监理工作；涉及较复杂的环境监测内容可自行建立工地实验室或建议建设单位另行委托有资质的单位开展施工期环境监测工作。

②环境监理会议

为加强与建设单位、施工单位的沟通交流，环境监理应在项目建设过程中根据工作进度和实际情况通过环境监理会议的工作方式通报项目建设中存在的环境保护问题，提出解决建议，听取与会各方反馈意见，确定整改计划及实施主体。环境监理会议的目的是通过对工程环境保护措施执行情况、环境保护工程的建设情况和工程存在的环境问题进行全面梳理，为建设单位正确决策提供依据，促进落实环境保护措施、减免不利环境影响，确保工程环境得以有效控制和保障工程的顺利进行。

环境监理会议主要包括第一次环境监理工作会议、环境监理例会、环境监理专题会议等形式，其中环境监理例会应在开工后的施工期内定期举行，一般每月召开一次，其具体时间间隔可根据工程实际情况由总环境监理工程师确定，在会议上承包商需提交环境保护工作月报，定期汇报当月环境保护工作情况。

③记录

环境监理应对现场工作进行记录，包括现场记录和事后总结记录。现场记录包括环境监理人员日常填写的监理日志、现场巡视检查和旁站记录等；事后总结记录包括环境监理会议记录、主体工程建设大事记录、环境保护污染事故记录等。

④信息反馈

环境监理人员现场巡视检查发现施工引起的环境污染问题时，应立即通知施工单位的现场负责人员纠正和整改。一般性或操作性的问题，采取口头通知形式；口头通知无效或有污染隐患时，环境监理工程师发出环境监理整改通知单，要求施工单位限期整改，环境监理整改通知单同时抄送建设单位。在整改完成后，施工单位应向环境监理单位递交整改检查申请，由环境监理单位会同建设单位、工程监理单位对整改结果是否满足要求进行检查。

环境监理人员通过核查设计文件、现场巡视检查发现工程建设内容与环境影响评价及批复需要调整、环境保护"三同时"制度落实不到位、存在环境保护问题及其他重要情况时，应立即向建设单位递交《环境监理工作联系单》，反映存在问题并提出相关建议，配合建设单位组织、督促相关单位尽快落实整改要求。建设单位应就《环境监理工作联系单》向环境监理单位反馈处理意见。

（3）报告

①定期报告

环境监理开展各时段时限内必须根据现场工作记录按照规定格式编写整理汇

报总结材料，如环境监理联系单、月报、季报、年报、专题报告、工程污染事故报告、监理阶段报告、监理总结报告等，并及时报送建设单位，便于建设单位及时掌握工程环境保护工作状态和环境状态、有针对性地组织实施环境保护措施。

②专题报告

在项目出现批建不符、环境保护"三同时"制度落实不到位或其他重大环境保护问题时，需形成环境监理专题报告上报建设单位。工程施工如涉及环境敏感区段，如自然保护区、饮用水水源保护区、风景名胜区等环境敏感目标，应编制环境监理专题报告。

（4）咨询

环境监理应注重为建设单位提供全过程的专业环境保护咨询服务，在项目建设期就建设单位在污染防治措施、环境保护政策法规、环境保护管理制度等方面遇到的问题，通过自身及环境保护专家库等技术储备提供解决方案，协助建设单位进行落实，提高建设单位环境保护技术和管理水平。

①设计阶段环境保护咨询

参与项目设计会审，复核项目设计文件中是否包含了环境影响评价及批复中要求的环境保护措施，即检查环境保护措施是否与主体工程进行了"同时设计"。环境监理应全面、准确地掌握工程的环境保护要求，以便在图纸设计阶段及时发现问题，发挥事前监督作用，从技术上为建设单位把关。针对设计文件中存在的遗漏或需修改的内容，以《环境监理工作联系单》形式提交建设单位，以便建设单位及时要求设计单位修改完善。

②施工阶段环境保护咨询

施工阶段环境保护咨询，主要是对工程建设过程的"三同时"制度执行情况、环境污染、生态破坏防治及恢复的措施进行技术监督，协助企业做好施工阶段的环境污染控制。通过现场工作方式对项目整体进度进行把握，分析项目施工过程中工程措施的合理性，同时从环境保护专业知识角度出发，对工程措施提出规避环境保护风险的合理化建议。

③试运行阶段环境保护咨询

环境监理在试运行阶段进行的环境保护咨询，包括协助建设单位完善各类环境管理制度、突发环境污染事故应急预案、环境保护设施运行台账、操作规程等，协助建设单位报危险废物转移计划、落实联单制度，制订日常环境监测计划。其中，环境事故应急体系是项目环境管理制度中的重要环节，包括事故应急设施、突发环境污染事故应急预案和事故应急演练，新建企业往往在确保事故应急体系正常运转方面缺乏经验。在试运行阶段，环境监理单位协助企业完善事故应急体系，落实事故应急物资，明确应急人员职责，加强事故应急设施日常维护，使项目在发生事故情况下尽可能减少对环境的影响，同时也可以为建设单位创造经济效益。

（5）宣传培训

①宣传

工程建设人员的生态环境意识直接影响施工过程环境保护工作效果，因而提高工程建设人员的环境保护意识十分重要，需要通过岗位培训和宣传教育提高和统一工程参建单位和人员的生态环境认识，在工程建设中主动落实环境保护要求。

环境监理在开展宣传培训工作时应重点关注两个对象，一是工程监理单位，通过宣传培训，使工程监理认同工程环境保护理念和要求，配合和支持环境监理工作，强化工程建设监理工作中的环境管理工作，在实现工程环境保护目标过程中发挥其应有的作用；二是承包商，使承包商树立工程建设的综合效益观，深刻认识环境保护是工程建设的重要内容，从而规范施工行为、支持环境监理工作、认真执行环境保护要求。

宣传的内容包括施工阶段的环境保护知识和环保法规、政策等。

宣传的途径可以通过环境监理召开工地会议、发放书面宣传材料、制作宣传标语和环境保护警示牌、组织开展环境保护知识问答和竞赛等多种形式。

②培训

环境监理应协助建设单位对各参建单位有关人员开展环境保护培训，培训可采取授课、讲座、考试等形式，在工作制度中明确提出培训要求，规定工程监理单位应协助建设单位组织工程施工、设计、管理人员进行环境保护培训，培训内容可根据项目实际内容选择。

（6）验收

环境监理参加合同项目完工验收，检查合同项目内规定的环境保护措施落实情况。通过单项合同项目验收的环境保护检查，为工程整体验收打下良好基础。

环境监理配合建设单位组织开展建设项目竣工环境保护专项验收准备工作。环境监理参加建设项目竣工环境保护专项验收现场检查会议，并着重介绍环境监理工作情况。对于验收检查组提出的需整改的问题，协助建设单位进行落实整改。

3.2 施工阶段环境监理工作程序及内容

施工阶段环境监理是环境监理人员对建设项目整个施工过程中环境保护方面的监督、检查。施工阶段环境监理的主要内容包括：施工阶段环境保护达标监理、环境保护设施监理、生态保护措施监理、环境管理监理。施工阶段环境监理是建设项目整个建设过程中任务最重、时间最长的环境监理工作。

生态敏感型的建设项目，例如交通、铁路、水利、水电、石油开发以及管线建设等工程，对环境的影响通常在勘探和选线阶段就已开始，并在施工建设期间达到高峰。如果等到工程竣工验收时才采取行动，生态破坏往往已经发生，其造成的环境影响可能无法弥补。因此，环境监理人员必须在施工阶段进行有效的环境保护监督管理，以避免生态破坏和污染事故的发生。

对于工业类的建设项目，随着我国市场经济的不断发展和投资的多元化，环境保护面临着新的挑战。一些投资者由于资金、效益和管理等方面的考虑，在项目建设期间未能充分考虑环境保护设施的建设，这为企业投产后的污染物达标排放埋下了严重隐患。部分项目未按照环境影响报告书及环境保护行政管理部门的批复要求进行设计和施工，擅自变更生产规模、工艺和主要设备，或调整排污管道走向，导致项目投产后污染物排放超出总量控制要求，环境保护设施无法达标。这些行为不仅给环境保护管理带来困难，还可能造成大量经济损失。因此，为确保环境保护措施得到妥善实施，环境监理在这些项目中的作用显得尤为重要。

3.2.1 施工阶段环境监理范围

建设项目施工阶段环境监理范围主要包括施工所在区域及施工影响区域，工程影响区域根据环境影响评价文件中相关规定设定。施工所在区域环境监理包括监理建设项目的主体工程、辅助工程、后方工程。施工影响区域是指在建设项目施工阶段会受影响的周边环境敏感地区。环境监理工作的重点是将建设项目影响区域内需要特别关注的保护对象列为环境敏感目标。环境敏感目标应按环境要素分别明确，并附图、列表明确其地理位置、范围、与工程的相对位置关系、所处环境功能区、保护内容等，以便环境监理人员及时关注、掌握建设项目影响区域内的环境保护情况。实际情况与环境影响评价文件不同的，应说明变化情况及变化原因，并及时上报业主与环境保护主管部门。

3.2.2 施工阶段环境监理的工作程序

环境监理单位在施工阶段应及时与建设单位沟通，了解工程建设情况，掌握工程进度安排，开展环境监理现场工作，对项目工程的实际建设情况和进度开展环境监理现场工作，工作流程见图3-1。

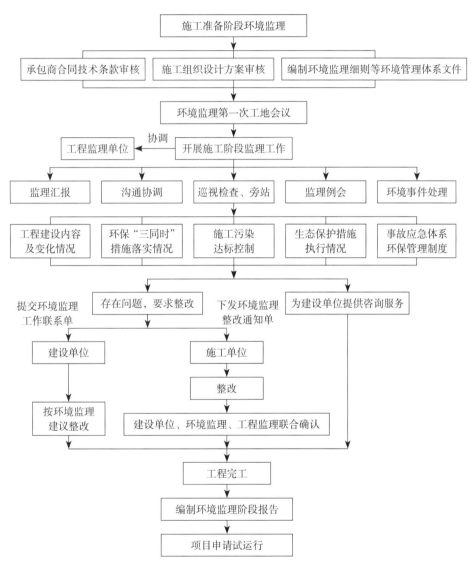

图3-1 施工阶段环境监理工作流程

1. 施工准备阶段

（1）参加发包方与承包商签订合同的技术条款审核。

（2）参加工程设计交底，了解具体工序或标段的环境保护目标。

（3）参与承包商施工组织设计方案的技术审核。

（4）参与总承包项目设计方案的技术审核。

（5）编制环境监理细则、确定环境保护工作重点。

（6）针对新进场的承包商开展宣贯工作，协助承包商进场后及时建立完整有效的责任体系，该体系需明确分工，责任到人。

（7）承包商进场后，由环境监理单位向建设单位、承包商进行环境保护工作交底，就建设期环境监理的关注点与监理要求进行明确，并建立沟通网络。

2.施工阶段

环境监理单位在施工阶段应及时与建设单位沟通，了解工程建设情况，掌握工程进度安排，开展环境监理现场工作，对项目工程的实际建设情况和进度开展环境监理现场工作。

3.2.3 施工阶段环境监理工作内容

1.施工准备阶段

（1）参加合同阶段的技术条款审核。

（2）参加工程设计交底，了解具体工序或标段的环境保护目标。

（3）参加承包商施工组织计划的技术审核。

①审核施工承包合同和施工单位编报的《工程施工组织计划》。重点是审核施工承包合同中的环境保护专项条款和对施工污染防治方案的审核。其中如必要可根据各标段《工程施工组织设计》编制《环境保护工作重点》并向施工单位进行环境保护工作交底。

②审核环境保护管理措施，督促建立环境保护责任体系。在施工承包合同中应以专项条款的方式，体现环境保护有关要求，在施工过程中据此加强监督管理、检查、监测，减少对环境的不利影响，同时应检查施工单位在施工准备期所建立和落实的环境保护体系，对施工单位的文明施工素质及施工环境管理水平进行审核或培训。针对环境敏感区，尤其是涉及珍稀保护动物迁徙、产卵、洄游等特殊时期，环境影响评价报告及批复中会明确要求施工期应避开敏感时段，在施工组织计划审核中应重点关注。

③环境监理单位应督促建设单位协调施工单位建立完整有效的环境保护责任体系，该体系需明确分工，责任到人，以提高建设单位和施工单位的环境保护管理能力和环境事故应急响应能力。

④生态保护和污染防治方案的审核。审核生态保护以及施工工序污染防治措施、生态保护措施等是否适当和充分；根据具体工程的施工工艺设计，审核施工工艺中的"三废"排放环节，排放的主要污染物及设计中采用的治理技术是否先进，治理措施是否可行，污染物的最终处置方法和去向等，并提出合理建议。

（4）建设单位应支持和协助环境监理单位建立环境监理会议制度，用于协调解决项目建设过程中产生的环境保护问题。参加第一次工地会议或召开专项环境监理会议，由环境监理单位向建设单位、施工单位进行环境保护工作交底，阐述建设项目的环境保护目标，明确环境监理的关注点与监理要求，并建立沟通网络；将各标段《环境保护工作重点》下发施工单位。

（5）协助建设单位建立环境保护管理制度及环境保护领导小组，建设单位应针对项目产生的废水、废气、噪声、固废等污染物建立相应的环境保护管理制度和污染防治措施操作规程。协助建设单位落实各类环境保护相关协议、手续的办理工作。

（6）协助建设单位及时按照国家"突发环境污染事故应急预案编制导则"，结合项目本身特点编制环境污染事故应急预案及演练计划，并报环境保护部门备案。检查事故应急池、罐区围堰、雨水排放口应急闸门及事故废水收集管道等事故应急措施的落实情况。

（7）参与总承包项目（带方案投标的分标）设计方案的技术审核。

（8）承包商进场后，第一次环境监理会议应及时召开，由环境监理单位向建设单位、承包商进行环境保护工作交底，就建设期环境监理的关注点与监理要求进行明确，并建立沟通网络；将《环境保护工作重点》下发承包商。针对新进场的承包商，开展其他相关宣贯工作。

（9）本阶段环境监理单位应结合工程实际情况需要，编制《环境监理实施细则》。

2.施工阶段

施工阶段环境监理是环境监理单位对项目施工过程进行的全程环境保护监督检查，是环境监理最重要的环节，环境监理单位应及时与建设单位沟通，了解工程建设情况，掌握工程进度安排，开展环境监理现场工作。本阶段环境监理主要针对项目批建符合性、环境保护"三同时"制度、施工行为环境保护达标措施、环境保护工程和设施监理、事故应急措施、环境保护管理制度、"以新带老"整改措施等开展工作。

（1）施工阶段环境监理工作任务

①建设符合性环境监理

项目主体工程批建符合性及污染防治措施实际落实情况直接决定着项目（试）

生产期实际污染产生及削减情况是否能达到环境影响评价预计效果。建设单位往往因为市场和技术条件的变化，或对环境保护法规的不了解和经济效益最大化的驱动，调整设计及实际建设中的环境保护内容会出现调整变化，如总平面布置的调整可能涉及项目卫生防护距离内环境敏感点的变化；主体工程规模、生产工艺和生产装备的调整可能涉及实际产生的污染源及污染源源强变化；配套环境保护治理设施的调整可能导致实际污染源源强削减量的变化等。根据《中华人民共和国环境影响评价法》（2018年修正）第二十四条"建设项目的环境影响评价文件经批准后，建设项目的性质、规模、地点、采用的生产工艺或者防治污染、防止生态破坏的措施发生重大变动的，建设单位应当重新报批建设项目的环境影响评价文件"及第二十七条"在项目建设、运行过程中产生不符合经审批的环境影响评价文件的情形的，建设单位应当组织环境影响的后评价，采取改进措施，并报原环境影响评价文件审批部门和建设项目审批部门备案；原环境影响评价文件审批部门也可以责成建设单位进行环境影响的后评价，采取改进措施"。在未引入环境监理的工业项目中，出现上述的调整变化往往只有在项目申请试生产或环境保护竣工验收时才被发现，造成了管理的被动和整改带来的经济代价。因此，环境监理工作必须要对项目批建符合性展开全过程的持续调查和监督，包括在设计阶段、施工阶段和试运行阶段，对项目批建符合性的调查都是环境监理的重点工作内容。

在施工阶段，环境监理根据工程建设进度，应结合项目设计资料，及时检查已施工完成的工程内容及安装的主要生产设备，核查工程选线、产品生产工艺规模、各类环保设施的工艺规模，了解是否出现变更调整。对项目建设的关键工程内容和设备进行核实，防止"批小建大"，使用落后生产设备等情况发生。

对未按建设项目环境影响评价及批复要求施工的或项目建设过程中存在调整变更的项目，环境监理单位及时告知建设单位，属于重大变更的，环境监理单位应告知建设单位及时办理相关手续；属于非重大变更的，可视情况组织设计单位、环境影响评价单位、专家等对变更方案召开论证会，形成会议纪要及专家意见后，必要时以专题报告形式报送建设单位。

②环境保护"三同时"制度环境监理

根据《中华人民共和国环境保护法》（2014年修订）第二十六条"建设项目中防治污染的设施，必须与主体工程同时设计、同时施工、同时投产使用"。在施工前期，经过环境监理单位和设计单位对设计文件的检查和修改，项目配套环保治理设施已基本可实现与主体工程的"同时设计"；在施工期，环境监理单位对环保配套治理设施"同时施工"的监督工作也同样重要。

环境监理通过现场巡视检查工作监督各类配套环境保护设施与主体工程建设进度保持一致，符合环境影响评价及设计要求，以确保"三同时"制度有效落实。对于"三同时"制度落实存在问题的，环境监理单位应及时告知建设单位，提出相关建议。

③施工行为的环境保护达标监理

环境保护达标监理是使主体工程的施工符合环境保护的要求，如噪声、废气、污水等排放应达到有关的标准等，主要内容包括：

a.对施工人员做好环境保护方面的宣传培训工作，培养和提升其爱护环境、防止污染的意识。

b.检查项目"以新带老"落实情况。督促建设单位及时落实环境影响评价中对原有项目提出的淘汰落后设备、改进生产工艺、完善"三废"治理措施等整改要求。

c.监督检查施工布置是否严格按照施工平面图展开。

d.监督检查生态环境敏感区保护措施，包括自然保护区、风景名胜区、水源保护区、基本农田、林地、湿地等保护措施的落实情况。

e.监督检查各类临时用地的占地规模、动植物和土壤保护措施的落实情况和恢复情况。

f.监督检查各施工工艺污染物排放环节是否按环境保护对策执行、措施落实情况及效果。

g.监督检查各类机械设备是否依据有关法规控制噪声污染，并在规定时间施工作业。

h.监督检查机械设备含油废水是否经过了隔油池处理达标后排放或回用。

i.监督检查施工工地生活污水和生活垃圾是否按规定进行妥善处理处置。

j.监督检查各类施工建筑垃圾、弃方、弃渣是否及时收集，在规定地点堆放，落实水土保持措施。

k.监督检查施工现场道路是否畅通，排水系统是否处于良好的使用状态，施工现场是否积水。

l.对照建设项目环境污染事故应急预案及演练计划，检查事故应急池、罐区围堰、雨水排放口应急闸门及事故废水收集管道等事故应急措施的落实情况。

m.关注噪声、大气环境保护等防护距离内居民点的拆迁进展情况。对防护距离内出现的新增环境敏感点，及时向建设单位报告。

n.及时向环境保护行政主管部门报告施工期的环境污染事故和环境污染纠纷，同时参与调查处理。

④环境保护工程、设施和措施的环境监理

环境保护工程、设施和措施的环境监理包括废气治理设施、污水处理设施、噪声控制工程、固体废物处置等环境保护工程和设施、设备建设的监理，同时包含环境风险防范措施内容。

生态保护措施包括生态保护（包括动物保护的动物通道建设）、生态恢复与优化、边坡生态防护等相关工程和措施。

⑤施工阶段总结

在项目交工、准备申请试生产前，协助建设单位对施工单位退场和生态恢复措施进行监督管理，对已完成的工作回顾梳理，整理施工期环境监理实施所形成的相关材料，编制环境监理阶段报告并提交建设单位。

（2）施工阶段环境监理具体内容

①项目实施过程中，环境监理应审查土建（或机电）承包商报送的分项施工组织设计、施工工艺等涉及环境保护的内容，协助、指导土建（或机电）工程建设监理，要求承包商落实环境保护"三同时"制度，严格按设计要求实施各项环境保护措施；在项目出现批建不符、环境保护"三同时"制度落实不到位或其他重大环境保护问题时，环境监理向建设单位提交环境监理工作联系单并提出整改建议。

②环境监理对施工工地进行环境保护日常巡查，对施工单位的环境保护措施落实情况、施工区及周边地区的环境状况、工程建设监理的现场监管情况等进行检查，就检查中发现的问题及时通知相关单位，并提出改进要求，跟踪进展直至问题解决，同时，对承包商予以定期考核和评定。在检查中如发现重大环境问题，应向施工承包商下达环境监理通知书或环境监理工程暂停令，整改完成后，由相关单位检查认可。

③环境监理参加各项验收工作。环境监理就各项环境保护措施的功能等能否满足合同和设计要求签署监理意见。

④根据具体情况，主持或授权召开现场环境保护会议；按要求编写环境监理日志、周报、月报、季报、年报和环境监理总结报告，并定期向建设单位报送环境监理报告。

⑤发生环境污染事件时，参与处理项目环境保护事故，及时向建设单位报告，提出限期治理意见，并监督实施。

⑥资料管理工作。收集各项环境保护措施实施过程中的设计文件、工程进度款资料、验收签证等相关资料，并建立统计台账，为工程环境保护竣工验收打下基础。

3.3 环境监理单位的关系定位和组织协调

组织协调是环境监理工作中的一项核心任务，目的是理顺环境监理过程中出现的各种关系，及时排除干扰和障碍。这一过程对于确保环境监理工作的连贯性和流畅性至关重要，它保障了环境监理的总体目标得以顺利实现。在建设项目中，建设单位、施工单位、设计单位以及工程监理单位共同构成了一个完整的工程管理体系。作为提供专业咨询和技术服务的环境监理单位，必须明确自身在这个体系中的角色和定位，这是进行有效组织协调、与各方建立良好合作关系的基础。环境监理单位的组织协调工作涵盖多个层面，包括环境监理机构内部的组织协调、与各参建单位间的协调，以及与环境保护主管部门和其他外部单位的协调等。这要求环境监理不仅要具备专业的技术能力，还需要具备卓越的沟通和协调能力，以确保工程项目在环境保护方面能够高效、有序地推进。通过这样的协调机制，有助于环境监理单位推进各方面的协同工作，共同实现工程建设的环境保护目标。

3.3.1 环境监理单位关系定位

1.环境监理单位与建设单位的关系

环境监理单位与建设单位之间建立的是委托与被委托的关系。作为第三方咨询单位，环境监理单位接受建设单位的委托，旨在为其提供专业的咨询服务，帮助建设单位理解并落实环境影响评价报告及其批复的具体要求。同时，环境监理单位还应切实协助建设单位解决实际问题，确保项目在环境保护方面的合规性和有效性。

（1）鉴于建设单位在专业领域的局限性，环境监理单位的角色是至关重要的。环境监理单位需充分掌握并理解项目的环境影响报告及其批复内容，主动向建设单位阐明环境保护主管部门对项目的具体环境保护要求，尤其是那些关键的"硬性"政策规定。环境监理单位应提出切实可行的实施方案，以确保这些要求得到有效实施。在日常工作的推进中，环境监理单位还应加强环境保护宣传工作，提升建设单位对环境保护重要性的认识，从而提高其在环境保护方面的主动性和责任感。通过这种合作与引导，环境监理单位不仅帮助建设单位遵守环境保护法规，还促进了其在环境保护方面的积极作为。

（2）环境监理单位能够利用其专业优势，为建设单位提供宝贵的咨询服务。在项目环境保护工程的设计阶段，环境监理单位可参与招标评标工作，针对工艺路线、工程造价、设备选型等关键环节提供专业的建议，为建设单位的决策提供有力支持。此外，环境监理单位还能在环境管理体系和环境事故应急体系的建立、推动清洁生产、促进资源综合利用等方面，为建设单位提供专业的咨询服务。通过这些服务，环境监理单位不仅可以协助建设单位落实环境保护措施，还在提升环境管理水平的同时，为建设单位带来经济效益，实现环境与经济的双赢。

（3）对于建设项目出现擅自调整、批建不符、环境保护"三同时"制度落实不到位等问题时，环境监理应及时以环境监理工作联系单的形式告知建设单位，督促建设单位整改落实。

2.环境监理单位与施工单位的关系

环境监理单位与施工单位之间的关系是典型的监理与被监理关系。在此框架下，环境监理人员专注于监督施工单位的施工行为、临时营地的污染防治措施和生态保护工作。虽然环境监理的核心关注点在于环境保护，而非工程的质量、进度和成本控制，但为了确保施工单位能够有效执行管理要求，采取如环境保护押金等措施显得尤为必要。

在环境监理单位处理与施工单位的关系时，应注意以下原则：

（1）环境监理单位须始终维护环境保护的核心原则，作为建设单位在环境保护方面的代表，应以公平、公正、客观的态度，依照环境影响评价报告及其批复、环境标准和技术规范，以科学的精神开展工作。

（2）应以施工合同中的环境保护条款为依据，公平划分建设单位与承包商的环境责任，督促双方履行环境保护的合同义务，保障双方合法权益。

（3）面对施工单位的环境保护问题，在坚持环境保护原则的同时，应采用多样化的协调手段。除了罚款、书面通知等强制手段外，还应通过适当的表达方式实现各方满意。

（4）一旦发现施工活动引起的环境保护问题，环境监理单位应立即通知施工单位的现场负责人予以纠正。对于一般性或操作性问题，可采取口头通知；若口头通知无效或面临重大环境问题时，环境监理工程师应与施工方项目经理沟通，详细说明情况，并发出环境监理整改通知单。整改完成后，施工单位应向环境监理提交整改检查申请，并由环境监理单位协同建设单位和工程监理单位检查整改结果，决定是否通过。

（5）对于违反合同中环境保护条款的行为，环境监理工程师应首先尝试通过协商解决争议。若协商不成，则应将争议提交建设单位或合同管理机构进行仲裁调解。

3.环境监理单位与设计单位的关系

环境监理单位与设计单位之间构建的是一种协作与配合的工作关系。在环境监理的实施过程中，无论是在设计阶段、施工阶段还是试运行阶段，环境监理单位都有可能识别出设计文档中存在的环保问题。因此，环境监理单位必须与设计单位进行有效的工作协调，以确保环境影响评价报告及其批复的要求在项目建设的各个阶段得到充分实施。

（1）在设计阶段，环境监理单位对比环境影响评价报告及批复内容，若发现设计中环境保护设施有遗漏或未得到妥善实施，环境监理单位应及时通过建设单位以书面形式向设计单位提出，并参与设计文件的修改讨论中，关注环境问题并提出相应的改进要求。

（2）进入试运行阶段，环境监理单位通过调查环境保护配套设施的运行情况，一旦识别出设计中的不合理之处，同样通过建设单位向设计单位提出，并由设计单位进行必要的完善和修改。

（3）在整个过程中，环境监理单位需要注意信息传递的及时性和程序性。例如，环境监理工作联系单、设计单位意见回复或设计变更通知单的传递，都应遵循既定的程序，即从环境监理单位到建设单位、再到设计单位的流程，确保信息流通的规范性和有效性。

4.环境监理与工程监理的关系

环境监理与工程监理构成了项目建设中相辅相成的第三方咨询体系。工程监理聚焦于工程质量、进度和成本的控制，而环境监理则专注于环境保护的落实。虽然两者的关注点存在差异，但他们在确保项目建设的环境保护要求得到满足方面具有共同的目标。他们服务于共同的客户——建设单位和承包商，并且与设计单位保持着紧密的工作联系。

环境监理可以借鉴工程监理成熟的管理体系和方法，以提升自身工作的规范性和有效性。反过来，工程监理也可以利用环境监理的专业知识，在监理过程中更好地融入环境保护的理念。通过这种互相学习和协作，两者可以共同为建设单位提供更全面的服务，在确保工程经济效益的同时，实现社会和环境的综合效益最大化。

（1）确保环境污染防治工程、生态保护措施和建设项目配套的环境保护设施能够长期稳定地发挥其环境保护功效。工程质量是基础，因此，在环境监理对这些内容进行监督和管理时，应依赖工程监理的专业能力确保工程质量，将其质量验收资料作为环境监理工作成果的补充。同时，环境保护工程和环境保护设施的工艺流程、运行管理等专业技术性事项，需要环境监理进行技术把关并提供专业咨询。在环境监理与工程监理的协同工作中，两者虽然工作重点不同，但都旨在确保建设项目能够在经济、社会和环境多个层面实现综合效益，从而为建设单位提供全面而有效的工程管理服务。这种互补的合作模式有助于实现建设项目的环境保护目标，同时保障工程的整体质量和效率。

（2）在施工过程中一旦出现环境保护污染问题，经过施工单位的整改后，为了确保这些问题得到根本解决并彻底消除潜在隐患，环境监理将协同建设单位和工程监理单位，共同对整改结果进行联合检查，并提出具体的检查意见。这一流程的实施，有助于确保环境保护措施得到有效执行，同时保障了环境保护与建设项目的协调发展。

（3）鉴于工程监理与环境监理各自专业性的限制，环境监理在下达环境保护指令之前，需要与工程监理进行充分的沟通，以期达成共识。这样做的目的是避免环境监理的要求与工程监理的要求之间出现冲突，防止给施工单位在执行过程中造成混乱。通过双方的紧密合作，可以确保工程项目在质量和环境保护方面的要求得到有效实施，从而推动项目的顺利进行。

3.3.2 环境监理组织协调

为了顺利开展环境监理工作，环境监理单位应协调好工程参建各方的关系，其中主要包括环境监理机构内部、各施工单位之间、施工单位与建设单位、施工单位与设计单位的关系等。

1.环境监理组织协调的基本原则

（1）严格守法。

（2）公平、公正。

（3）充分调查，科学分析。

（4）选择合理的协调方式（文件、会议、现场协商等）。

（5）理清主要矛盾，有针对性地组织协调。

2.环境监理机构内部的组织协调

环境监理单位根据建设项目的规模、复杂程度及行业特点选择合适的专业技术人员组建环境监理机构，环境监理机构一般由总环境监理工程师、监理工程师、旁站监理员、文员及辅助工作人员组成。

环境监理机构内部的组织协调主要包括对工作关系的协调、内部组织关系的协调、内部需求关系的协调。

（1）内部组织关系的协调

项目监理机构内部组织关系的协调可从以下几方面进行。

①在职能划分的基础上设置组织机构，根据工程内容及委托监理合同所规定的工作内容，确定职能划分，并设置相应配套的组织机构。

②明确规定各工作岗位的目标、职责和权限，最好以规章制度的形式做出明文规定。

③事先约定各工作岗位在工作中的相互关系。

④建立信息沟通制度。

⑤及时消除工作中的矛盾或冲突。

⑥根据项目建设的阶段或当时重点关注对象的变化，动态地优化调整人员分工或人员配置。

（2）内部需求关系的协调

项目监理机构内部需求关系的协调要重视：

①对监理设备、工作量的平衡协调。

②对监理人员投入的平衡协调。

3.协调各施工单位之间的关系

不同施工单位在平行作业、交叉作业、工作面交接中可能涉及环境保护措施责任划分和污染物排放交叉等问题，对此，环境监理应按照以下原则进行协调。

（1）工作面邻近的不同施工单位，按"谁污染谁治理"的原则处理，即使排污口已在其他施工单位作业面。

（2）工作面交接时，应将污染治理设施的运行维护一并交接。

（3）如环境污染事故或生态破坏出现在工作面交接处或交叉区，环境监理应对现场进行充分调查，通过协调沟通，客观、公正地划分承包商的责任，并督促其按承担的责任实施污染治理和生态恢复工作。

4.协调施工单位与建设单位的关系

我国的环境保护政策和技术体系发展迅速，同时，项目建设环境也在不断变化。因此，因外部环境变化、新法律法规的出台等原因，承包商合同中约定的环境保护工作内容可能需要进行调整，这可能引发相关的合同纠纷。由于环境保护竣工验收的责任主体是建设单位，环境监理在处理这些纠纷时应遵循"考虑建设单位，兼顾施工单位"的原则进行协调。

首先，环境监理应充分向施工单位说明环境保护更新要求的严肃性及其与环境保护竣工验收的相关性，以帮助施工单位在心理上接受变更的必要性。其次，针对实际变更情况，环境监理应向建设单位提出合理建议，补充调整内容所需的建设费用，并通过变更、补充合同或另行委托等方式落实相关工作内容，确保相关费用得到合理补充。

5.协调施工单位与设计单位的关系

（1）环境监理应参加设计单位向施工单位的设计交底，就设计中的环境保护设施或措施内容协助设计单位介绍和说明。

（2）由于环境监理工作指令而发生的设计变更，环境监理应就该设计变更向施工单位说明和指导实施，以保证设计变更得到落实。

（3）在环境保护设施或措施在施工过程或运行维护中出现设计问题时，应充分听取施工单位的书面意见和建议，并协调设计单位和施工单位处理解决。

3.4 环境监理文件的编制和管理

3.4.1 环境监理文件体系

环境监理文件主要内容包括：委托监理合同，环境监理方案，环境监理细则，施工单位《施工环境保护方案》及审查意见，与工程监理单位、建设单位的往来函件，环境监理日志，巡视检查及旁站记录，环境监理各类会议纪要，环境监理定期报告（月报、季报、年报）和专题报告，环境监测报告，环境监理的工作联系单，监理通知及回复单，工程停工令及复工审批资料，关于环境事故隐患、问题、处理意见及整改落实情况的报告等有关文件，工程竣工记录，环境监理阶段报告，环境监理总结报告。

3.4.2 环境监理文件的编制

环境监理单位根据项目环境影响评价报告、环境影响评价报告批复及工程基础资料等，通过现场踏勘编制环境监理方案。

环境监理实施细则又称环境监理细则，其较监理方案更加细化，是在监理方案的基础上，由环境监理对方案中宏观的工作内容、程序进行细节上的规定，同时根据项目建设过程中的具体子项工程或工序的环境保护要求对具体环境监理内容进行明确，再经总监理工程师批准实施的操作性文件，例如施工营地办公区环境监理细则等。

环境监理单位应根据工作进度，定期编制监理工作月报、季报、年报等定期报告提交至建设单位。

环境监理应在建设项目阶段验收、建设项目竣工环境保护验收时提交环境监理总结报告。

1. 环境监理方案的编制

环境监理单位根据项目环评、环评批复及工程基础资料等，通过现场踏勘编制环境监理方案。

环境监理工作方案一般包括以下内容：

（1）总则

总则包括工作由来、工作依据、项目环评及批复要求等。

（2）建设项目概况

建设项目概况介绍项目工程主要内容及概况；检查设计文件及施工方案是否满足环境保护要求，如实际建设方案与环评变化不大，则提出优化设计和改善设计工作。

（3）项目所在地环境现状

必要时施工前对项目所在地环境现状进行监测，与环评中现状数据进行比较，以明确项目正式施工时项目所在地环境现状是否发生变化。

（4）环评和批复中关于环境保护措施的内容

根据环评和批复中关于环境保护措施的内容细化施工期污染防治措施，同时关注"三同时"制度的内容。

（5）环境监理工作目标和范围

介绍环境监理工作预计达到的目标，结合项目特点，明确环境监理工作范围。

（6）环境监理工作程序

介绍环境监理工作程序，根据项目进展选择对设计阶段、施工阶段和试运行阶段的工作程序进行说明。

（7）环境监理工作内容

根据项目工程特点、项目环评及批复要求，按时间顺序概括性说明环境监理的工作内容，时间起止点为环境监理单位进场起至项目环境保护竣工验收止。

（8）环境监理工作方式

提出环境监理实际开展所采用的工作方式，可以选择巡视检查、旁站等方式。

（9）环境监理工作制度

介绍环境监理实际采用的工作制度，如报告制度、环境监理会议制度、环境监理文件存档制度等。

（10）环境监理组织机构及职责

明确项目环境监理工作参与人员，并说明环境监理工作人员应履行的工作职责。

（11）环境监理工作要点

根据项目特点、环评及批复要求，详细说明本项目环境监理过程中的关注点及应达到的监理要求。

（12）成果提交方式

明确项目在申请试运行、环境保护竣工验收时，环境监理单位需提交的环境监理阶段报告、环境监理总结报告等环境监理工作成果。

2.环境监理实施细则

环境监理实施细则的作用是对整体环境监理工作的实施进行细节规定，同时指导子项工程或工序环境监理具体工作的开展。

环境监理实施细则一般包括以下内容（与环境监理方案相同的内容不再重复）。

（1）总则

包括工作由来、工作依据、项目环评及批复要求等。

（2）环境监理工作目标和范围

介绍环境监理工作预计达到的目标，结合项目特点，明确环境监理工作范围。

（3）环境监理工作内容

按设计阶段、施工阶段和试运行阶段，分类说明每个阶段环境监理的具体工作内容。

（4）环境监理工作方式

按项目的具体施工工序和分项工程内容，说明环境监理实际开展所采用的工作方式。

（5）环境监理对问题的处理

对环境监理过程可能遇到的问题进行总结分类，详细介绍环境监理对于各类问题的具体处理程序，如一般环境保护问题，重大环境保护问题等。

（6）环境监理工作制度及操作细则

介绍环境监理实际采用的工作制度，如报告制度、环境监理会议制度、环境监理文件存档制度等。详细介绍环境监理制度的操作细则，如来往函件中工作联系单、工作通知单、停工令、复工令等的操作；发现设计问题、设计变更的处理流程，环境监理会议的开展细则等。

（7）环境监理组织机构及职责

明确项目环境监理工作参与人员，并说明环境监理机构的组织架构、工作人员应履行的工作职责分工、环境监理人员的守则。

（8）某工序或分项工程环境监理实施细则（重点）

根据工序或分项工程的特点，详细说明存在的环境问题、该工序或分项工程的环境监理工作内容、该工序或分项工程的环境监理工作程序、工作方式、环境监理过程中的关注点及应达到的监理要求。

3.环境监理定期报告的编制

环境监理单位应根据工作进度，编制监理工作月报、季报、年报等定期报告提交至建设单位。报告主要内容如下。

（1）工程概况。

（2）环境保护执行情况。

（3）主体工程、环境保护工程进展。

（4）施工营地、工程环境保护措施落实情况。

（5）环境事故隐患或环境保护事故。

（6）存在的主要问题及建议。

4.环境监理工作总结报告的编制

环境监理应在建设项目阶段验收、建设项目竣工环境保护验收时提交环境监理工作总结报告，环境监理工作总结报告一般包括以下内容。

（1）项目概况

①项目建设背景

介绍项目建设背景，环境影响报告书（表）编制时间，审批部门、审批时间以及报告书（表）批复文号。

②项目建设基本情况

介绍项目工程位置、任务、规模、开工时间、完工时间，工程的设计单位、施工单位和工程监理单位。

③项目环评中的功能区划与环境标准

a.环境功能区划；

b.环境质量标准；

c.污染物排放标准。

④项目区环境概况

描述项目周围环境敏感点情况。

⑤环评及批复要求落实的污染防治措施

（2）项目建设情况

介绍项目主要建设内容、平面布置、生产设备、项目工艺流程及试运行情况等。

（3）环境保护投资

对照环评文件各项环境保护投资概算，列表给出环境保护投资完成情况，简述投资到位情况。

（4）工程主要环境影响

①水环境影响；

②环境空气影响；

③声环境影响；

④固体废弃物环境影响；

⑤陆生生态环境影响；

⑥水生生态环境影响；

⑦社会环境与景观影响；

⑧其他环境影响。

（5）环境监理工作开展情况

①环境监理工作依据；

②环境监理组织机构；

③环境监理范围和工作内容；

④环境监理工作程序；

⑤环境监理环境管理体系；

⑥环境监理工作方式及方法；

⑦大事记。

（6）工程环境监理工作成果

①环境保护措施落实情况；

a.污（废）水治理措施落实情况；

b.废气治理措施落实情况；

c.噪声治理措施落实情况；

d.固体废弃物治理措施落实情况；

e.应急措施落实情况；

f.其他环境保护措施落实情况；

②环境污染事故的处理；

③其他环境监理工作成果。

（7）经验、结论及建议

①经验

总结存在的问题、经验和局限性。

②结论

项目建设情况结论及"三同时"制度落实情况结论。

③建议

（8）影像资料

3.4.3 环境监理文件管理

1.意义

环境监理文件管理是指环境监理在开展工作时，对环境监理过程形成的文件资料进行收集、加工整理、立卷归档和检索利用的一系列工作。环境监理文件管理的对象是环境监理文件资料，是环境监理信息的载体。配备专门的人员对环境监理文件资料进行系统、科学的管理，对于环境监理有着重要的意义。具体体现在以下方面。

（1）对环境监理资料进行科学管理，可以为环境监理工作的顺利开展创造良好的条件。

环境监理的主要任务是根据环评及批复的要求，按合同的规定对项目建设过程进行环境保护管理。在环境监理的实施过程中，搜集、整理和传递的各种信息，通过系统的管理并以环境监理文件资料的形式进行保存，构成了宝贵的环境监理信息资源。这些资料为环境监理工程师提供了客观的依据，使其能够有效地控制和实现建设项目的环境保护目标。

（2）对环境监理文件资料进行科学管理，可以极大提高环境监理的工作效率。

环境监理资料的科学化和系统化整理是确保环境监理工作高效运行的关键。通过将资料归类并形成完整的环境监理文件档案库，可以在工作需要时迅速而有针对性地提供所需的完整资料，从而加快问题解决的速度。如果资料分散存放，可能会导致信息缺失，影响决策的准确性，并妨碍环境监理工作的正常进行。因此，必须确保环境监理资料得到妥善管理，以便在需要时能够提供有力的支持。

（3）对环境监理文件资料进行科学管理，是竣工环境保护验收时提供完整的环境监理档案的有效保障。

环境监理文件资料的管理是环境监理工作中的一项基础且至关重要的任务。它涉及对环境监理过程中产生的所有文字、声像、图纸及报表等文件资料进行系统的整理、统一管理和保存。这样的管理实践确保了文件资料的完整性和可追溯性。一方面，当建设项目竣工环境保护验收时，环境监理单位能够向建设单位移交一套完整的环境监理文件资料。这些资料将作为建设项目的重要档案，为后续的运营管理和环境保护提供参考和依据。另一方面，完整的监理文件资料具有重要的历史价值。在建设项目运行过程中，一旦出现环境保护问题，可以通过查阅历史资料来追溯问题原因、明确责任归属，从而采取有效的应对措施。此外，对环境监理文件进行科学化和规范化管理，还有利于开展环境监理工作的总结和反思。通过分析和评估过往项目的经验和教训，环境监理单位能够不断提高工作水平，优化环境监理策略和方法，以更好地服务于未来的建设项目。这种持续改进和提升的过程，是环境监理工作不断进步和发展的动力源泉。

2.主要工作内容

（1）文件收文与登记

所有收文应在收文登记表上进行登记（按监理信息分类别进行登记）。应记录文件名称、文件摘要信息、文件的发放单位（部门）、文件编号以及收文日期，必要时应注明接收文件的具体时间，由环境监理部负责收文人员签字。

（2）文件传阅与登记

由环境监理部总监理工程师或其授权的监理工程师确定文件、记录是否需传阅，如需传阅应确定传阅人员名单和范围，并注明在文件传阅单上，随同文件和记录进行传阅。每位传阅人员阅后应在文件传阅纸上签字，并注明日期。文件和记录传阅期限不应超过该文件的处理期限。传阅完毕后，文件原件应交还信息管理人员归档。

（3）文件发文与登记

发文由总监理工程师或其授权的监理工程师签名，并加盖环境监理部印章，对盖章工作应进行专项登记。

所有发文按监理信息资料和编码要求进行分类编码，并在发文登记表上登记。收件人收到文件后应签名。

发文应留有底稿，并附一份文件传阅纸，信息管理人员根据文件签发人指示确定文件责任人和相关传阅人员。文件传阅过程中，每位传阅人阅后应签名并注明日期。发文的传阅期限不应超过其处理期限。重要文件的发文内容应在监理日记中予以记录。

项目监理部的信息管理人员应及时将发文原件归入相应的资料柜（夹）中，并在目录清单中予以记录。

（4）文件资料分类存放

环境监理文件档案经收/发文、登记和传阅工作程序后，必须使用科学的分类方法进行存放，以满足项目实施过程查阅、求证的需要，方便项目竣工后文件和档案的归档和移交。项目监理部应备有存放环境监理信息的专用资料柜和用于环境监理信息分类归档存放的专用资料夹。在大中型项目中应采用计算机对环境监理信息进行辅助管理。

信息管理人员则应根据项目规模规划各资料柜和资料夹内容。

环境监理文件档案资料应保持清晰，不得随意涂改记录，保存过程中应保持记录介质的清洁和不破损。

项目建设过程中文件和档案的具体分类原则应根据工程特点制定，监理单位的技术管理部门可以明确本单位文件档案资料管理的框架性原则，以便统一管理并体现出企业的特色。

（5）环境监理文件档案资料归档

环境监理文件档案资料归档内容、组卷方法以及监理文件档案的验收、移交和管理工作，可参考现行《建设工程监理规范》（GB/T 50319—2013）及《建设工程文件归档规范》（GB/T 50328—2014）中的规定执行。

对一些需连续产生的环境监理信息，在归档过程中应对该类信息建立相关的统计汇总表格以便进行核查和统计，并及时发现错漏之处，从而保证该类环境监理信息的完整性。

环境监理文件档案资料的归档保存中应严格遵守保存原件为主、复印件为辅和按照一定顺序归档的原则。

4 验收阶段环境咨询服务

4.1 排污许可咨询服务

4.1.1 排污许可证制度

排污许可是指环境保护主管部门依排污单位的申请和承诺，通过发放排污许可证法律文书形式，依法依规规范和限制排污单位排污行为并明确环境管理要求，依据排污许可证对排污单位实施监管执法的环境管理制度。

我国排污许可证制度自20世纪80年代作为"新五项"环境管理政策提出，1988年3月，国家环保局发布《水污染物排放许可证管理暂行办法》。1989年7月，国家环保局发布《水污染防治法实施细则》，其中第九条规定：对企业事业单位向水体排放污染物的实行许可证管理。2000年3月，国务院修订发布《中华人民共和国水污染防治法实施细则》，其中第十条规定：县级以上地方人民政府环境保护部门根据总量控制实施方案，审核本行政区域内向该水体排污的单位的重点污染物排放量，对不超过排放总量控制指标的，发给排污许可证；对超过排放总量控制指标的，限期治理，限期治理期间，发给临时排污许可证。具体办法由国务院环境保护部门制定。2000年4月，全国人民代表大会常务委员会修订的《中华人民共和国大气污染防治法》中第十五条规定：城市大气环境质量限期达标规划应当向社会公开。直辖市和设区的市的大气环境质量限期达标规划应当报国务院生态环境主管部门备案。2016年11月，国务院办公厅印发了《控制污染物排放许可制实施方案》。2014年修订的《中华人民共和国环境保护法》中规定，国家依照法律规定实行排污许可管理制度。实行排污许可管理的企业事业单位和其他生产经营者应当按照排污许可证的要求排放污染物；未取得排污许可证的，不得排放污染物。2016年12月，环境保护部印发了《排污许可证管理暂行规定》。2016年11月，国务院办公厅印发《控制污染物排放许可制实施方案》（国办发〔2016〕81号）明确了目标任务、发放程序等问题，排污许可制度开始实施，相继出台《排污许可管理办法》《固定污染源排污许可分类管理名录（2019年版）》《关于固定污染源排污限期整改有关事项的通知》，形成操作性强的管理政策体系。2020年，生态环境部印发《关于构建以排污许可制为核心的固定污染源监管制度体系实施方案》，提出排污许可相关试点工作任务，通过部分地区先行开展试点，全面推进实施排污许可制。2021年1月，国务院颁布《排污许可管理条例》，为深化排污许可制改革奠定坚实的法治基础。2022年3月，《关于加强排污许可执法监管的指导意见》（以下简称《指导意见》）印发，从责任落实、执法监管、执法方式、支撑保障等方面，对新时期排污许可执法监管工作指明了方向，再次明确要求"全面推进排污许可制改革，加快构建以排污许可制为核心的固定污染源执法监管体系"。

目前，我国排污许可制改革已初见成效，截至2023年2月，已发布76项排污许可技术规范、45项自行监测技术指南、13项污染防治可行技术指南、20项源强核算指南，构建了较为完善的排污许可技术体系。

4.1.2 工作流程

1.确定类别

根据《固定污染源排污许可分类管理名录（2019年版）》，国家根据排放污染物的企业事业单位和其他生产经营者（以下简称排污单位）污染物产生量、排放量、对环境的影响程度等因素，实行排污许可重点管理、简化管理和登记管理。依照法律规定应取得排污许可证而未取得排污许可证的，不得排放污染物。根据污染物产生量、排放量、对环境的影响程度等因素，对排污单位实行排污许可分类管理：

（1）污染物产生量、排放量或者对环境的影响程度较大的排污单位，实行排污许可重点管理；有下列情形之一的，还应当对其生产设施和相应的排放口等申请取得重点管理排污许可证：①被列入重点排污单位名录的；②二氧化硫或者氮氧化物年排放量大于250吨的；③烟粉尘年排放量大于500吨的；④化学需氧量年排放量大于30吨，或者总氮年排放量大于10吨，或者总磷年排放量大于0.5吨的；⑤氨氮、石油类和挥发酚合计年排放量大于30吨的；⑥其他单项有毒有害大气、水污染物污染当量数大于3000的。污染当量数按照《中华人民共和国环境保护税法》的规定计算。

（2）污染物产生量、排放量和对环境的影响程度较小的排污单位，实行排污许可简化管理。

（3）污染物产生量、排放量和对环境的影响程度很小的排污单位，实行排污登记管理。实行登记管理的排污单位，不需要申请取得排污许可证，应当在全国排污许可证管理信息平台填报排污登记表，登记基本信息、污染物排放去向、执行的污染物排放标准以及采取的污染防治措施等信息。

排污许可证审查与决定、信息公开等应当通过全国排污许可证管理信息平台办理。《固定污染源排污许可分类管理名录（2019年版）》未作规定的排污单位，确需纳入排污许可管理的，其排污许可管理类别由省级生态环境主管部门提出建议，报生态环境部确定。

2.排污许可申请

排污单位应当向其生产经营场所所在地设区的市级以上地方人民政府生态环境主管部门（以下称审批部门）申请取得排污许可证。排污单位有两个以上生产经营场所排放污染物的，应当按照生产经营场所分别申请取得排污许可证。排污单位应当在全国排污许可证管理信息平台上填报并提交排污许可证申请，同时向核发环境保护部门提交通过全国排污许可证管理信息平台印制的书面申请材料。

申请材料应当包括：

（1）排污许可证申请表，主要内容包括：排污单位基本信息，主要生产设施、主要产品及产能、主要原辅材料，废气、废水等产排污环节和污染防治设施，申请的排放口位置和数量、排放方式、排放去向，按照排放口和生产设施或者车间申请的排放污染物种类、排放浓度和排放量，执行的排放标准；

（2）自行监测方案；

（3）由排污单位法定代表人或者主要负责人签字或者盖章的承诺书；

（4）排污单位有关排污口规范化的情况说明；

（5）建设项目环境影响评价文件审批文号，或者按照有关国家规定经地方人民政府依法处理、整顿规范并符合要求的相关证明材料；

（6）排污许可证申请前信息公开情况说明表；

（7）污水集中处理设施的经营管理单位还应当提供纳污范围、纳污排污单位名单、管网布置、最终排放去向等材料；

（8）本办法实施后的新建、改建、扩建项目排污单位存在通过污染物排放等量或者减量替代削减获得重点污染物排放总量控制指标情况的，且出让重点污染物排放总量控制指标的排污单位已经取得排污许可证的，应当提供出让重点污染物排放总量控制指标的排污单位的排污许可证完成变更的相关材料；

（9）法律法规及规章规定的其他材料。

主要生产设施、主要产品产能等登记事项中涉及商业秘密的，排污单位应当进行标注。

实行重点管理的排污单位在提交排污许可申请材料前，应当将承诺书、基本信息以及拟申请的许可事项向社会公开。公开途径应当选择包括全国排污许可证管理信息平台等便于公众知晓的方式，公开时间不得少于五个工作日。

3.排污许可证受理

对实行排污许可简化管理的排污单位，审批部门应当自受理申请之日起20日内作出审批决定；对符合条件的单位颁发排污许可证，对不符合条件的单位不予许可并书面说明理由。

对实行排污许可重点管理的排污单位，审批部门应当自受理申请之日起30日内作出审批决定；需要进行现场核查的，应当自受理申请之日起45日内作出审批决定；对符合条件的单位颁发排污许可证，对不符合条件的单位不予许可并书面说明理由。

审批部门应当通过全国排污许可证管理信息平台生成统一的排污许可证编号。排污许可证有效期为5年。排污许可证有效期届满，排污单位需要继续排放污染物的，应当于排污许可证有效期届满60日前向审批部门提出申请。审批部门应当自受理申请之日起20日内完成审查；对符合条件的单位予以延续，对不符合条件的单位不予延续并书面说明理由。

4.排污许可证审批

对具备下列条件的排污单位，颁发排污许可证：

（1）依法取得建设项目环境影响报告书（表）批准文件，或者已经办理环境影响登记表备案手续；

（2）污染物排放符合污染物排放标准要求，重点污染物排放符合排污许可证申请与核发技术规范、环境影响报告书（表）批准文件、重点污染物排放总量控制要求；其中，排污单位生产经营场所位于未达到国家环境质量标准的重点区域、流域的，还应当符合有关地方人民政府关于改善生态环境质量的特别要求；

（3）采用污染防治设施可以达到许可排放浓度要求或者符合污染防治可行技术；

（4）自行监测方案的监测点位、指标、频次等符合国家自行监测规范。

4.1.3 排污许可证申请

排污单位在全国排污许可证管理信息平台申报系统填报排污许可证申请表中的相应信息。

1.排污单位基本信息

排污单位基本信息应填报单位名称、是否需整改、许可证管理类别、邮政编码、是否投产、投产日期、生产经营场所中心经度、生产经营场所中心纬度、所在地是否属于环境敏感区（如大气重点控制区域、总磷总氮控制区等）、所属工业园区名称、环境影响评价审批意见文号（备案编号）、地方政府对违规项目的认定或备案文件文号、主要污染物总量分配计划文件文号、颗粒物总量指标（t/a）、二氧化硫总量指标（t/a）、氮氧化物总量指标（t/a）、化学需氧量总量指标（t/a）、氨氮总量指标（t/a）、挥发性有机物总量指标（t/a）、其他污染物总量指标（如有）等。

2.主要产品及产能

（1）主要生产单元、主要工艺、生产设施及设施参数

在填报"主要产品及产能"时，需选择所属行业类别。排污单位主要生产单元、主要工艺、生产设施及设施参数填报内容如表4-1所示。

排污单位主要生产单元、主要工艺、生产设施及设施参数表   表4-1

主要生产单元	主要工艺	生产设施	设施参数
主体工程	主要生产线	与排放废气和废水密切相关的主要生产设施，包括工业炉窑（熔炼炉、焚烧炉、熔化炉、加热炉、热处理炉、石灰窑等）、化工类排污单位的反应设备（化学反应釜/器/塔、蒸馏/蒸发/萃取设备等）、包装印刷设备、工业涂装工序生产设施等	设计生产能力、功率、尺寸、面积、额定蒸发量、额定功率、压力、流量、设计处理能力、设计排气量、储量、容积、周转量等
公用工程	发电、供热系统等公用系统	与排放废气和废水密切相关的生产设施，包括锅炉、汽轮机、发电机等	
辅助工程	污水处理系统等其他为生产线配套服务的系统	与排放废气和废水密切相关的生产设施或污染治理设施，包括污水处理站等	
储运工程	储运系统	与排放废气和废水密切相关的生产设施，包括物料的存储、运输设施，如储罐、仓库、固体废物储存间、转运站等	

（2）产品名称

填写生产设施主要产品名称。涉及化学品的，填报化学品名称及CAS编号。

（3）生产能力、计量单位及设计年生产时间

生产能力为主要产品设计产能，并标明计量单位。生产能力不包括国家或地方政府予以淘汰或取缔的产能。

设计生产时间按环境影响评价文件及审批意见或地方政府对违规项目的认定或备案文件中的年生产时间填写。

3.主要原辅材料及燃料信息

（1）原辅材料及燃料种类

按原料、辅料、燃料种类分别填写具体物质名称。涉及化学品的，填报化学品名称及CAS编号。

原料填报产品生产加工过程所需的主要原材料以及所有有毒有害化学品原材料。辅料填报产品生产加工过程中添加的主要辅料和污染治理过程中添加的化学品。

燃料种类包括：固体燃料（煤炭、煤矸石、焦炭、生物质燃料等），液体燃料（原油、汽油、煤油、柴油、燃料油等），气体燃料（天然气、煤层气、冶金副产煤气、石油炼制副产燃气、煤气发生炉煤气等）。

（2）设计年使用量及计量单位

设计年使用量为与产能相匹配的原辅材料及燃料年使用量，并标明计量单位。

（3）原辅材料有毒有害物质及成分占比

为优先控制化学品名录、污染物排放标准中的"第一类污染物"以及有关文件中规定的有毒有害物质或元素，及其在原辅材料中的成分占比，应按设计值或上一年生产实际值填写，原辅材料中不含有毒有害物质或元素的可不填写。

（4）燃料灰分、硫分、挥发分及热值

应按设计值或上一年生产实际值填写固体燃料灰分、硫分、挥发分及热值（低位发热量）。燃油和燃气填写硫分（液体燃料按硫分计；气体燃料按总硫计，总硫包含有机硫和无机硫）及热值（低位发热量）。

4.产排污环节、污染物种类、排放形式及污染治理设施

（1）废气

①废气产排污环节、污染物种类、排放形式及污染治理设施

产排污环节为生产设施对应的产排污环节名称，依据国家和地方污染物排放标准、环境影响评价文件及审批意见综合确定。

污染物种类为排放标准中的各污染物项目，依据国家和地方污染物排放标准确定。排放形式分有组织排放和无组织排放两种形式。

污染治理设施包括设施编号、名称、工艺、是否为可行技术，污染治理设施应与生产设施产排污环节相对应。

废气污染治理设施分为除尘系统、脱硫系统、脱硝系统、有机废气收集治理系统、恶臭治理系统、其他废气收集处理系统等。

废气污染治理设施工艺包括除尘设施（袋式除尘器、电除尘器、电袋复合除尘器、其他）、脱硫设施（干法、半干法、湿法、其他）、脱硝设施（低氮燃烧、SCR、SNCR、其他）、有机废气收集治理设施（焚烧、吸附、催化分解、其他）、恶臭治理设施（水洗、吸收、氧化、活性炭吸附、过滤、其他）、其他废气收集处理设施（活性炭吸附、生物滤塔、洗涤、吸收、燃烧、氧化、过滤、其他）等。

②污染治理设施、有组织排放口编号

污染治理设施编号填写排污单位内部编号，若排污单位无内部编号，则根据

《排污单位编码规则》（HJ 608—2017）进行编号并填写。

有组织排放口编号可填写地方环境保护主管部门现有编号，或根据《排污单位编码规则》（HJ 608—2017）进行编号并填写。

③排放口设置要求

根据《排污口规范化整治技术要求（试行）》（国家环保局环监〔1996〕470号），以及排污单位执行的污染物排放标准中有关排放口规范化设置的规定，填报废气排放口设置是否符合规范化要求。

④排放口类型

废气排放口分为主要排放口、一般排放口和其他排放口。原则上将主体工程中的工业炉窑、化工类排污单位的主要反应设备、公用工程中出力 10t/h 及以上的燃料锅炉、燃气轮机组以及与出力 10t/h 及以上的燃料锅炉和燃气轮机组排放污染物相当的污染源，其对应的排放口为主要排放口；主体工程、辅助工程、储运工程中污染物排放量相对较小的污染源，其对应的排放口为一般排放口；公用工程中的火炬、放空管等污染物排放标准中未明确污染物排放浓度限值要求的排放口为其他排放口。

（2）废水

①废水类别、污染物种类、排放方式及污染治理设施

废水类别分为对应工艺（工序）的生产废水、综合废水、生活污水、初期雨水、循环冷却水等。

污染物种类为排放标准中的各污染物项目，依据国家和地方污染物排放标准确定。排放方式分为间接排放、直接排放和不外排三种方式。

污染治理设施包括设施编号、名称、工艺、是否为可行技术，污染治理设施应与废水类别相对应。

废水污染治理设施名称包括工艺（工序）的生产废水预处理设施、综合废水处理设施、生活污水处理设施及其他。

废水污染治理工艺分为一级处理（过滤、沉淀、气浮、其他），二级处理（A/O、A^2/O、SBR、活性污泥法、生物接触氧化、其他）、深度处理（超滤/纳滤、反渗透、吸附过滤、蒸发结晶、其他）及其他。

②废水排放去向及排放规律

排污单位应明确废水排放去向及排放规律。

废水排放去向包括：不外排；排至厂内综合污水处理站；直接进入海域；直接进入江、湖、库等水环境；进入城市下水道（再入江河、湖、库）；进入城市下水道（再入

沿海海域）；进入城市污水处理厂；进入其他单位；进入工业废水集中处理厂；其他。

对于工艺、工序产生的废水，"不外排"指全部在工序内部循环使用，"排至厂内综合污水处理站"指工序废水经处理后排至厂内综合污水处理站，对于厂内综合污水处理站而言，"不外排"指全厂废水经处理后全部回用不向环境排放。

排放规律包括连续排放，流量稳定；连续排放，流量不稳定，但有周期性规律；连续排放，流量不稳定，但有规律，且不属于周期性规律；连续排放，流量不稳定，属于冲击型排放；连续排放，流量不稳定且无规律，但不属于冲击型排放；间断排放，排放期间流量稳定；间断排放，排放期间流量不稳定，但有周期性规律；间断排放，排放期间流量不稳定，但有规律，且不属于非周期性规律；间断排放，排放期间流量不稳定，属于冲击型排放；间断排放，排放期间流量不稳定且无规律，但不属于冲击型排放。

③污染治理设施、排放口编号

污染治理设施编号填写排污单位内部编号，若排污单位无内部编号，则根据《排污单位编码规则》（HJ 608—2017）进行编号并填写。

排放口编号可填写地方环境保护主管部门现有编号，或根据《排污单位编码规则》（HJ 608—2017）进行编号并填写。

④排放口设置要求

根据《排污口规范化整治技术要求（试行）》（国家环保局环监〔1996〕470号），以及排污单位执行的污染物排放标准中有关排放口规范化设置的规定，填报排放口设置是否符合规范化要求。

⑤排放口类型

根据排污单位废水排放特点，废水排放口包括车间或生产设施排放口、废水总排放口。原则上涉及排放第一类污染物的车间或生产设施排放口以及纳入水环境重点排污单位名录中的排污单位废水总排放口为主要排放口，其他为一般排放口。

5.许可排放限值

许可排放限值包括污染物许可排放浓度和许可排放量。许可排放量包括年许可排放量和特殊时段许可排放量。年许可排放量是指允许排污单位连续12个月排放的污染物最大排放量。核发环境保护部门可根据需要（如供暖季、枯水期等）将年许可排放量按月、季进行细化。

对于大气污染物，以排放口为单位确定有组织主要排放口和一般排放口许可排放浓度，以生产设施、生产单元或厂界为单位确定无组织许可排放浓度。主要排放口逐一计算许可排放量；一般排放口和无组织废气不许可排放量；其他排放口不许可排放浓度和排放量。

对于水污染物，以排放口为单位确定主要排放口许可排放浓度和排放量，一般排放口仅许可排放浓度。单独排入城镇集中污水处理设施的生活污水仅说明排放去向。

根据国家和地方污染物排放标准，按从严原则确定许可排放浓度。依据允许排放量核算方法和依法分解落实到排污单位的重点污染物排放总量控制指标，从严确定许可排放量，落实环境质量改善要求。2015年1月1日及以后取得环境影响评价审批意见的排污单位，许可排放量还应同时满足环境影响评价文件和审批意见确定的排放量的要求。

按照《固定污染源排污许可分类管理名录（2019年版）》实施简化管理的排污单位原则上仅许可排放浓度，不许可排放量。

排污单位填报许可限值时，应在排污许可证申请表中写明申请的许可排放限值计算过程。

6. 运行管理要求

（1）废气

①有组织排放

主要针对废气污染治理设施的安装、运行、维护等提出要求，包括：

a. 废气污染治理设施应按照国家和地方规范进行设计；

b. 污染治理设施应与产生废气的生产设施同步运行。由于事故或设备维修等原因造成污染治理设施停止运行时，应立即报告当地环境保护主管部门；

c. 污染治理设施应在满足设计工况的条件下运行，并根据工艺要求，定期对设备、电气、自控仪表及构筑物进行检查维护，确保污染治理设施可靠运行；

d. 污染治理设施正常运行中废气的排放应符合国家和地方污染物排放标准。

②无组织排放

无组织排放的运行管理按照国家和地方污染物排放标准要求执行。

（2）废水

废水污染治理设施的安装、运行、维护等提出要求，包括：

①废水污染治理设施应按照国家和地方规范进行设计；

②由于事故或设备维修等原因造成污染治理设施停止运行时，应立即报告当地环境保护主管部门；

③污染治理设施应在满足设计工况的条件下运行，并根据工艺要求，定期对设

备、电气、自控仪表及构筑物进行检查维护，确保污染治理设施可靠运行；

④全厂综合污水处理厂应加强源头管理，加强对上游装置来水的监测，并通过管理手段控制上游来水水质满足污水处理厂的进水要求；

⑤污染治理设施正常运行中废水的排放应符合国家和地方污染物排放标准。

（3）渗漏、泄漏防治措施要求

涉及有毒有害污染物的排污单位，针对可能污染土壤和地下水的渗漏、泄漏风险点应采取相应防治措施，包括：

①源头控制

对有毒有害物质，特别是液体或粉状固体物质生产加工、储存及输送，污水治理、固体废物堆放采取相应的防渗漏、泄漏措施。

②分区防控

原辅材料及燃料储存区、生产装置区、输送管道、污水治理设施、固体废物堆存区的防渗要求，应满足国家和地方标准、防渗技术规范要求。

7.自行监测管理要求

排污单位应按照最新的监测方案开展监测活动，可根据自身条件和能力，利用自有人员、场所和设备自行监测；也可委托其他有资质的检（监）测机构代其开展自行监测。

（1）废气排放监测

①监测指标

各外排口监测点位的监测指标应至少包括所执行的国家或地方污染物排放（控制）标准、环境影响评价文件及其批复、排污许可证等相关管理规定明确要求的污染物指标。排污单位还应根据生产过程的原辅用料、生产工艺、中间及最终产品，确定是否排放纳入相关有毒有害或优先控制污染物名录中的污染物指标，或其他有毒污染物指标，这些指标也应纳入监测指标。

②监测频次

外排口监测点位最低监测频次按照表4-2执行。

废气监测指标的最低监测频次 表4-2

排污单位级别	主要排放口		其他排放口的监测指标
	主要监测指标	其他监测指标	
重点排污单位	月一季度	半年一年	半年一年
非重点排污单位	半年一年	年	年

③监测技术

监测技术包括手工监测、自动监测两种，排污单位可根据监测成本、监测指标以及监测频次等内容，合理选择适当的监测技术。

对于相关管理规定要求采用自动监测的指标，应采用自动监测技术；对于监测频次高、自动监测技术成熟的监测指标，应优先选用自动监测技术；其他监测指标，可选用手工监测技术。

④采样方法

废气手工采样方法的选择参照相关污染物排放标准《固定污染源排气中颗粒物测定与气态污染物采样方法》(GB/T 16157—1996)、《固定源废气监测技术规范》(HJ/T 397—2007)等执行。废气自动监测参照《固定污染源烟气(SO_2、NO_X、颗粒物)排放连续监测技术规范》(HJ 75—2017)、《固定污染源烟气(SO_2、NO_X、颗粒物)排放连续监测系统技术要求及检测方法》(HJ 76—2017)执行。

（2）废水排放监测

①监测指标

符合以下条件的为各废水外排口监测点位的主要监测指标：

a.化学需氧量、五日生化需氧量、氨氮、总磷、总氮、悬浮物、石油类中排放量较大的污染物指标；

b.污染物排放标准中规定的监控位置为车间或生产设施废水排放口的污染物指标，以及有毒有害或优先控制污染物相关名录中的污染物指标；

c.排污单位所在流域环境质量超标的污染物指标。

②监测频次

外排口监测点位最低监测频次按照表4-3执行。各排放口废水流量和污染物浓度同步监测。

废水监测指标的最低监测频次   表4-3

排污单位级别	主要监测指标	其他监测指标
重点排污单位	日~月	季度~半年
非重点排污单位	季度	年

注：最低监测频次的范围，在行业排污单位自行监测技术指南中依据此原则确定各监测指标的最低监测频次。

（3）厂界环境噪声监测

厂界环境噪声的监测点位置具体要求按《工业企业厂界环境噪声排放标准》

（GB 12348—2008）执行。厂界环境噪声每季度至少开展一次监测，夜间生产的要监测夜间噪声。

（4）监测质量保证与质量控制

排污单位应建立并实施质量保证与控制措施方案，以自证自行监测数据的质量。

①建立质量体系

排污单位应根据本单位自行监测的工作需求，设置监测机构，梳理监测方案制定、样品采集、样品分析、监测结果报出、样品留存、相关记录的保存等监测的各个环节中，为保证监测工作质量应制定的工作流程、管理措施与监督措施，建立自行监测质量体系。

质量体系应包括对以下内容的具体描述：监测机构、人员、出具监测数据所需仪器设备、监测辅助设施和实验室环境、监测方法技术能力验证、监测活动质量控制与质量保证等。

委托其他有资质的检（监）测机构代其开展自行监测的，排污单位不用建立监测质量体系，但应对检（监）测机构的资质进行确认。

②监测机构

监测机构应具有与监测任务相适应的技术人员、仪器设备和实验室环境，明确监测人员和管理人员的职责、权限和相互关系，有适当的措施和程序保证监测结果准确可靠。

③监测人员

应配备数量充足、技术水平满足工作要求的技术人员，规范监测人员录用、培训教育和能力确认/考核等活动，建立人员档案，并对监测人员实施监督和管理，规避人员因素对监测数据正确性和可靠性的影响。

④监测设施和环境

根据仪器使用说明书、监测方法和规范等的要求，配备必要的辅助设施，如除湿机、空调、干湿度温度计等，以使监测工作场所条件得到有效控制。

⑤监测仪器设备和实验试剂

应配备数量充足、技术指标符合相关监测方法要求的各类监测仪器设备、标准物质和实验试剂。

监测仪器性能应符合相应方法标准或技术规范要求，根据仪器性能实施自校准或者检定/校准、运行和维护、定期检查。

标准物质、试剂、耗材的购买和使用情况应建立台账予以记录。

⑥监测方法技术能力验证

应组织监测人员按照其所承担监测指标的方法步骤开展实验活动，测试方法的检出浓度、校准（工作）曲线的相关性、精密度和准确度等指标，实验结果满足方法相应的规定以后，方可确认该人员实际操作技能满足工作需求，能够承担测试工作。

8.环境管理台账

排污单位应建立环境管理台账记录制度，落实环境管理台账记录的责任单位和责任人，明确工作职责，并对环境管理台账的真实性、完整性和规范性负责。一般按日或按批次进行记录，异常情况应按次记录。

实施简化管理的排污单位，其环境管理台账内容可适当缩减，至少记录污染防治设施运行管理信息和监测记录信息，记录频次可适当降低。

（1）记录内容

包括基本信息、生产设施运行管理信息、污染防治设施运行管理信息、监测记录信息及其他环境管理信息等。

（2）记录频次

本标准规定了基本信息、生产设施运行管理信息、污染防治设施运行管理信息、监测记录信息、其他环境管理信息的记录频次。

①基本信息

对于未发生变化的基本信息，按年记录，1次/年；对于发生变化的基本信息，在发生变化时记录1次。

②生产设施运行管理信息

a.正常工况：

（a）运行状态：一般按日或批次记录，1次/日或批次。

（b）生产负荷：一般按日或批次记录，1次/日或批次。

（c）产品产量：连续生产的，按日记录，1次/日。非连续生产的，按照生产周期记录，1次/周期；周期小于1天的，按日记录，1次/日。

（d）原辅材料：按照采购批次记录，1次/批。

（e）燃料：按照采购批次记录，1次/批。

b.非正常工况：按照工况期记录，1次/工况期。

③污染防治设施运行管理信息

a.正常情况：

（a）运行情况：按日记录，1次/日。

（b）主要药剂添加情况：按日或批次记录，1次/日或批次。

（c）DCS曲线图：按月记录，1次/月。

b.异常情况：按照异常情况期记录，1次/异常情况期。

9.执行报告

按报告周期分为年度执行报告、季度执行报告和月度执行报告。实行简化管理的排污单位，应提交年度执行报告与季度执行报告。

（1）年度执行报告

年度执行报告包括排污单位基本情况、污染防治设施运行情况、自行监测执行情况、环境管理台账执行情况、实际排放情况及合规判定分析、信息公开情况、排污单位内部环境管理体系建设与运行情况、其他排污许可证规定的内容执行情况、其他需要说明的问题、结论、附图附件等。

（2）季度/月度执行报告

季度/月度执行报告至少包括污染物实际排放浓度和排放量，合规判定分析，超标排放或污染防治设施异常情况说明等内容。其中，季度执行报告还应包括各月度生产小时数、主要产品及其产量、主要原料及其消耗量、新水用量及废水排放量、主要污染物排放量等信息。

10.排污许可报告主要内容

排污许可证正本载明基本信息，副本包括基本信息、登记事项、许可事项、承诺书等内容。

排污许可证应当记载下列信息：

（1）排污单位名称、住所、法定代表人或者主要负责人、生产经营场所所在地等；

（2）排污许可证有效期限、发证机关、发证日期、证书编号和二维码等；

（3）产生和排放污染物环节、污染防治设施等；

（4）污染物排放口位置和数量、污染物排放方式和排放去向等；

（5）污染物排放种类、许可排放浓度、许可排放量等；

（6）污染防治设施运行和维护要求、污染物排放口规范化建设要求等；

（7）特殊时段禁止或者限制污染物排放的要求；

（8）自行监测、环境管理台账记录、排污许可证执行报告的内容和频次等要求；

（9）排污单位环境信息公开要求；

（10）存在大气污染物无组织排放情形时的无组织排放控制要求；

（11）法律法规规定排污单位应当遵守的其他控制污染物排放的要求。

4.2 竣工环境保护验收咨询服务

4.2.1 概述

竣工环境保护验收指建设项目竣工后，建设单位依据建设项目竣工环境保护验收管理办法规定，根据环境保护验收监测或调查结果，并通过对项目环境保护设施建设、运行和效果、"三废"处理和综合利用、污染物排放、环境管理等情况的全面调查，考核该建设项目是否达到环境保护要求的活动。

1. 工作背景

（1）竣工环境保护验收是建设项目投运的必要条件

建设项目竣工环境保护验收作为建设项目全过程环境管理的重要组成部分，是对建设项目建成试运行前整个环境保护工作的总体性检查，是全面落实"三同时"制度的重要措施和内容。其目的是确保建设项目全面落实环境保护措施及设施，落实"三同时"制度，确保环境保护设施与生产同时投产使用。根据《国务院关于修改〈建设项目环境保护管理条例〉的决定》（国务院令第682号）相关要求，编制环境影响报告书、环境影响报告表的建设项目，其配套建设的环境保护设施经验收合格，方可正式投入生产或者使用；未经验收或者验收不合格的，不得投入生产或者使用。

（2）竣工环境保护验收是建设单位竣工后的一项重要工作

2017年11月20日，生态环境部发布了《建设项目竣工环境保护验收暂行办法》（国环规环评〔2017〕4号），规范建设项目竣工后建设单位自主开展环境保护验收的程序和标准，建设项目环境保护设施竣工验收主体已由环境保护部门转为建设单位，建设单位需自行验收。其中，第四条规定：建设单位是建设项目竣工环境保护验收的责任主体，应当按照本办法规定的程序和标准，组织对配套建设的环境保护设施进行验收，编制验收报告，公开相关信息，接受社会监督，确保建设项目需要配套建设的环境保护设施与主体工程同时投产或者使用，并对验收内容、结论和所公开信息的真实性、准确性和完整性负责，不得在验收过程中弄虚作假。

（3）自行竣工环境保护验收对政府、企业、公众都具有重要意义

建设项目环境保护企业自行验收是环境保护验收制度的重大改革，新条例规定"编制环境影响报告书、环境影响报告表的建设项目竣工后，建设单位应当按照国务院环境保护行政主管部门规定的标准和程序，对配套建设的环境保护设施进行验收，编制验收报告"。新条例彻底取消了生态环境部对建设项目实施环境保护"三

同时"验收的行政许可事项，改为由企业在项目竣工后，自主对项目落实各项环境保护措施和要求组织开展验收，并依法依规向社会公开，接受群众监督。随着这项制度的施行和不断深入，环境保护领域简政放权、减少行政许可审批事项的力度进一步加强，企业在完善、提高自身环境管理水平和污染治理能力方面的自主能动性进一步增强，社会各界对企业环境管理情况的参与度、知情度进一步提高。环境保护验收的主体和方式发生了重大的改变，为环境保护验收管理简化工作流程，发挥实际作用提供了有力的法律支撑。

2. 服务对象

编制环境影响报告书（表）的建设项目竣工后，建设单位或者其委托的技术机构应当依照国家有关法律法规、建设项目竣工环境保护验收技术规范、建设项目环境影响报告书（表）和审批决定等要求，如实查验、监测、记载建设项目环境保护设施的建设和调试情况，同时还应如实记载其他环境保护对策措施"三同时"落实情况，编制竣工环境保护验收报告。

3. 服务内容

根据《建设项目竣工环境保护验收暂行办法》《建设项目竣工环境保护验收技术指南污染影响类》及相关法律法规，自主验收范围为建设项目环境影响报告书（表）审批部门审批决定中废水、废气及噪声相关内容，包括项目配套建设的水污染方式措施、大气污染防治设施、噪声防治措施、生态防治（缓解）措施，固体废物污染防治措施。验收工作主要包括验收准备、自查、编制验收技术方案、实施监测与检查、编制验收监测报告、组织验收、编制验收报告、信息公开公示及政府备案十个阶段。成果内容必须符合中华人民共和国有关规范和标准要求，符合国家相关环境保护监测规范要求，顺利通过环境保护工程设施验收及技术评审。

4. 竣工验收时间

建设项目竣工环境保护验收应当在建设项目竣工后6个月内完成。建设项目环境保护设施需要调试的，验收可适当延期，但总期限最长不得超过9个月。

4.2.2 相关政策法规

（1）《国务院关于修改〈建设项目环境保护管理条例〉的决定》（国令第682号）

第十七条　编制环境影响报告书、环境影响报告表的建设项目竣工后，建设单位应当按照国务院环境保护行政主管部门规定的标准和程序，对配套建设的环境保护设施进行验收，编制验收报告。

（2）《建设项目竣工环境保护验收暂行办法》（国环规环评〔2017〕4号）

第四条　建设单位是建设项目竣工环境保护验收的责任主体，应当按照本办法规定的程序和标准，组织对配套建设的环境保护设施进行验收，编制验收报告，公开相关信息，接受社会监督，确保建设项目需要配套建设的环境保护设施与主体工程同时投产或者使用，并对验收内容、结论和所公开信息的真实性、准确性和完整性负责，不得在验收过程中弄虚作假。

第五条　建设项目竣工后，建设单位应当如实查验、监测、记载建设项目环境保护设施的建设和调试情况，编制验收监测（调查）报告。

第十一条　除按照国家需要保密的情形外，建设单位应当通过其网站或其他便于公众知晓的方式，向社会公开下列信息：

（一）建设项目配套建设的环境保护设施竣工后，公开竣工日期；

（二）对建设项目配套建设的环境保护设施进行调试前，公开调试的起止日期；

（三）验收报告编制完成后5个工作日内，公开验收报告，公示的期限不得少于20个工作日。

建设单位公开上述信息的同时，应当向所在地县级以上环境保护主管部门报送相关信息，并接受监督检查。

第十二条　除需要取得排污许可证的水和大气污染防治设施外，其他环境保护设施的验收期限一般不超过3个月；需要对该类环境保护设施进行调试或者整改的，验收期限可以适当延期，但最长不超过12个月。

验收期限是指自建设项目环境保护设施竣工之日起至建设单位向社会公开验收报告之日止的时间。

第十三条　验收报告公示期满后5个工作日内，建设单位应当登录全国建设项目竣工环境保护验收信息平台，填报建设项目基本信息、环境保护设施验收情况等相关信息，环境保护主管部门对上述信息予以公开。

建设单位应当将验收报告以及其他档案资料存档备查。

4.2.3　相关技术规范

（1）竣工环境保护验收技术指南

生态环境部先后印发《建设项目竣工环境保护验收技术指南　污染影响类》和《建设项目竣工环境保护验收技术规范　生态影响类》，对于主要因污染物排放对环境产生污染和危害的污染影响类建设项目和交通运输（公路、铁路、城市道路和轨道交通、港口和航运、管道运输等)、水利水电、石油和天然气开采、矿山采选、电力生产(风力发电)、农业、林业、牧业、渔业、旅游等行业和海洋、海岸带开发、高压输变电线路等主要对生态造成影响的建设项目,明确了验收程序、自查内容、验收执行标准、验收监测技术要求、验收监测报告编制等内容。

(2)竣工环境保护验收技术规范

建设项目竣工环境保护验收相关技术规范(表4-4),可以登录生态环境部网站查询。

国家现行建设项目环境保护设施验收技术规范参考目录　　　　表4-4

序号	实施日期	规范名称	标准号
1	2021-11-25	《建设项目竣工环境保护设施验收技术规范 造纸工业》	HJ 408—2021
2	2021-11-25	《建设项目竣工环境保护设施验收技术规范 汽车制造业》	HJ 407—2021
3	2021-11-25	《建设项目竣工环境保护设施验收技术规范 乙烯工程 》	HJ 406—2021
4	2021-11-25	《建设项目竣工环境保护设施验收技术规范 石油炼制》	HJ 405—2021
5	2021-11-25	《建设项目竣工环境保护设施验收技术规范 钢铁工业》	HJ 404—2021
6	2021-11-25	《建设项目竣工环境保护设施验收技术规范 水泥工业》	HJ 256—2021
7	2021-11-25	《建设项目竣工环境保护设施验收技术规范 电解铝及铝用炭素工业》	HJ 254—2021
8	2016-08-01	《建设项目竣工环境保护验收技术规范 医疗机构》	HJ 794—2016
9	2016-07-01	《建设项目竣工环境保护验收技术规范 制药》	HJ 792—2016
10	2016-07-01	《建设项目竣工环境保护验收技术规范 粘胶纤维》	HJ 791—2016
11	2016-07-01	《建设项目竣工环境保护验收技术规范 涤纶》	HJ 790—2016
12	2015-01-01	《建设项目竣工环境保护验收技术规范 纺织染整》	HJ 709—2014
13	2014-01-01	《建设项目竣工环境保护验收技术规范 煤炭采选》	HJ 672—2013
14	2011-06-01	《建设项目竣工环境保护验收技术规范 石油天然气开采》	HJ 612—2011
15	2010-04-01	《建设项目竣工环境保护验收技术规范 公路》	HJ 552—2010
16	2009-07-01	《建设项目竣工环境保护验收技术规范 水利水电》	HJ 464—2009
17	2008-08-01	《建设项目竣工环境保护验收技术规范 港口》	HJ 436—2008
18	2008-04-01	《建设项目竣工环境保护验收技术规范 城市轨道交通》	HJ/T 403—2007
19	2006-05-01	《建设项目竣工环境保护验收技术规范 火力发电厂 》	HJ/T 255—2006

(3)国家现行排污单位自行监测技术规范参考目录(表4-5)

国家现行排污单位自行监测技术规范参考目录　　　　表4-5

序号	实施日期	规范名称	标准号
1	2017-06-01	《排污单位自行监测技术指南 总则》	HJ 819—2017
2	2017-06-01	《排污单位自行监测技术指南 火力发电及锅炉》	HJ 820—2017
3	2017-06-01	《排污单位自行监测技术指南 造纸工业》	HJ 821—2017

4.2.4 竣工环境保护验收要点

1.污染影响类

（1）项目自查阶段

①环境保护手续履行情况

环境保护手续主要包括环境影响报告书（表）及其审批部门审批决定，初步设计（环境保护篇）等文件，国家与地方生态环境部门对项目的督查、整改要求的落实情况，建设过程中的重大变动及相应手续履行情况，是否按排污许可相关管理规定申领了排污许可证，是否按辐射安全许可管理办法申领了辐射安全许可证。

②项目建成情况

对照环境影响报告书（表）及其审批部门审批决定等文件，自查项目建设性质、规模、地点，主要生产工艺、产品及产量、原辅材料消耗，项目主体工程、辅助工程、公用工程、储运工程和依托工程内容及规模等情况。

③环境保护设施建设情况

a.建设过程

施工合同中是否涵盖环境保护设施的建设内容和要求，是否有环境保护设施建设进度和资金使用内容，项目实际环境保护投资总额占项目实际总投资额的百分比。

b.污染物治理/处置设施

按照废气、废水、噪声、固体废物的顺序，逐项自查环境影响报告书（表）及其审批部门审批决定中的污染物治理/处置设施建成情况，如废水处理设施类别、规模、工艺及主要技术参数，排放口数量及位置；废气处理设施类别、处理能力、工艺及主要技术参数，排气筒数量、位置及高度；主要噪声源的防噪降噪设施；辐射防护设施类别及防护能力；固体废物的储运场所及处置设施等。

c.其他环境保护设施

按照环境风险防范、在线监测和其他设施的顺序，逐项自查环境影响报告书（表）及其审批部门审批决定中的其他环境保护设施建成情况，如装置区围堰、防渗工程、事故池；规范化排污口及监测设施、在线监测装置；"以新带老"改造工程、关停或拆除现有工程（旧机组或装置）、淘汰落后生产装置；生态恢复工程、绿化工程、边坡防护工程等。

d.整改情况

自查发现未落实环境影响报告书（表）及其审批部门审批决定要求的环境保护

设施的，应及时整改。

e. 重大变动情况

自查发现项目性质、规模、地点、采用的生产工艺或者防治污染、防止生态破坏的措施发生重大变动，且未重新报批环境影响报告书（表）或环境影响报告书（表）未经批准的，建设单位应及时依法依规履行相关手续。

（2）验收监测方案编制

①验收监测方案编制目的及要求

编制验收监测方案是根据验收自查结果，明确工程实际建设情况和环境保护设施落实情况，在此基础上确定验收工作范围、验收评价标准，明确监测期间工况记录方法，确定验收监测点位、监测因子、监测方法、频次等，确定其他环境保护设施验收检查内容，制定验收监测质量保证和质量控制工作方案。

验收监测方案作为实施验收监测与检查的依据，有助于验收监测与检查工作开展得更加规范、全面和高效。石化、化工、冶炼、印染、造纸、钢铁等重点行业编制环境影响报告书（表）的项目推荐编制验收监测方案。建设单位也可根据建设项目的具体情况，自行决定是否编制验收监测方案。

②验收监测方案包括内容

根据验收自查结果，明确工程实际建设情况和环境保护设施落实情况，确定验收工作范围、验收评价标准，明确监测期间工况记录方法，确定验收监测点位、监测因子、监测方法、频次等，确定其他环境保护设施验收检查内容，制定验收监测质量保证和质量控制工作方案。

③验收监测技术要求

a. 工况记录要求

验收监测应当在确保主体工程工况稳定、环境保护设施运行正常的情况下进行，并如实记录监测时的实际工况以及决定或影响工况的关键参数，如实记录能够反映环境保护设施运行状态的主要指标。

b. 验收执行标准

（a）污染物排放标准

建设项目竣工环境保护验收污染物排放标准原则上执行环境影响报告书（表）及其审批部门审批决定所规定的标准。在环境影响报告书（表）审批之后发布或修订的标准对建设项目执行该标准有明确时限要求的，按新发布或修订的标准执行。特别排放限值的实施地域范围、时间，按国务院生态环境主管部门或省级人民政府规定执行。

建设项目排放环境影响报告书（表）及其审批部门审批决定中未包括的污染物，执行相应的现行标准。

对国家和地方标准以及环境影响报告书（表）审批决定中尚无规定的特征污染因子，可按照环境影响报告书（表）和工程《初步设计》（环境保护篇）等的设计指标进行参照评价。

（b）环境质量标准

建设项目竣工环境保护验收期间的环境质量评价执行现行有效的环境质量标准。

（c）环境保护设施处理效率

环境保护设施处理效率按照相关标准、规范、环境影响报告书（表）及其审批部门审批决定的相关要求进行评价，也可参照工程《初步设计》（环境保护篇）中的要求或设计指标进行评价。

（d）特殊因子评价

对国家和地方标准和环境影响报告书（表）审批决定中尚无规定的污染因子，可按照环境影响报告书（表）和工程《初步设计》（环境保护篇）等的要求或设计指标为依据进行参照评价。

④验收监测内容

a.环境保护设施调试运行效果监测

a）环境保护设施处理效率监测

（a）各种废水处理设施的处理效率；

（b）各种废气处理设施的去除效率；

（c）固（液）体废物处理设备的处理效率和综合利用率等；

（d）用于处理其他污染物的处理设施的处理效率；

（e）辐射防护设施屏蔽能力及效果。

若不具备监测条件，无法进行环境保护设施处理效率监测的，需在验收监测报告（表）中说明具体情况及原因。

b）污染物达标排放监测

（a）排放到环境中的废水，以及环境影响报告书（表）及其审批部门审批决定中有回用或间接排放要求的废水；

（b）排放到环境中的各种废气，包括有组织排放和无组织排放；

（c）产生的各种有毒有害固（液）体废物，需要进行危废鉴别的，按照相关危废鉴别技术规范和标准执行；

（d）厂界环境噪声；

（e）环境影响报告书（表）及其审批部门审批决定、排污许可证规定的总量控制污染物的排放总量；

（f）场所辐射水平。

b.环境质量影响监测

环境质量影响监测主要针对环境影响报告书（表）及其审批部门审批决定中关注的环境敏感保护目标的环境质量，包括地表水、地下水和海水、环境空气、声环境、土壤环境、辐射环境质量等的监测。

c.验收监测污染因子的确定

监测污染因子确定的原则如下：

a）环境影响报告书（表）及其审批部门审批决定中确定的污染物；

b）环境影响报告书（表）及其审批部门审批决定中未涉及，但属于实际生产可能产生的污染物；

c）环境影响报告书（表）及其审批部门审批决定中未涉及，但现行相关国家或地方污染物排放标准中有规定的污染物；

d）环境影响报告书（表）及其审批部门审批决定中未涉及，但现行国家总量控制规定的污染物；

e）其他影响环境质量的污染物，如调试过程中已造成环境污染的污染物，国家或地方生态环境部门提出的、可能影响当地环境质量、需要关注的污染物等。

d.验收监测频次

为使验收监测结果全面真实地反映建设项目污染物排放和环境保护设施的运行效果，采样频次应能充分反映污染物排放和环境保护设施的运行情况，因此，监测频次一般按以下原则确定：

a）对有明显生产周期、污染物稳定排放的建设项目，污染物的采样和监测频次一般为2~3个周期，每个周期3至多次（不应少于执行标准中规定的次数）；

b）对无明显生产周期、污染物稳定排放、连续生产的建设项目，废气采样和监测频次一般不少于2天、每天不少于3个样品；废水采样和监测频次一般不少于2天，每天不少于4次；厂界噪声监测一般不少于2天，每天不少于昼夜各1次；场所辐射监测运行和非运行两种状态下每个测点测试数据一般不少于5个；固体废物（液）采样一般不少于2天，每天不少于3个样品，分析每天的混合样，需要进行危废鉴别的，按照相关危废鉴别技术规范和标准执行；

c）对污染物排放不稳定的建设项目，应适当增加采样频次，以便能够反映污染物排放的实际情况；

d）对型号、功能相同的多个小型环境保护设施处理效率监测和污染物排放监测，可采用随机抽测方法进行。抽测的原则为：同样设施总数大于5个且小于20个的，随机抽测设施数量比例应不小于同样设施总数量的50%；同样设施总数大于20个的，随机抽测设施数量比例应不小于同样设施总数量的30%；

e）进行环境质量监测时，地表水和海水环境质量监测一般不少于2天、监测频次按相关监测技术规范并结合项目排放口废水排放规律确定；地下水监测一般不少于2天、每天不少于2次，采样方法按相关技术规范执行；环境空气质量监测一般不少于2天、采样时间按相关标准规范执行；环境噪声监测一般不少于2天、监测量及监测时间按相关标准规范执行；土壤环境质量监测至少布设3个采样点，每个采样点至少采集1个样品，采样点布设和样品采集方法按相关技术规范执行；

f）对设施处理效率的监测，可选择主要因子并适当减少监测频次，但应考虑处理周期并合理选择处理前、后的采样时间，对于不稳定排放的，应关注最高浓度排放时段。

⑤质量保证和质量控制要求

验收监测采样方法、监测分析方法、监测质量保证和质量控制要求均按照《排污单位自行监测技术指南 总则》（HJ 819—2017）执行。

⑥验收监测报告编制

编制验收监测报告在实施验收监测与核查后，对监测数据和核查结果进行分析、评价得出结论。结论应明确环境保护设施调试效果，包括污染物达标排放监测结果、主要污染物排放总量达标情况、环境保护设施去除效率监测结果；工程建设对环境的影响，其他环境保护设施落实情况等。

a.报告编制基本要求

验收监测报告编制应规范、全面，必须如实、客观、准确地反映建设项目对环境影响报告书（表）及审批部门审批决定要求的落实情况。

b.验收监测报告内容

验收监测报告内容应包括但不限于以下内容：验收项目概况、验收依据、工程建设情况、环境保护设施、环境影响评价结论与建议及审批部门审批决定、验收执行标准、验收监测内容、质量保证和质量控制、验收监测结果、验收监测结论、建设项目环境保护"三同时"竣工验收登记表等。

编制环境影响报告书的建设项目应编制建设项目竣工环境保护验收监测报告，编制环境影响报告书（表）的建设项目可视情况自行决定编制建设项目竣工环境保护验收监测报告书（表）。

重点内容参考《建设项目竣工环境保护验收技术规范 生态影响类》（HJ/T 394—2007）。

2.生态影响类

（1）验收准备阶段

重点收集环境影响评价文件、环境影响评价审批文件、工程资料及审批文件，并对上述资料进行分析，了解工程概况和项目建设区域的基本生态特征，明确环境影响评价文件和环境影响评价审批文件有关要求，制定初步调查工作方案。

①在收集、研阅资料的基础上，针对建设项目的建设内容、环境保护设施及措施情况进行现场调查；

②核实工程技术文件、资料的准确性，包括主体工程的完成及变更情况；

③逐一核实环境影响评价文件及环境影响评价审批文件要求的环境保护设施和措施的落实情况；

④调查工程影响区域内环境敏感目标情况，包括规模、与工程的位置关系、受影响情况等；

⑤核查工程实际环境影响情况及环境保护设施和措施的完成、运行情况；

⑥工程所在区域环境状况调查；

⑦环境保护管理机构和监测机构设置、人员配置及有关环境保护规章制度和档案建立情况。

（2）调查阶段

核查工程设计、建设变更情况及环境敏感目标变化情况，初步掌握环境影响评价文件和环境影响评价审批文件要求的环境保护措施落实情况、与主体工程配套的污染防治设施完成及运行情况和生态保护措施执行情况。调查的重点包括：

①核查实际工程内容及方案设计变更情况；

②环境敏感目标基本情况及变更情况；

③实际工程内容及方案设计变更造成的环境影响变化情况；

④环境影响评价制度及其他环境保护规章制度执行情况；

⑤环境影响评价文件及环境影响评价审批文件中提出的主要环境影响；

⑥环境质量和主要污染因子达标情况；

⑦环境保护设计文件、环境影响评价文件及环境影响评价审批文件中提出的环境保护措施落实情况及其效果、污染物排放总量控制要求落实情况、环境风险防范与应急措施落实情况及有效性；

⑧工程施工期和试运行期实际存在的及公众反映强烈的环境问题；

⑨验证环境影响评价文件对污染因子达标情况的预测结果；

⑩工程环境保护投资情况。

（3）编制实施方案阶段

实施方案的编制应以环境影响评价文件及环境影响评价审批文件为基础，根据准备阶段的收集、分析资料和初步调查的工作成果，确定调查工作内容、调查重点和调查深度，明确验收调查工作的具体方法和手段。实施方案一般应包括前言、综述、工程调查等内容，说明工程的建设过程和工程实际建设内容，重点明确工程与环境影响评价阶段的变化情况、环境影响报告书回顾、竣工验收调查内容、组织分工与实施进度、提交成果、经费概算及相关附件。

（4）详细调查阶段

调查工程建设期和运行期造成的实际环境影响，详细核查环境影响评价文件及初步设计文件提出的环境保护措施落实情况、运行情况、有效性和环境影响评价审批文件有关要求的执行情况。《建设项目竣工环境保护验收技术规范 生态影响类》（HJ/T 394—2007）对生态影响类竣工环境保护验收涉及的环境敏感目标调查、工程调查、环境保护措施落实情况调查、生态影响调查、水环境影响调查、大气环境影响调查、声环境影响调查、环境振动影响调查、电磁环境影响调查、固体废物影响调查、社会环境影响调查、清洁生产调查、风险事故防范及应急措施调查、环境管理状况及监控计划落实情况调查、公众意见调查的具体要求进行了详细说明。

（5）编制调查报告阶段

①调查报告应以环境影响评价文件、环境影响评价审批文件及设计文件、相关工程资料为依据，以现场调查数据、资料为基础，客观、公正地评价环境保护措施及效果，全面、准确地反映工程及工程对环境影响的范围和程度，明确提出环境保护的整改、补救措施，并给出工程竣工环境保护验收调查结论。

②应以工程建设环境保护措施落实及其效果和实际产生的环境影响（含直接与间接）为重点。

③环境影响评价文件的各项预测结果在验收调查报告中应有验证性结论，对

于生产能力（或交通量）＜75%的项目，应根据环境影响评价文件近期的设计能力（或交通量）对主要环境要素进行影响分析，并提出合理的环境保护措施与建议。

④应按建设项目工程和周围环境特点，选择下列部分或全部内容进行编制。主要包括前言、综述、工程调查、环境影响报告书（表）回顾、环境保护措施落实情况调查、环境影响调查、清洁生产调查、风险事故防范及应急措施调查、环境管理状况调查及监测计划落实情况调查、公众意见调查、调查结论与建议及相关附件。

重点内容参考《建设项目竣工环境保护验收技术规范 生态影响类》(HJ/T 394—2007)。

3.验收意见

验收报告编制完成后，建设单位应组织成立验收工作组。验收工作组由建设单位、设计单位、施工单位、环境影响报告书（表）编制机构、验收报告编制机构等单位代表和专业技术专家组成。

验收工作组应当严格依照国家有关法律法规、建设项目竣工环境保护验收技术规范、建设项目环境影响报告书（表）和审批决定等要求对建设项目配套建设的环境保护设施进行验收，形成验收意见。验收意见应当包括工程建设基本情况，工程变更情况、环境保护设施落实情况、环境保护设施调试效果和工程建设对环境的影响、验收存在的主要问题、验收结论和后续要求。

建设单位应当对验收工作组提出的问题进行整改，合格后方可出具验收合格的意见。建设项目配套建设的环境保护设施经验收合格后，其主体工程才可以投入生产或者使用。

4.验收公示

除按照国家规定需要保密的情形外，建设单位应当在出具验收合格的意见后5个工作日内，通过网站或者其他便于公众知悉的方式，依法向社会公开验收报告和验收意见，公示的期限不得少于20个工作日，验收报告公示期满后5个工作日内，建设单位应当登录全国建设项目竣工环境保护验收信息平台，填报建设项目基本信息、环境保护设施验收情况等相关信息，环境保护主管部门对上述信息予以公开。建设单位应当将验收报告以及其他档案资料存档备查。

5 运营阶段环境咨询服务

5.1 环保管家服务

5.1.1 概述

随着国家环境保护要求不断提高，环境保护相关的法律法规也越来越完善，环境保护是一项专业性、体系性较强的工作，技术要求较高，一般企业难以全面掌握和了解不同环境要素的专业知识，在这种情况下，环保管家服务应运而生。环保管家是由第三方专业环境保护公司提供的专项服务，通过环境管理工作调查、环境保护状况调查、建立环境基础档案、污染治理等方式，向服务对象提供专业化、定制化的环境保护服务，避免企业在运行阶段触及法律红线及环境保护处罚，提升管理效率，改善环境保护治理水平。

1.发展历程

国务院于2014年出台了《关于推行环境污染第三方治理的意见》（国办发〔2014〕69号，简称国办69号文），对第三方治理的推行工作提出了总体指导意见和要求，明确排污单位承担污染治理的主体责任。可依法委托第三方开展治理服务，依据与第三方治理单位签订的环境服务合同履行相应责任和义务。在环境污染治理公共设施和工业园区污染治理领域，鼓励政府作为第三方治理委托方，引入第三方治理单位，以工业园区等工业集聚区为突破口，对区内企业污水进行集中治理。

2016年4月，环境保护部发布的《关于积极发挥环境保护作用促进供给侧结构性改革的指导意见》（环大气〔2016〕45号）中指出：鼓励发展环境服务业。坚持污染者付费、损害者担责的原则，不断完善环境治理社会化、专业化服务管理制度。建立健全第三方运营服务标准、管理规范、绩效评估和激励机制，鼓励工业污染源治理第三方运营。推进环境咨询服务业发展，鼓励有条件的工业园区聘请第三方专业环保服务公司作为"环保管家"，向园区提供监测、监理、环保设施建设运营、污染治理等一体化环保服务和解决方案。开展环境监测服务社会化试点，大力推进环境监测服务主体多元化和服务方式多样化。在城镇污水处理、生活垃圾处理、危险废物处理处置、烟气脱硫脱硝除尘、工业污染治理、区域环境综合整治、城市黑臭水体治理、土壤污染治理与修复等领域，鼓励发展集投资融资、系统设计、设备成套、工程施工、调试运行、维护管理等一体化的环保服务总承包和环境治理特许经营模式。环保管家第一次作为专有名词被正式提出，进入社会视野。

2017年，环境保护部在《关于加强工业园区环境保护工作的指导意见（公开征求意见稿）》中提出，要推进市场化第三方环境服务，工业园区应充分利用市场，积极向社会购买专业化环境服务。鼓励有条件的园区管理机构聘请第三方专业环境保护服务公司作为园区"环保管家"，向园区提供环境监测、监理、环境保护设施建设运营、环境治理等环境保护一体化服务和解决方案。明确环境污染第三方治理各方责任，排污者承担治理费用，受委托的第三方治理企业按合同约定进行专业化治理，逐步建立起"排污者付费担责，第三方依约治理，政府指导监管"的治污新机制。

2.服务特点

1）全过程系统服务

环保管家服务可以为园区及企业提供项目前期环境咨询服务，项目建设期环境监理服务，项目运营期的环境保护治理设施安装服务、污染治理整改服务、污染治理设施运行维护、清洁生产审核等方面全过程环境管理与污染防治服务。

2）定制式合同服务

环保管家服务是以环境保护部门的监管需求和企业环境管理和防治的需求为服务方向，根据服务对象的实际需求对企业进行监测、监督、污染隐患排查或为企业提供环境咨询、环境隐患分析，排污许可管理，工程治理，环境保护设施运行，污染防治技术方案，清洁生产审核环境保护培训等。企业可以与第三方环境保护服务公司约定服务周期及服务内容，签订服务合同。

3）协同化服务

随着国家"简政放权"和"放管服"政策的落实，生态文明建设和改革的推进，环保管家服务从原来的环境影响评价、环境保护验收、污水处理运行等传统的服务项目，逐渐扩大到自行监测、排污许可证管理，污染物排放清单、固体废物与危险废物的识别与处置等方面，由一家公司牵头，发挥多家环境服务公司的特长，实行综合协同化合作。

4）共赢服务

生态环境主管部门、园区、企业需要的环境保护服务，除了传统的环境服务内容，如环境影响评价、第三方治理等，随着体制改革对监管能力的提升，园区和企业面对环境责任压力，排污许可证制，对企业建立自主环境管理体系要求等不断变化，环境管理和环境技术日趋专业。环保管家服务将更加高质量、专业化，成为政府、企业、第三方环境保护服务公司共赢的优质服务。

3.服务模式

环保管家服务范围涵盖广，第三方环境保护服务公司可以根据具体企业需求提供相关服务，第三方环境保护服务公司可提供的部分服务内容如下：

（1）污染源清单数据分析：污染源摸排调查，建立大气污染源排放清单，企业在环境保护设施运行、环境管理、污染物排放、环境监控等环节存在的问题，并针对存在的问题提出对策和建议。

（2）企业环境保护隐患排查：定期对企业进行巡查及污染排查，及时发现污染异常、环境隐患等问题，避免环境污染事件发生。

（3）制定污染源专项治理方案：针对企业制定的污染治理方案，推动地区重点工业源清洁生产及提标改造工程，削减污染排放水平；分析存在的主要污染问题，为空气质量达标提供落地的措施建议，实现企业污染物排放均达到相关标准。

（4）开展环境保护技术培训：针对企业相关管理人员等，定期组织环境保护培训宣传，包括：国家及地方环境保护法律法规、政策、标准解读；企业典型环境隐患分析和常见问题解答；突发环境事件应急处置，环境风险防控；企业环境违法案例解析；环境保护知识讲座和互动活动等。

第三方环境保护服务公司可为企业提供的服务模式包括：环境保护购买有偿服务模式，托管服务模式，隐患排查服务模式，环境保护诊断、咨询服务模式、项目合作技术服务模式等。

4.工作流程

1）收集资料

要收集企业的相关资料，包括企业名称、项目名称、位置、面积、产品及其规模、环境影响评价及验收执行情况、排污统计等。

2）现场调查

调查企业环境影响评价及批复的执行情况，是否出现环境违法行为，包括是否执行环境影响评价手续、是否建立环境管理制度、环境保护设施是否设置并连续稳定运行、污染物是否连续稳定达标排放、固体废物处置设施是否合理、危险化学品是否得到妥善管理。

3）解决方案及方案实施

针对发现的环境保护问题，与企业进行协商，提出针对性的解决方案，并协助企业实施解决方案解决相关环境保护问题。

4）后续管理

协助企业完成环境保护设施运营管理，环境监测、危险废物处置、企业环境报告等服务及日常管理。

5.1.2 服务内容

1.环境咨询服务

环境咨询服务的主要作用是运用科学的知识和经验，用科学的技术手法为政府部门和企业提供有关环境保护的咨询并进行解答、给予建议，从而促进环境保护事业的发展。环境咨询服务的主要内容包括：企业现有环境保护档案梳理、排污许可证证后管理、环境信息披露等内容。

1）现有环境保护档案梳理

全面系统梳理甲方已建和在建项目的环境保护相关手续，对项目的合法合规性进行评估，并提出整改建议。

对于企业拟扩建项目，依据《中华人民共和国环境影响评价法》《中华人民共和国水土保持法》《建设项目环境保护管理条例》和《建设项目竣工环境保护验收暂行办法》，开展建设项目环境保护"三同时"疑难问题咨询，协助相关项目环境保护"三同时"报告内审把关，查找分析项目审批和自验过程中存在的问题，对项目审批和自验过程中的重大疑难问题提供解决方案。

2）排污许可证证后管理

（1）协助企业办理排污许可证重新申请、变更、延续等业务；

（2）按照技术规范和相关行业规范，进一步规范填报申请排污许可证相关信息和内容；

（3）协助企业建立污染源监测数据记录、污染治理设施运行管理台账；

（4）根据企业实际运行和环境影响评价审批情况，为企业制定废气、废水和固体废物等污染物实际排放量核算技术方案；

（5）为企业制定符合规范要求的自行监测方案，并协助企业联系检测机构设置监测点位、确定监测指标及频次等工作；

（6）编制排污许可证年度执行报告，以及季度及月度执行报告等；

（7）协助企业对现有环境问题进行整改，以满足排污许可证现场核查要求。

3）环境信息披露

依据《企业环境信息依法披露管理办法》，协助企业完成环境信息披露，企业年度环境信息依法披露报告应当包括以下内容：

（1）企业基本信息，包括企业生产和生态环境保护等方面的基础信息；

（2）企业环境管理信息，包括生态环境行政许可、环境保护税、环境污染责任保险、环境保护信用评价等方面的信息；

（3）污染物产生、治理与排放信息，包括污染防治设施，污染物排放，有毒有害物质排放，工业固体废物和危险废物产生、贮存、流向、利用、处置，自行监测等方面的信息；

（4）碳排放信息，包括排放量、排放设施等方面的信息；

（5）生态环境应急信息，包括突发环境事件应急预案、重污染天气应急响应等方面的信息；

（6）生态环境违法信息；

（7）本年度临时环境信息依法披露情况；

（8）法律法规规定的其他环境信息。

2. 污染治理服务

1）废气治理技术

（1）颗粒污染物的治理技术

含尘气体中去除颗粒物的过程，是一个固气相混合物分离的过程，即气溶胶非均相混合物的分离，从气溶胶中除去有害无用的固体或液体颗粒物的技术称为除尘技术。除尘系统由集尘罩、管道、除尘器、风机、排气筒以及系统辅助装置组成。除尘器根据除尘机制分为四类。

①机械式除尘器。

机械式除尘器是通过质量力的作用达到除尘目的的除尘装置。质量力包括重力、惯性力和离心力，主要除尘器形式为重力沉降室、惯性除尘器和离心式除尘器等。

重力沉降室：是利用粉尘与气体的密度不同，使含尘气体中的尘粒依靠自身的重力从气流中自然沉降下来，达到净化目的的一种装置。

惯性除尘器：利用粉尘与气体在运动中的惯性力不同，使粉尘从气流中分离出来的方法为惯性除尘，常用方法是使含尘气流冲击在挡板上、气流方向发生急剧改变，气流中的尘粒惯性较大，不能随气流急剧转弯，便从气流中分离出来。

离心式除尘器：使含尘气流沿某一定方向作连续的旋转运动，粒子在随气流旋转中获得离心力，使粒子从气流中分离出来的装置为离心式除尘器，也称为旋风除尘器。

机械式除尘器造价比较低，维护管理方便，耐高温，耐腐蚀，适宜含湿量大的烟气，但对粒径5μm以下的尘粒去除率较低。当气体含尘浓度高时，这类除尘器可作为初级除尘，以减轻二级除尘的负荷。

重力沉降室适宜尘粒粒径较大（＞50μm）、要求除尘效率较低、场地足够大的情况；惯性除尘器适宜排气量较小、对除尘效率要求较低的场合；离心式除尘器是工业中应用较为广泛的除尘设备之一，通常情况下，离心式除尘器对5μm以上的尘粒除尘效率最高可达95%左右，因此，常作为二级除尘系统中的预除尘、气力输送系统中的卸料分离器和1~20t/h的小型锅炉烟气的处理使用。

②湿式除尘器。

湿式除尘也称为洗涤除尘。该方法是用液体（一般为水）洗涤含尘气体，使尘粒与液膜、液滴或气泡碰撞而被吸附，凝集变大，尘粒随液体排出，气体得到净化。作用机理包括惯性碰撞、扩散作用、凝聚作用、黏附。

湿式除尘器的特点：结构简单，造价低，除尘效率高，在处理高温、易燃、易爆气体时安全性好，在除尘的同时还可去除气体中的有害物。湿式除尘器的不足是用水量大，易产生腐蚀性液体，产生的废液或泥浆需进行处理，并可能造成二次污染。在寒冷地区和季节，易结冰。

③过滤式除尘器。

过滤式除尘是使含尘气体通过多孔滤料，把气体中的尘粒截留下来，使气体得到净化的方法。按滤尘方式有内部过滤与外部过滤两种。

袋式除尘器的特点：袋式除尘器除尘效率高达98%，能除掉微细尘粒，对处理气量变化的适应性强，最适宜处理有回收价值的细小颗粒物。

但袋式除尘器的投资比较高，允许使用的温度低，操作时气体的温度需高于露点温度，否则不仅会增加除尘器的阻力，甚至可能由于湿尘黏附在滤袋表面而使除尘器不能正常工作。

当尘粒浓度超过尘粒爆炸下限时，也不能使用袋滤式过滤器。袋滤式过滤器广泛应用于各种工业生产的除尘过程。

④静电除尘器。

原理：利用高压电场产生的静电力（库仑力）的作用实现固体粒子或液体粒子与气流分离的方法。含尘气体进入除尘器后，通过以下三个阶段实现尘气分离：粒子荷电、粒子沉降、粒子清除。

特点：静电除尘器已被广泛作为各种工业炉窑和火力发电站大型锅炉的除尘设

备，能处理高温、高湿烟气。它的除尘效率高，可达98%以上，压力损失低，运行费用较低，能满足环境保护要求的排放浓度；处理风量大，可达每小时数千至一二百万立方米；阻力较低，仅100~500Pa，且运行能耗低。但静电除尘器的结构复杂，初投资大，占地面积大，对操作、运行、维护管理都有较高的要求。

除尘装置的性能比较如表5-1所示。

除尘装置的性能比较 表5-1

类型	结构形式	处理粒径（μm）	除尘效率（%）	设备费用	运行费用
重力沉降室	沉降式	50~1000	40~60	小	小
惯性除尘器	烟囱式	10~100	50~70	小	小
离心式除尘器	旋风式	3~100	85~95	中	中
湿式除尘器	文丘里式	0.1~100	80~95	中	大
过滤式除尘器	袋式	0.1~20	90~99	中以上	中以上
静电除尘器	—	0.05~20	85~99.9	大	小－大

（2）气态污染物的治理技术

①SO_2废气的治理。

烟气脱硫技术分为干法、湿法和半干法，湿法烟气脱硫技术比较成熟，反应速度快，脱硫效率高，脱硫剂利用率高，生产运行安全可靠，但是湿法烟气脱硫存在一次性投资高、系统复杂、占地面积大、能耗高、设备腐蚀严重、废水难以处理等问题；干法烟气脱硫技术的脱硫吸收和产物处理均在干状态下进行，具有投资和运行费用较低、操作方便、能耗低、无污水处理系统、设备腐蚀小等优点，但是目前该方法吸收剂利用率低，脱硫效率较低，设备维护方面有较大难度；半干法是介于湿法和干法之间的一种脱硫方法，其脱硫效率低于湿法脱硫技术，半干法的特点是投资少、运行费用低、腐蚀性小、工艺可靠，但是也存在吸收剂利用率较低和吸收剂消耗量大的问题。

a.湿法烟气脱硫。

湿法烟气脱硫是指应用液体吸收剂，洗涤含二氧化硫烟气脱除烟气中的二氧化硫。湿法烟气脱硫工艺应用最多，主要有以下几种方法：

a）石灰石（石灰）-石膏法。

石灰石（石灰）-石膏法是目前世界上技术最成熟，实用业绩最多，运行状况最稳定的脱硫工艺，其突出的优点是：脱硫效率高（有的装置Ca/S=1时，脱硫效率大于90%）；吸收剂利用率高，可大于90%；设备运转率高（可达90%以上）。该法已有近30年的运行经验，而且石膏副产品可回收利用，也可抛弃处置。

b）其他碱性溶液法。

其他碱性溶液法主要有钠碱法、氨碱法、双碱法、氢氧化镁法等。

氨碱法：用氨水或亚硫酸铵溶液作吸收剂，吸收二氧化硫后形成亚硫酸铵－亚硫酸氢铵。将洗涤后的吸收液用酸分解（即酸化），得到二氧化硫和相应的铵盐，这就是氨酸法；将吸收液直接加工成亚硫酸铵产品，代替烧碱用于造纸行业，这就是氨－亚硫酸铵法。中国是粮食大国，也是化肥大国，氨碱法的产品本身是化肥，具有很好的应用价值。氨碱法脱硫率较高，采用两段吸收时，可使尾气中二氧化硫比降至百万分之一以下。

双碱法：用钠碱溶液或氨碱溶液吸收二氧化硫，所生成的溶液再次与碱（石灰乳或石灰石粉）反应，使所吸收的二氧化硫转化为不溶的$CaSO_4$，并使吸收液再生。此法用廉价的石灰石处理烟气，既经济又可避免湿式石灰－石灰石法中出现的堵塞问题。

c）海水吸收法。

海水吸收法：利用海水为脱硫剂，吸收二氧化硫。工艺和流程比较简单，主要由喷淋吸收塔和曝气池两大部分组成。烟气先在喷淋吸收塔内与海水反应，然后在曝气池中使海水得以恢复。此工艺无需脱硫剂的制备、添加，系统可靠，无废水、废料处理问题，具有投资少，运行费用低、脱硫率高等优点，其工艺主要由海水输送系统、烟气系统、二氧化硫吸收系统和海水水质恢复系统四大部分组成，受到各国的重视。

d）再生吸收法。

再生吸收法是把吸收后的吸收液经热再生后返回吸收过程循环使用的方法，再生出来的浓二氧化硫气体可加工成液体二氧化硫、硫磺或硫酸等，如亚硫酸钠法、碱式硫酸铝法、柠檬酸盐法等。这类方法在治理二氧化硫污染的同时，又达到了资源综合利用的目的，是很有推广应用前途的方法。

b.干法脱硫。

干法脱硫的工艺特点是：在无液相介入的完全干燥的状态下进行，反应产物为干粉状。目前，工业化方面应用的主要有荷电干式喷射脱硫法和等离子体法。

a）荷电干式喷射脱硫法。

荷电干式喷射脱硫法是一种新型干法脱硫技术，其核心是吸收剂[通常为$Ca(OH)_2$粉末]以高速通过高压静电电晕充电区，得到强大的静电荷（负电荷）后，被喷射到烟气流中，扩散形成均匀的悬浊状态。吸收剂粒子表面充分暴露，增加了与SO_2反应的机会，同时由于粒子表面的电晕增强了其活性，缩短了反应时间，有效提高了脱硫效率，其脱硫率一般在70%以上。

b）等离子体法。

等离子体法中利用高能电子使烟气中的SO_2、NO_x、H_2O、O_2等分子被激活、电离甚至裂解，产生大量离子及自由基等活性粒子，由于它们的强氧化性，使SO_2、NO_x被氧化，在注入氨的情况下，生成硫铵和硝铵化肥。根据高能电子的来源可分为电子束法和脉冲电晕等离子体法。

（a）电子束法：是一种不产生二次污染并能实现资源综合利用、极具竞争力的脱硫技术。它的主要特点是：工艺简单，可以同时高效脱硫和脱氮；整个脱硫过程不需要废水处理；反应副产品为硫酸铵和硝酸铵，它是生产复合化肥的原料；处理后炯气可直接排放；投资和运行费用低。

（b）脉冲电晕等离子体法：是从电子束烟气脱硫技术发展而来的，它是利用高能电子性能进行的SO_2脱除。从机理上看，脉冲高压电源在普通反应器中形成等离子体，产生高能电子，这些高能电子可电离、裂解烟气中的H_2O和O_2等，产生大量的氧化活性粒子，活性粒子与SO_2分子经过一系列复杂的化学反应生成SO_3，并很快与烟气中的水反应生成硫酸。在添加氨的条件下，生成硫酸铵，由收集器收集作为优质化肥。由于脉冲电晕等离子体法只需提高电子温度而不必提高离子温度，故能量效率比电子束法提高2倍。该反应在普通反应器中就能进行而不需昂贵的电子加速器，故其投资费用仅是电子束法的60%。

②NO_x废气治理。

氮氧化物末端治理技术可采用选择性非催化还原法（SNCR）、选择性催化还原法（SCR）（表5-2）。在催化剂的作用下，用还原剂将废气中的NO_x还原为无害的N_2和H_2O的方法称为催化还原法。

a.选择性非催化还原法。

在不用催化剂的情况下，还原剂与废气中的NO_x与O_2发生反应。该法由于存在着与O_2的反应过程，放热量大，因此在反应中必须使还原剂过量并严格控制废气中的氧含量。

氨为还原剂：$NH_3 + NO_x \rightarrow N_2 + H_2O$

尿素为还原剂：$CO(NH_2)_2 \rightarrow 2NH_2 + CONH_2 + NO_x \rightarrow N_2 + H_2O$

$CO + NO_x \rightarrow N_2 + CO_2$

SNCR 与 SCR 技术比较　　　　　　　　　　　　表 5-2

内容	SNCR	SCR
还原剂	尿素或 NH_3	NH_3 或尿素
反应温度	850~1250℃	320~400℃
催化剂	不使用催化剂	TiO_2，V_2O_5，WO_3
脱硝效率	30%~50%	70%~90%
反应剂喷射位置	通常为炉膛内喷射	多选择于省煤器与 SCR 反应器间烟道内
SO_2/SO_3 氧化	不导致 SO_2/SO_3 氧化	会导致 SO_2/SO_3 氧化
NH_3 逃逸	5~10ppm	＜3ppm
占地空间	小（锅炉无需增加催化剂反应器）	大（需增加大型催化剂反应器和供氨或尿素系统）
投资成本（元/kW）	50	250

b. 选择性催化还原法。

在催化剂的作用下，还原剂选择性地与废气中的 NO_x 发生反应，而不与废气中的 O_2 发生反应。废气中的二氧化氮（NO_2）和一氧化氮（NO）被还原剂还原为氮气。常用的还原剂气体为 NH_3。

③ VOCs 有机废气的治理。

挥发性有机物：是指在室温下饱和蒸汽压大于 70.91Pa，常压下沸点小于 260℃的有机化合物。主要包括烷烃类、芳烃类、烯烃类、卤烃类、酯类、醛类、醇类、酮类和其他有机化合物。常用的净化方法是吸收法、吸附法、燃烧法及催化燃烧法。用的最多的是蓄热式催化氧化法和活性炭吸附法。

a. 吸附法。

吸附法是利用各种固体吸附剂（如活性炭、活性炭纤维、分子筛等）对排放废气中的污染物进行吸附净化的方法。具体的吸附技术主要包括固定床吸附技术、移动床（含转轮）吸附技术、流化床吸附技术和变压吸附技术等；吸附设备可以分为固定床、移动床和流化床吸附器三种。

b. 蓄热式催化氧化法（RCO）。

蓄热式催化氧化法是在催化氧化的基础发展起来的国际先进技术，主要采用了先进的热交换设计技术、高效催化剂和新型陶瓷蓄热材料。

RCO 处理技术特别适用于热回收率需求高，且无其他过程可利用作为热交换回收程序；适用于同一生产线上，因产品不同，废气成分经常发生变化或废气浓度波动较大的场合。

应用行业包括石油、化工、橡胶、油漆、涂装、家具、印制铁罐、印刷等行业中产生的中高浓度有机废气的净化处理，可处理的有机物质种类包括苯类、酮类、酯类、酚类、醛类、醇类、醚类和烃类等。

c. 蓄热式热力燃烧净化器（RTO）。

蓄热式热力燃烧净化器（RTO）工作原理是在热焚烧装置中加入蓄热式交换器，进入焚烧装置的废气首先进入热交换器进行预热至750℃左右，在燃烧室加热升温至800℃左右，使废气中的VOC氧化分解成二氧化碳和水。氧化产生的高温气体流经特制的陶瓷蓄热体，使陶瓷体升温而"蓄热"，此"蓄热"用于预热后续进入的有机废气，从而节省废气升温的燃料消耗。RTO属于高效的有机废气治理设备，与传统的催化燃烧、直燃式热氧化炉（TO）相比，具有有机物去除率高、运行成本低、能处理大风量低浓度废气等特点，浓度稍高时还可进行二次余热回收，大大降低生产运营成本。

2）废水污染治理

（1）废水处理工程分类

按处理程度划分，废水处理可分为一级、二级和三级处理。

一级处理，主要去除污水中呈悬浮状态的固体污染物质，物理处理法大部分只能完成一级处理的要求。经过一级处理的污水，有机污染物质（BOD）一般可去除30%左右，达不到排放标准。一级处理属于二级处理的预处理。

二级处理，主要去除污水中呈胶体和溶解状态的有机污染物质（BOD、COD物质），去除率可达90%以上，使有机污染物达到排放标准。

三级处理，进一步处理难降解的有机物、氮和磷等能够导致水体富营养化的可溶性无机物等。

通过粗格栅的原污水经过污水提升泵提升后，经过格栅或者砂滤器，之后进入沉砂池，经过砂水分离的污水进入初次沉淀池，以上为一级处理（即物理处理）；初沉池的出水进入生物处理设备，有活性污泥法和生物膜法，（其中活性污泥法的反应器有曝气池，氧化沟等，生物膜法包括生物滤池、生物转盘、生物接触氧化法和生物流化床），生物处理设备的出水进入二次沉淀池，二次沉淀池的出水经过消毒排放或者进入三级处理，一级处理结束到此为二级处理；三级处理包括生物脱氮除磷法、混凝沉淀法、砂滤法、活性炭吸附法、离子交换法和电渗析法。二次沉淀池的污泥一部分回流至初次沉淀池或者生物处理设备，一部分进入污泥浓缩池，之后进入污泥消化池，经过脱水和干燥设备后，污泥被最后利用。

（2）处理工艺介绍

常规活性污泥法是目前应用较普遍的处理技术，又称普遍活性污泥法或传统活性污泥法，适合于食品、酿造、石油化工、城市生活污水等含有机物高的污水处理。工艺上采用沉淀、过滤、曝气和二次沉淀，曝气池和二次沉淀池是主要装置。运行条件是：供给充足的氧，适当的温度10℃~50℃，养料，pH值6~9，BOD_5、氮、磷成一定比例，污水中毒物在细菌能承受的范围内。

常规活性污泥法的优点是对不同性质的污水适应性强，建设费用较低。常规活性污泥法的缺点是运行稳定性差，容易发生污泥膨胀和污泥流失，分离效果不够理想。常规活性污泥法的分类：传统活性污泥法和它的改进型AO工艺法、AAO工艺法，氧化沟工艺法，SBR工艺法。

①AO工艺法。

AO工艺法也叫厌氧好氧工艺法，A（Anacrobic）是厌氧段，用于脱氮除磷；O（Oxic）是好氧段，用于去除水中的有机物，流程图如图5-1所示。

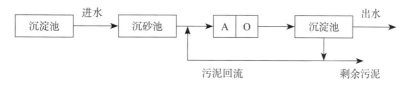

图5-1　AO工艺法流程

优点：

a.系统简单、运行费低、占地小。

b.以原污水中的含碳有机物和内源代谢产物为碳源，节省了投加外碳源的费用。

c.好氧池在后，可进一步去除有机物。

d.缺氧池在先，由于反硝化消耗了部分碳源有机物，可减轻好氧池负荷。

e.反硝化产生的碱度可补偿硝化过程对碱度的消耗。

②AAO工艺法。

AAO工艺法又称A2O工艺法，是英文Anaerobic-Anoxic-Oxic第一个字母的简称（厌氧-缺氧-好氧法），是一种常用的污水处理工艺，可用于二级污水处理或三级污水处理以及中水回用，具有良好的脱氮除磷效果，流程图如图5-2所示。

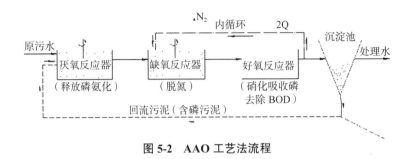

图 5-2　AAO 工艺法流程

优点：

a.本工艺在系统上可以称为最简单的同步脱氮除磷工艺，总水力停留时间少于其他类工艺。

b.在厌氧（缺氧）、好氧交替运行条件下，丝状菌不能大量增殖，不易发生污泥丝状膨胀，SVI值一般小于100。

c.污泥含磷高，具有较高肥效。

d.运行中无需投药，两个A段只用轻轻搅拌，以不增加溶解氧为度，运行费用低。

③氧化沟工艺法。

氧化沟工艺法是活性污泥法的一种变型，其曝气池呈封闭的沟渠型，所以它在水力流态上不同于传统的活性污泥法，它是一种首尾相连的循环流曝气沟渠，污水渗入其中得到净化，最早的氧化沟渠不是由钢筋混凝土建成的，而是加以护坡处理的土沟渠，是间歇进水间歇曝气的，从这一点上来说，氧化沟最早是以序批方式处理污水的技术，流程图如图5-3所示。

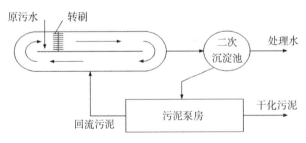

图 5-3　氧化沟工艺法流程

优点：

氧化沟工艺法除具有一般活性污泥法的优点外，还具有许多独特的性质：

a.流程简化，一般不需设初次沉淀池。氧化沟水力停留时间和污泥龄较长，有机物去除较为彻底，剩余污泥高度稳定，污泥一般不需厌氧消化。

b.氧化沟具有推流特性，因此沿池长方向具有溶解氧梯度，分别形成好氧、缺氧和厌氧区。通过合理设计和控制可使N和P得到较好的去除。

c.操控灵活，如曝气强度可以通过调节转速或通过出水溢流堰改变曝气机的淹没深度；可实现交替式氧化沟各沟间交替运行的动态控制等。

d.在技术上具有净化程度高、耐冲击、运行稳定可靠、操作简单、运行管理方便、维修简单、投资少、能耗低等特点。

④SBR工艺法。

SBR工艺法是序列间歇式活性污泥法的简称，是一种按间歇曝气方式来运行的活性污泥污水处理技术，又称序批式活性污泥法，流程图如图5-4所示。

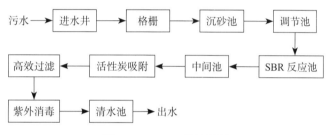

图5-4 SBR工艺法流程

SBR工艺法能有效地去除废水中的有机物及其氮磷元素，适用于市政污水和中低浓度的工业废水处理。目前，SBR工艺法已在国内外广泛应用，主要应用城市污水及其味精、啤酒、制药、焦化、餐饮、造纸、印染、洗涤、屠宰等工业废水的处理。

SBR工艺法技术的核心是SBR反应池，该池集均化、初次沉淀、生物降解、二次沉淀等功能于一池，无污泥回流系统。

优点：

a.工艺简单，节省费用。

b.理想的推流过程使生化反应推力大、效率高。

c.运行方式灵活，脱氮除磷效果好。

d.防治污泥膨胀的最好工艺。

e.耐冲击负荷、处理能力强。

3.环境隐患排查服务

《工业污染源现场检查技术规范》（HJ 606—2011）规定了工业污染源现场检

查的准备工作、主要内容及技术要点。适用于各级环境保护主管部门的工业污染源现场检查工作，第三方环境保护服务公司企业环境隐患排查可参照执行。

（1）污染源检查

①环境管理手续检查。

检查企业的环境影响评价审批和验收手续是否齐全、有效，检查排污者是否曾有被处罚记录以及处罚决定的执行情况。

②生产设施。

排污者的工艺、设备及生产状况，是否有国家规定淘汰的工艺、设备和技术，了解污染物的来源、产生规模、排污去向，具体内容应包括：

原辅材料、中间产品、产品的类型、数量及特性等情况；生产工艺、设备及运行情况；原辅材料、中间产品、产品的贮存场所与输移过程；生产变动情况。

③污染治理设施检查。

了解排污者拥有污染治理设施的类型、数量、性能和污染治理工艺，检查是否符合环境影响评价文件的要求；检查污染治理设施管理维护情况、运行情况、运行记录，是否存在停运或不正常运行情况，是否按规程操作；检查污染物处理量、处理率及处理达标率，有无违法、违章的行为。

④污染源自动监控系统检查。

按照《污染源自动监控管理办法》等法规的要求，检查污染源自动监控系统。

⑤污染物排放情况检查。

检查污染物排放口（源）的类型、数量、位置的设置是否规范，是否有暗管排污等偷排行为。

检查排放口（源）排放污染物的种类、数量、浓度、排放方式等是否满足国家或地方污染物排放标准的要求。

检查排污者是否按照《环境保护图形标志 排放口（源）》（GB 15562.1—1995）、《环境保护图形标志 固体废物贮存（处置）场》（GB 15562.2—1995）以及《〈环境保护图形标志〉实施细则（试行）》（环监〔1996〕463号）的规定，设置环境保护图形标志。

⑥环境应急管理检查。

开展现场环境事故隐患排查及其治理情况监察；检查排污者是否编制和及时修订突发性环境事件应急预案；应急预案是否具有可操作性；是否按预案配置应急处置设施和落实应急处置物资；是否定期开展应急预案演练。

（2）水污染源现场检查

①水污染防治设施。

a.设施的运行状态。检查水污染防治设施的运行状态及运行管理情况，是否存在不正常使用、擅自拆除或者闲置的情况。排污者有下列行为之一的，可以认定为"不正常使用"污染防治设施：

将部分或全部废水不经过处理设施，直接排入环境；

通过埋设暗管或者其他隐蔽排放的方式，将废水不经处理而排入环境；

非紧急情况下开启污染物处理设施的应急排放阀门，将部分或全部废水直接排入环境；

将未经处理的废水从污染物处理设施的中间工序引出直接排入环境；

将部分污染物处理设施短期或者长期停止运行；

违反操作规程使用污染物处理设施，致使处理设施不能正常发挥处理作用；

污染物处理设施发生故障后，排污者不及时或者不按规程进行检查和维修，致使处理设施不能正常发挥处理作用；

违反污染物处理设施正常运行所需的条件，致使处理设施不能正常运行的其他情形。

b.设施的历史运行情况。检查设施的历史运行记录，结合记录中的运行时间、处理水量、能耗、药耗等数据，综合判断历史运行记录的真实性，确定水污染防治设施的历史运行情况。

c.处理能力及处理水量。检查计量装置是否完备；处理能力是否能够满足处理水量的需要。

核定处理水量与生产系统产生的水量是否相符。如处理水量低于应处理水量，应检查未处理废水的排放去向。

检查是否按照规定安装了计量装置和污染物自动监控设备，其运行是否正常；检查污水计量装置是否按时计量检定，是否在检定有效期内。

d.废水的分质管理。检查对于含不同种类和浓度污染物的废水，是否进行必要的分质管理。

对于污染物排放标准规定必须在生产车间或设施废水排放口采样监测的污染物，检查排污者是否在车间或车间污水处理设施排放口设置了采样监测点，是否在车间处理达标，是否将污染物在处理达标之前与其他废水混合稀释。

e.处理效果。检查主要污染物的去除率是否达到了设计规定的水平，处理后的水质是否达到了相关污染物排放标准的要求。

f.污泥处理、处置。检查废水处理中排出的污泥产生量和污水处理量是否匹配，污泥的堆放是否规范，是否得到及时、有效的处置，是否产生二次污染。

②污水排放口。

a.检查污水排放口的位置是否符合规定。是否位于国务院、国务院有关部门和省、自治区、直辖市人民政府规定的风景名胜区、自然保护区、饮用水水源保护区以及其他需要特别保护的区域内。

b.检查排污者的污水排放口数量是否符合相关规定。

c.检查是否按照相关污染物排放标准、《地表水和污水监测技术规范》（HJ/T 91—2002）、《固定污染源监测质量保证与质量控制技术规范（试行）》（HJ/T 373—2007）的规定设置了监测采样点。

d.检查是否设置了规范的便于测量流量、流速的测流段。

③排水量复核。

a.有流量计和污染源监控设备的，检查运行记录。

b.有给水计量装置的或有上水消耗凭证的，根据耗水量计算排水量。

c.无计量数及有效的用水量凭证的，参照国家有关标准、手册给出的同类企业用水排水系数进行估算。

d.排放水质。检查排放废水水质是否达到国家或地方污染物排放标准的要求。检查监测仪器、仪表、设备的型号和规格以及检定、校验情况，检查采用的监测分析方法和水质监测记录。如有必要可进行现场监测或采样。

④排水分流。

检查排污单位是否实行清污分流、雨污分流。

⑤事故废水应急处置设施。

检查排污企业的事故废水应急处置设施是否完备，是否可以保障对发生环境污染事故时产生的废水实施截流、贮存及处理。

（3）大气污染源现场检查

①燃烧废气。

a.检查燃烧设备的审验手续及性能指标。了解锅炉的性能指标是否符合相关标准和产业政策；检查环境保护设备的配套状况及环境保护审批、验收手续。

b.检查燃烧设备的运行状况。检查除尘设备的运行状况，干清除是否漏气或堵塞，湿清除灰水的色泽和流量是否正常；检查灰水及灰渣的去向，防止二次污染。

c.检查二氧化硫的控制。检查燃烧设备的设置、使用是否符合相关政策要求，用煤的含硫量是否符合国家规定，是否建有脱硫装置以及脱硫装置的运行情况、运行效率。

d.检查氮氧化物的控制。检查是否采取了控制氮氧化物排放的技术和设施。

②工艺废气、粉尘和恶臭污染源。

a.检查废气、粉尘和恶臭排放是否符合相关污染物排放标准的要求。

b.检查可燃性气体的回收利用情况。

c.检查可散发有毒、有害气体和粉尘的运输、装卸、贮存的环境保护防护措施。

③大气污染防治设施。

a.除尘系统。除尘器是否得到较好的维护，保持密封性；除尘设施产生的废水、废渣是否得到妥善处理、处置，避免二次污染。

b.脱硫系统。检查是否对旁路挡板实行铅封，增压风机电流等关键环节是否正常；检查脱硫设施的历史运行记录，结合记录中的运行时间、能耗、材料消耗、副产品产生量等数据，综合判断历史运行记录的真实性，确定脱硫设施的历史运行情况；检查脱硫设施产生的废水、废渣是否得到妥善处理、处置，避免二次污染。

c.其他气态污染物净化系统。检查废气收集系统效果；检查净化系统运行是否正常；检查气体排放口主要污染物的排放是否符合国家或地方标准；检查处理中产生的废水和废渣的处理、处置情况。

④废气排放口。

a.检查排污者是否在禁止设置新建排气筒的区域内新建排气筒。

b.检查排气筒高度是否符合国家或地方污染物排放标准的规定。

c.检查废气排气通道上是否设置采样孔和采样监测平台。有污染物处理、净化设施的，应在其进出口分别设置采样孔。采样孔、采样监测平台的设置应当符合《固定源废气监测技术规范》（HJ/T 397—2007）的要求。

⑤无组织排放源。

a.对于无组织排放有毒有害气体、粉尘、烟尘的排放点，有条件做到有组织排放的，检查排污单位是否进行了整治，实行有组织排放。

b.检查煤场、料场、货场的扬尘和建筑生产过程中的扬尘，是否按要求采取了防治扬尘污染的措施或设置防扬尘设备。

c.在企业边界进行监测，检查无组织排放是否符合相关环境保护标准的要求。

（4）固体废物污染源现场检查

①固体废物来源。

固体废物的种类、数量、理化性质、产生方式。根据《国家危险废物名录（2021年版）》或《危险废物鉴别标准 通则》（GB 5085.7—2019）确定生产中危险废物的种类及数量。

②固体废物贮存与处理处置。

a.检查排污者是否在自然保护区、风景名胜区、饮用水水源保护区、基本农田保护区和其他需要特别保护的区域内，建设工业固体废物集中贮存、处置的设施、场所和生活垃圾填埋场。

b.检查固体废物贮存设施或贮存场是否设置了符合环境保护要求的设施，如防渗漏措施是否齐全，是否设置人造或天然衬里，配备浸出液收集、处理装置等。

c.对于临时性固体废物贮存、堆放场所，检查是否采取了适当的环境保护措施。

d.对于危险废物的处理处置，检查是否取得相应资质；是否设置了专用贮存场所，是否设置明显的标志，边界是否采取了封闭措施，是否有防扬散、防流失、防渗漏等防治措施；是否符合《危险废物贮存污染控制标准》（GB 18597—2023）的要求。

e.检查排污者是否向江河、湖泊、运河、渠道、水库及其最高水位线以下的滩地和岸坡等法律法规规定禁止倾倒废弃物的地点倾倒固体废物。

③固体废物转移。

a.对于发生固体废物转移的情况，检查固体废物转移手续是否完备。转移固体废物出省、自治区、直辖市行政区域贮存、处置的，是否由移出地的省、自治区、直辖市人民政府环境保护主管部门商经接受地的省、自治区、直辖市人民政府环境保护主管部门同意。

b.转移危险废物的，是否填写危险废物转移联单，并经移出地设区的市级以上地方人民政府环境保护主管部门商经接受地设区的市级以上地方人民政府环境保护主管部门同意。

（5）噪声污染源现场检查

①产噪设备。

了解产噪设备是否为国家禁止生产、销售、进口、使用的淘汰产品；检查产噪设备的布局和管理。

②噪声控制与防治设备。

检查噪声控制与防治设备是否完好，是否按要求使用，管理是否规范，有无擅自拆除或闲置。

③噪声排放。

根据国家环境保护标准的要求，进行现场监测，确定噪声排放是否达标。

4.环境监测服务

（1）服务内容

环保管家服务可以根据企业监测需求提供监测服务，环境监测服务范围包括：

①排污单位污染源监测。

为排污单位提供监测方案制定、现场污染监测、监测质量保证和质量控制、出具监测报告等基本内容。

②环境影响评价现状监测、竣工验收调查监测、排污许可自行监测。

为排污单位提供环境影响评价现状监测及竣工环境保护验收需要的各项环境监测服务。新项目首次许可量依据环境影响评价文件及批复要求确定，无要求的按照执行的排放标准要求为依据采用规范推荐的排放绩效法来确定许可排放量。对于老项目，尤其是未安装在线监测设备或日常监测数据缺失的，实践过程中也多以排放绩效法来确定许可排放量。需要通过监测数据来验证许可量是否合适，验收监测的数据既可以为许可证到期换发时许可量是否需要调整提供依据，又可以为排放绩效法相关系数的优化调整提供支持。

③源追溯监测。

源追溯监测，是指对某个区域或流域内的固定污染源进行污染源排放形态及规律的监测和分析，通过源追溯监测可以有针对性地明确应当减排的企业类型甚至企业名称、污染物种类和减排量值。

④环境质量自动监测站和污染源自动监测设施的运行维护。

第三方运维公司分别受企业委托，负责自动监测站的运营和维护，保障监测数据质量，保证设施正常运行的活动。

⑤固体废物和危险废物鉴别等监测。

《危险废物鉴别工作指南（试行）（征求意见稿）》主要介绍如何进行危险废物的鉴别工作和相关的工作程序，并明确：从事危险废物鉴别工作的单位应具备必备条件（固体废物危险特性相关的分析检测工作应由鉴别单位或其委托的通过中国计量认证且具备相关危险特性检测能力的检测单位开展）。

（2）监测内容

①污染物排放监测。

污染物排放监测包括废气污染物（以有组织或无组织形式排入环境）、废水污染物（直接排入环境或排入公共污水处理系统）及噪声污染等。

②周边环境质量影响监测

污染物排放标准、环境影响评价文件及其批复或其他环境管理有明确要求的，排污单位应按照要求对其周边相应的空气、地表水、地下水、土壤等环境质量开展监测；其他排污单位根据实际情况确定是否开展周边环境质量影响监测。

③关键工艺参数监测。

在某些情况下，可以通过对与污染物产生和排放密切相关的关键工艺参数进行测试以补充污染物排放监测。

④污染治理设施处理效果监测。

若污染物排放标准等环境管理文件对污染治理设施有特别要求的，或排污单位认为有必要的，应对污染治理设施处理效果进行监测。

5.环境保护第三方培训服务

环境保护第三方培训服务对于企业是极为重要的，通过培训首先可以提高各级环境保护干部和职工环境保护意识，树立生态文明理念，了解环境保护方针、政策、产业发展政策，了解最新的环境法律法规、环境标准、环境技术规范的要求和发展，减少环境违法的风险。其次，环境保护第三方培训可以提高各级环境保护干部和职工对于环境保护管理制度（法律制度）、单位企业内部环境管理制度、岗位责任制度的理解，规范各级环境保护部门和环境保护工作岗位的工作。最后，许多环境保护部门和企业环境保护机构需要对员工进行安全、环境风险源管理、危险废物管理、环境监测、环境保护设施、节能减排技术要求、环境管理体系标准实施的技术要求和技术操作的培训，以提高各级环境保护机构人员的技术能力和技术职业素质。

环境保护第三方培训可根据需求选择如下内容：国家及地方生态环境保护法律法规、政策、标准解读；企业典型环境隐患分析和常见问题解答；企业环境违法案例解析；环境保护知识讲座和宣传活动等。

（1）生态环境法律法规类培训

培训内容主要包括环境法律法规、环境政策、生态文明建设理念、绿色发展理念、环境保护任务、环境责任、环境风险等方面。例如：

《中华人民共和国环境保护法》；

《中华人民共和国水土保持法》；

《中华人民共和国大气污染防治法》；

《中华人民共和国可再生能源法》；

《中华人民共和国水法》；

《中华人民共和国水污染防治法》；

《中华人民共和国海洋环境保护法》；

《中华人民共和国土壤污染防治法》；

《中华人民共和国大气污染防治法》；

《中华人民共和国节约能源法》；

《中华人民共和国循环经济促进法》；

《中华人民共和国环境保护税法》；

《中华人民共和国环境影响评价法》；

《中华人民共和国清洁生产促进法》；

《中华人民共和国固体废物污染环境防治法》；

《中华人民共和国噪声防治法》；

《中华人民共和国野生动物保护法》；

《国务院关于印发大气污染防治行动计划的通知》（国发〔2013〕37号）；

《国务院关于印发水污染防治行动计划的通知》（国发〔2015〕17号）；

《国务院关于印发土壤污染防治行动计划的通知》（国发〔2016〕31号）；

《国家危险废物名录》。

（2）环境管理类培训

培训内容主要包括企业运行过程中的环境管理方向的培训，例如：

企业排污许可证管理；

在线监测设施运行与管理技术；

环境影响评价与建设项目验收；

企业清洁生产审核与评价；

企业环境管理；

工业行业排污许可证申请核发技术；

企业环境管理体系；

环境工程监理；

清洁生产技术；

企业典型环境隐患分析和常见问题解答；

突发环境事件应急处置；

环境风险防控；

企业环境违法案例解析；

中央生态环境保护督察案例分析。

（3）污染治理方向培训

污染治理方向培训主要内容包括：

废水治理技术；

危险废物规范化管理和处理处置技术；

固体废物处置利用技术；

废水治理技术；

VOC处置核算技术；

环境风险与环境应急；

企业污染隐患排查技术；

污染治理可行技术规范解读；

污染源污染核算技术；

土壤检测与修复。

5.2 突发环境事件应急预案服务

5.2.1 概述

《中华人民共和国环境保护法》规定，企业事业单位应当按照国家有关规定制定突发环境事件应急预案，报环境保护主管部门和有关部门备案。

2015年，环境保护部发布了《企业事业单位突发环境事件应急预案备案管理办法（试行）》（环发〔2015〕4号）的通知，通知中提出：环境应急预案，是指企业为了在应对各类事故、自然灾害时，采取紧急措施，避免或最大程度减少污染物或其他有毒有害物质进入厂界外大气、水体、土壤等环境介质，而预先制定的工作方案。

1.服务对象

（1）可能发生突发环境事件的污染物排放企业，包括污水、生活垃圾集中处设施的运营企业；

（2）生产、储存、运输、使用危险化学品的企业；

（3）产生、收集、贮存、运输、利用、处置危险废物的企业；

（4）尾矿库企业，包括湿式堆存工业废渣库、电厂灰渣库企业；

（5）其他应当纳入适用范围的企业。

省级生态环境主管部门可以根据实际情况，发布应当依法进行环境应急预案备案的企业名录。

同时，鼓励其他企业制定单独的环境应急预案，或在突发事件应急预案中制定环境应急预案专章，并落实备案工作。鼓励可能造成突发环境事件的工程建设、影视拍摄和文化体育等群众性集会活动主办企业，制定单独的环境应急预案，或在突发事件应急预案中制定环境应急预案专章，并落实备案工作。

2.责任主体

企业是制定环境应急预案的责任主体，根据应对突发环境事件的需要，开展环境应急预案制定工作，对环境应急预案内容的真实性和可操作性负责，若委托相关专业技术服务机构编制环境应急预案，企业应指定有关人员全程参与。

环境应急预案需要体现自救互救、信息报告和先期处置的特点，重点明确现场组织指挥机制、应急队伍分工、信息报告、监测预警、不同情景下的应对流程和措施、应急资源保障等内容。

经过评估确定为较大以上环境风险的企业，可以结合经营性质、规模、组织体系和环境风险状况、应急资源状况，按照环境应急综合预案、环境应急专项预案和环境应急现场处置预案的模式建立环境应急预案体系。环境应急综合预案体现战略性，环境应急专项预案体现战术性，环境应急现场处置预案体现操作性。

5.2.2 环境应急预案编制流程

（1）成立环境应急预案编制工作小组，吸收有关部门和单位人员、有关专家及有应急处置工作经验的人员参加，明确编制组组长和成员组成、工作任务、编制计划和经费预算。编制工作小组组长由环境应急预案编制单位有关负责人担任。

（2）开展环境风险评估、应急资源调查和案例分析。环境风险评估主要是识别突发事件风险及其可能产生的后果和次生（衍生）灾害事件，评估可能造成的危害程度和影响范围等，包括但不限于：分析各类事故演化规律、自然灾害影响程度，识别环境危害因素，分析与周边可能受影响的居民、单位、区域环境的关系，构建突发环境事件及其后果情景，确定环境风险等级。应急资源调查主要是全面调查本地区、本单位应对突发事件可用的应急救援队伍、物资装备、场所和通过改造可以利用的应急资源状况，合作区域内可以请求援助的应急资源状况，重要基础设施容灾保障及备用状况，以及可以通过潜力转换提供应急资源的状况，为制定应急响应措施提供依据。必要时，也可根据突发事件应对需要，对本地区相关单位和居民所掌握的应急资源情况进行调查。案例分析主要是对典型突发事件的发生演化规律、造成的后果和处置救援等情况进行复盘研究，必要时构建突发事件情景，总结经验教训，明确应对流程、职责任务和应对措施，为制定环境应急预案提供参考借鉴。

（3）编制环境应急预案。重点说明可能的突发环境事件情景下需要采取的处置措施、向可能受影响的居民和单位通报的内容与方式、向环境保护主管部门和有关部门报告的内容与方式，以及与政府预案的衔接方式，形成环境应急预案。编制过程中，应根据法律法规要求或实际需要，征求相关公民、法人或其他组织的意见。

（4）评审和演练环境应急预案。企业组织专家和可能受影响的居民、单位代表对环境应急预案进行评审，开展演练进行检验。评审专家一般应包括环境应急预案涉及的相关政府管理部门人员、相关行业协会代表、具有相关领域经验的人员等。

（5）签署发布环境应急预案。环境应急预案经企业有关会议审议，由企业主要负责人签署发布。

5.2.3 环境应急预案内容及评审

（1）环境应急预案的内容

突发环境事件应急预案由四份文件组成，分别为环境应急预案编制说明、环境应急预案、环境风险评估报告、环境应急资源调查报告（表）。

①环境应急预案编制说明。

阐述说清预案编修过程，包括成立环境应急预案编制工作组，开展环境风险评估和环境应急资源调查，征求关键岗位员工和可能受影响的居民、单位代表的意见，组织对预案内容进行推演等。同时，配合建议清单，说明采纳情况及未采纳理由；演练暴露问题清单及解决措施，需体现在预案中。

②环境应急预案。

环境应急预案编制的目的是规范事发后的应对工作，提高事件应对能力，避免或减轻事件影响，加强企业与政府应对工作衔接，内容上应明确预案适用的主体（组织实施预案的责任单位）、地理或管理范围（主体及周边环境敏感区域）、事件类别（如生产废水事故排放、化学品泄漏、燃烧或爆炸次生环境事件等）、工作内容（预警、处置、监测等），还要符合国家有关规定和要求，结合本单位实际，体现救人第一、环境优先，先期处置、防止危害扩大，快速响应、科学应对，应急工作与岗位职责相结合的工作原则。

环境应急预案可分为综合预案、专项预案、现场处置预案或其他形式预案，说明这些组成之间的衔接关系，确保各个组成清晰界定、有机衔接。企业环境应急预案一般应以现场处置预案为主，有针对性地提出各类事件情景下的污染防控措施，明确责任人员、工作流程、具体措施，落实到应急处置卡上。确需分类编制的，综合预案侧重明确应对原则、组织机构与职责、基本程序与要求，说明预案体系构成。专项预案侧重针对某一类事件，明确应急程序和处置措施。

组织指挥机制方面。应明确总指挥与各行动小组相互作用的程序和方式，能够对突发环境事件状态进行评估，迅速有效进行应急响应决策，指挥和协调各行动小组活动，合理高效地调配和使用应急资源；企业需根据突发环境事件应急工作特点，建立由负责人和成员组成的、工作职责明确的环境应急组织指挥机构。

监测预警方面。应根据企业可能面临事件情景，结合事件危害程度、紧急程度和发展态势，建立企业内部监控预警方案，对企业内部预警级别、预警发布与解除、预警措施进行总体安排。明确监控信息的获得途径和分析研判的方式方法，根据企业突发环境事件类型情景和自身的应急能力等因素，并结合周边环境情况，确定预警等级，做到早发现、早报告、早发布。

信息报告方面。明确相关信息在企业内部与外部（当地人民政府及其生态环境部门和可能影响的居民、单位）传递的方式、方法及内容，企业内部信息报告内容一般包括事件的时间、地点、涉及物质、简要经过、已造成或者可能造成的污染情况、已采取的措施等；向当地人民政府及其生态环境部门报告的信息内容一般包括企业及周边概况、事件的时间、地点、涉及物质、简要经过、已造成或者可能造成的污染情况、已采取的措施、请求支持的内容等；向可能影响的居民、单位报告的信息内容一般包括事件已造成或者可能造成的污染情况、居民或单位避险措施等。

应急监测方面。按照《突发环境事件应急监测技术规范》(HJ 589—2021)等有关要求，针对大气污染物，确定排放口和厂界气体监测一般原则，为针对具体事件情景制定监测方案提供指导；排放口为突发环境事件中污染物的排放出口，包括按照相关环境保护标准设置的排放口；针对水污染物确定可能外排渠道监测的一般原则，为针对具体事件情景制定监测方案提供指导。监测方案的制定应针对具体事件情景，落实监测执行单位，自身没有监测能力的，应与当地环境监测机构或其他机构衔接，确保能够迅速获得环境监测支持。

应对流程和措施方面。应根据环境风险评估报告中的风险分析和情景构建内容，说明应对流程和措施，体现企业内部控制污染源—研判污染范围—控制污染扩散—污染处置应对流程和措施。上述流程和措施需体现必要的企业外部应急措施、配合当地人民政府的响应措施及对当地人民政府应急措施的建议。涉及大气污染的，应重点说明受威胁范围、组织公众避险的方式方法，涉及疏散的一般应辅以疏散路线图；如有装备风向标，应配有风向标分布图。涉及水污染的，应重点说明企业内收集、封堵、处置污染物的方式方法，适当延伸至企业外防控方式方法；配有废水、雨水、清净下水管网及重要阀门设置图。针对可能的事件情景及应急处置方案，需明确相关岗位人员采取措施的时间、地点、内容、方式、目标等内容，将应急措施细化、落实到岗位，形成应急处置卡。同时还需绘制厂区平面布置图，应急物资表/分布图等相关图件。

应急终止方面。应列明应急终止的基本条件，明确应急终止的决策、指令及传递程序等内容。

事后恢复方面。需明确事后恢复的工作内容和责任人，一般包括：现场污染物的后续处理；环境应急相关设施、设备、场所的维护；配合开展环境损害评估、赔偿、事件调查处理等。

保障措施方面。需明确环境应急预案涉及的人力资源、财力、物资以及其他技术、重要设施的保障。

预案管理方面。在预案有效期内需安排有关环境应急预案的培训和演练，明确环境应急预案的评估修订要求。

③环境风险评估报告。

对照企业突发环境事件风险评估相关文件，识别出所有重要的物质；对于数量大于临界量的，辨识环境风险物质在企业哪些环境风险单元集中分布。设置企业典型风险事件情景，开展源强分析，重点分析释放环境风险物质的种类、释放速率、持续时间，分析释放途径，重点分析环境风险物质从释放源头到受体之间的过程，开展危害后果分析，重点分析环境风险物质的影响范围和程度，明确现有环境风险防控与应急措施所存在的差距，制定环境风险防控整改完善计划。

风险分析方面。应识别出所有重要的环境风险物质；列表给出重要环境风险物质的名称、数量（最大存在总量）、位置/所在装置；环境风险物质数量大于临界量的，辨识重要环境风险单元，按照企业突发环境事件风险评估相关文件的赋分原则，对生产工艺、环境风险防控措施进行赋分，明确环境风险受体类型，确定环境风险等级。

情景构建方面。列表说明国内外同类企业的突发环境事件信息（日期、地点、引发原因、事件影响等内容），提出本企业可能发生的突发环境事件情景，参考《建设项目环境风险评价技术导则》（HJ 169—2018），针对每种典型事件情景进行源强分析，至少包括释放环境风险物质的种类、释放速率、持续时间三个要素。对于可能造成水污染的，分析环境风险物质从释放源头，经厂界内到厂界外，最终影响到环境风险受体的可能的路径；对于可能造成大气污染的，分析从泄漏源头释放至风险受体的路径，针对每种情景的重点环境风险物质，计算浓度分布情况，说明影响范围和程度。明确在最坏情景下，大气环境风险物质影响最远距离内的人口数量及位置等，水环境敏感受体的数量及位置等信息，并附有相关示意图。

完善计划方面。对现有环境风险防控与应急措施的完备性、可靠性和有效性进行分析论证，找出差距、问题。针对需要整改的短期、中期和长期项目，分别制定、完善环境风险防控和应急措施的实施计划。

④环境应急资源调查报告（表）。

重点调查可以直接使用的环境应急资源包括：专职和兼职应急队伍；自储、代储、协议储备的环境应急装备；自储、代储、协议储备环境应急物资；应急处置场所、应急物资或装备存放场所、应急指挥场所。预案中的应急措施使用的环境应急资源与现有资源一致。

（2）环境应急预案评审

制定环境应急预案的企业，组织专家和可能受影响的居民代表、单位代表，对环境应急预案及其相关文件进行评议和审查，必要时进行现场查看核实，以发现环境应急预案中存在的缺陷，为企业审议、批准环境应急预案提供依据而进行的活动。

①评审基本要求。

a.评审主体。

制定环境应急预案的企业。

b.评审时间。

环境应急预案审签发布前。

c.评审人员。

评审人员及其数量由企业自行确定。一般包括具有相关领域专业知识、实践经验的专家和可能受影响的居民代表、单位代表。其中，评审专家可以选自监管部门专家库、企业内部专家库、相关行业协会、同行业或周边企业具有环境保护、应急管理知识经验的人员，与企业有利害关系的一般应当回避。

评审人员数量，原则上较大以上突发环境事件风险（以下简称环境风险）企业不少于5人，一般环境风险企业不少于3人；其中，较大以上环境风险企业评审专家不少于3人，可能受影响的居民代表、单位代表不少于2人。

d.评审对象。

评审对象为环境应急预案及其相关文件，包括环境应急预案编制说明、环境风险评估报告、环境应急资源调查报告（表）等文本。环境应急预案包括综合预案、专项预案、现场处置预案或其他形式预案的，可整体评审，并将这些预案之间的关系作为评审重点之一。

e.评审方式。

评审可以采取会议评审、函审或者相结合的方式进行。较大以上环境风险企业，一般应采取会议评审方式，并对环境风险物质及环境风险单元、应急措施、应急资源等进行查看核实。

f.评审经费。

企业应将评审经费纳入编修环境应急预案的预算中。

②评审内容。

a.环境应急预案。

重点评审环境应急预案的定位及与相关预案的衔接，组织指挥机构的构成及运行机制，信息传递、响应流程和措施等应对工作的方式方法，是否明确、合理、有可操作性，体现"先期处置"和"救环境"特点。

b.突发环境事件风险评估。

重点评审风险分析是否合理、情景构建是否全面、完善风险防范措施的计划是否可行。

c.环境应急资源调查。

重点评审调查内容是否全面，调查结果是否可信。

③评审程序。

a.评审准备。

（a）确定评审人员、时间、地点、具体方式。

（b）准备评审材料，包括环境应急预案编制说明、环境风险评估报告、环境应急资源调查报告（表）等文本，并在评审前送达评审人员。

b.评审实施。

采用会议评审的方式，一般按以下程序进行。函审参照执行。

（a）企业负责人介绍评审安排、评审人员。

（b）评审人员组成评审组，确定评审组组长。

（c）企业负责人介绍环境应急预案和编修过程，向评审人员说明重点内容。

（d）评审组组长对评审进行适当分工，组织进行资料审核、现场查验、定性判断和定量打分。现场查验可以在会议评审前进行。

（e）评审组开展定性判断和定量打分。定性判断为未通过的，可以结束评审。

（f）评审组组长汇总评审情况，形成初步评审意见。

（g）评审组与企业相关人员进行沟通，形成评审意见。

评审意见一般包括评审过程、总体评价、评审结论、问题清单、修改意见建议等内容，附定量打分结果和各评审专家评审表。

5.2.4 环境应急预案备案、发布及公开

（1）环境应急预案备案

建设单位制定的环境应急预案或者修订的企业环境应急预案，应当在建设项目投入生产或者使用前且签署发布之日起20个工作日内，向企业所在地县级环境保护主管部门备案。县级环境保护主管部门应当在备案之日起5个工作日内将较大和重大环境风险企业的环境应急预案备案文件，报送市级环境保护主管部门，重大环境风险企业的环境应急预案备案文件同时报送省级环境保护主管部门。

跨县级以上行政区域的企业环境应急预案，应当向沿线或跨域涉及的县级环境保护主管部门备案。县级环境保护主管部门应当将备案的跨县级以上行政区域企业的环境应急预案备案文件，报送市级环境保护主管部门，跨市级以上行政区域企业

的环境应急预案备案文件同时报送省级环境保护主管部门。

省级环境保护主管部门可以根据实际情况，将受理部门统一调整到市级环境保护主管部门。受理部门应及时将企业环境应急预案备案文件报送有关环境保护主管部门。

（2）环境应急预案签署发布

环境应急预案经企业有关会议审议，由企业主要负责人签署发布。

（3）应急预案公开

单位环境应急预案应当在正式印发后20个工作日内向本单位以及可能受影响的其他单位和地区公开。

5.2.5 预案的监督及处罚

县级以上地方环境保护主管部门应当及时将备案的环境应急预案汇总、整理、归档，建立环境应急预案数据库，并将其作为制定政府和部门环境应急预案的重要基础，采取档案检查、实地核查等方式开展监督工作，并及时汇总分析抽查结果，提出环境应急预案问题清单，推荐环境应急预案范例，制定环境应急预案指导性要求，加强备案指导。

企业未按照有关规定制定、备案环境应急预案，或者提供虚假文件备案的，由县级以上环境保护主管部门责令限期改正，并依据国家有关法律法规给予处罚。

5.2.6 环境应急预案评估与修订

（1）环境应急预案评估

环境应急预案编制单位应当建立环境应急预案定期评估制度，分析应急预案内容的针对性、实用性和可操作性等，实现环境应急预案的动态优化和科学规范管理。企业至少每三年对环境应急预案进行一次回顾性评估。

（2）环境应急预案修订

有下列情形之一的，及时修订：

①有关法律法规、规章、标准、上位预案中的有关规定发生重大变化的；

②应急指挥机构及其职责发生重大调整的；

③面临的环境风险发生重大变化，需要重新进行环境风险评估的；

④环境应急监测预警及报告机制、应对流程和措施、应急保障措施发生重大变化的；

⑤重要应急资源发生重大变化的;

⑥在突发事件实际应对和应急演练中发现问题,需要对环境应急预案作出重大调整的;

⑦环境应急预案制定单位认为应当修订的其他情况。

对环境应急预案进行重大修订的,修订工作参照环境应急预案制定步骤进行。对环境应急预案个别内容进行调整的,修订工作可适当简化。

6

退役阶段环境咨询服务

6.1 退役地块土壤污染调查与风险评估

6.1.1 概述

（1）调查评估的定义

土壤污染状况调查与风险评估按时间先后顺序分为土壤污染状况调查和风险评估两个过程。首先，采用系统的调查方法，确定地块是否被污染以及污染程度和范围的过程，土壤污染状况调查一般又包括三个阶段：第一阶段调查（污染识别）、第二阶段调查（初步调查）、第三阶段（详细调查）；其次，在土壤污染状况调查的基础上，分析地块土壤和地下水中的污染物对人群的主要暴露途径，评估污染物对人体健康的致癌风险或危害水平。工作开展过程中，根据地块实际污染情况及每个阶段调查结果确定地块需要开展哪几个阶段的调查，以及是否需要开展风险评估工作。

（2）开展情形

根据《中华人民共和国土壤污染防治法》《土壤污染防治行动计划》《工矿用地土壤环境管理办法（试行）》等相关法律法规要求，需要开展土壤污染状况调查的情形主要包括：

①对土壤污染状况普查、详查和监测、现场检查表明有土壤污染风险的建设用地地块；

②变更土地用途，土地用途变更为住宅、公共管理与公共服务用地的情形；

③土壤污染重点监管单位的土地使用权收回、转让前；

④土壤污染重点监管单位生产经营用地的用途发生变更前；

⑤突发环境事件可能造成环境污染时。

（3）责任主体

启动土壤污染状况调查的责任主体一般包括三类：土壤污染责任人、土地使用权人、地方人民政府。

①土壤污染责任人负有实施土壤污染风险管控和修复的义务，是第一责任主体；

②土壤污染责任人无法认定的，法律规定土地使用权人应当实施土壤污染风险管控和修复；

③地方人民政府及其有关部门可以根据实际情况组织实施土壤污染风险管控和修复，包括以下几种情形：a.土地使用权已经被地方人民政府收回，土壤污染责任

人为原土地使用权人的，由地方人民政府组织实施土壤污染风险管控和修复。b.土壤污染责任人和土地使用权人均无法认定的土壤污染风险管控和修复工作的启动。c.责任主体灭失的情形。

对于一般生产企业退役地块，启动土壤污染状况调查的责任主体一般为土壤污染责任人或土地使用权人。

（4）从业单位管理

生态环境部2021年9月在全国范围内正式启用"建设用地土壤污染风险管控和修复从业单位和个人执业情况信用记录系统"（以下简称"信用记录系统"），相关从业单位和个人需要在"信用记录系统"中完成信用登记并建立信用记录，才能从事土壤污染风险管控和修复相关工作。土壤污染风险管控和修复从业单位的类别划分为土壤污染状况调查、土壤污染风险评估、风险管控与修复（含方案编制及施工）、风险管控效果评估、修复效果评估、后期管理、工程监理、土壤和地下水监测等。从业单位纳入信用记录系统的信用信息包括：基本情况信息、业绩情况信息和相关报告评审信息、行政处罚情况信息、虚假业绩信息举报核实情况等信息。信用信息向社会公开，土地使用权人可登录信用记录系统，查询相关从业单位的执业情况，选择具备相应专业能力的调查从业单位和个人。若调查地块需要开展土壤环境监测，土地使用权人可自行委托或由调查单位代理委托第三方环境检测机构进行土壤环境监测，第三方环境检测机构须具有检验检测机构资质认定证书，且资质能力范围要涵盖土壤领域。

（5）管理权限划分

建设用地土壤污染状况调查报告，由设区的市级以上地方生态环境主管部门会同自然资源主管部门组织评审。直辖市可由县级以上地方人民政府相关部门组织评审。建设用地土壤污染风险评估报告由省级生态环境主管部门会同自然资源等主管部门组织评审。生态环境主管部门会同自然资源等主管部门组织开展评审工作的方式一般包括：①组织专家评审；②指定或者委托第三方专业机构评审或者组织评审；③省级生态环境主管部门会同自然资源主管部门认可的其他方式。

（6）全国污染地块土壤环境管理系统

全国污染地块土壤环境管理信息系统（以下简称"污染地块信息系统"）是从地块清单建立到调查、评估、管控、修复等流程管理信息化和部门共享的平台，疑似污染地块和污染地块的土地使用权人应当按照相关规定，通过县级管理员（区县级生态环境主管部门）分配的账号，登录污染地块信息系统，根据地块污染状况调查所处地段，在线填报并提交疑似污染地块和污染地块相关活动信息，主要包括：土地使用权人基本信息、土壤污染状况调查报告、风险评估报告、风险管控与治理修复工程方案、效果评估报告等。

6.1.2 工作流程

退役地块土壤污染调查评估工作流程（图6-1）可分为以下阶段：

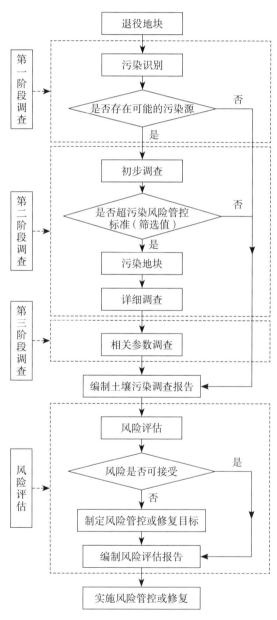

图 6-1　调查评估工作流程图

（1）第一阶段调查

以资料收集、现场踏勘和人员访谈为主的污染识别阶段。当认为地块内或相邻区域可能存在潜在污染，或因历史资料缺失严重无法做出准确判断时，地块应进入第二阶段调查工作。

（2）第二阶段调查

以现场采样与实验室分析为主的污染查证阶段，第二阶段调查一般分为初步调查和详细调查两个阶段。

①初步调查

初步调查是通过对地块进行初步现场采样、实验室检测及结果分析与评估等步骤，初步判定地块内土壤污染情况，初步调查结果表明地块（土壤、地下水）中污染物含量未超出国家或地方有关建设用地土壤污染风险管控标准（筛选值），可结束调查，否则，应当开展进一步的详细调查和风险评估。

初步调查过程中需开展全过程内部质量控制，同时配合各级主管部门事中事后监督检查。

②详细调查

初步调查结果表明地块（土壤、地下水）中污染物含量超出国家或地方有关建设用地土壤污染风险管控标准（筛选值）的，即地块已经受到污染或可能存在健康风险时，需要进行详细的采样分析，即在初步采样分析的基础上，进一步进行加密布点采样分析，确定污染程度和范围。

（3）第三阶段调查

以补充采样和测试为主，主要用于获得满足地块后续风险评估及修复所需的水文地质参数。通常可在第二阶段调查过程中同步开展补充采样和测试。

（4）风险评估

该阶段主要通过健康风险评估，确定地块污染造成的健康风险是否超过可接受风险水平，如风险评估结果未超过可接受风险水平，则可结束风险评估工作；如地块风险评估结果超过可接受风险水平，则计算土壤、地下水中关注污染物的风险控制值，初步确定修复目标。风险评估工作内容主要包括：危害识别、暴露评估、毒性评估、风险表征，以及土壤和地下水风险控制值及修复目标确定等。

6.1.3 土壤污染状况调查

1.第一阶段调查

第一阶段调查也称污染识别阶段，主要目标是识别地块内可能存在的污染源及污染物种类，初步排除地块是否存在可能的污染源，是否需要进行第二阶段现场采样分析。主要工作内容是通过资料收集与分析、现场踏勘、人员访谈等方式开展调查，第一阶段调查一般不需要现场采样。

（1）资料收集与分析

第一阶段调查期间，收集资料种类主要包括：地块利用变迁资料、地块环境资料、地块生产历史记录、地块所在区域有关政府文件、地块所在区域自然和社会信息以及相邻地块用地历史及生产记录资料等（表6-1）。这些资料中，其中以地块生产历史记录为重点收集资料，其对第一阶段调查污染识别起到关键性作用（表6-2）。

第一阶段调查资料收集分类及内容一览　　　　表6-1

资料种类	具体内容
地块利用变迁资料	可辨识开发及活动状况的航空照片或卫星图片；土地使用和规划资料；土地登记信息、土地使用权属等资料
地块环境资料	地块土壤及地下水污染记录；地块危险废物等存储记录；地块与周边保护区、水源地等环境敏感区的位置关系、地块土壤质地、地层分布、地勘报告、所在区域气候气象资料等
地块生产历史记录	①历史生产企业信息（包括：企业名称、类型、规模、经营期限、生产工艺、产品及中间产品类型、主要原辅材料种类及使用量、平面布置图、工艺流程图、地下水管线图等信息）；②污染物产生及排放信息（包括：生产过程废气、废水、固体废物排放及处理措施等信息）；③生产记录信息（包括：化学品储存和使用清单、泄露记录、危险废物管理记录、地下储罐清单、环境监测数据、项目环评报告、环境审计报告、清洁生产审核报告等）
地块所在区域有关政府文件	政府机关和权威机构保存或发布的环境资料（包括：区域环境保护规划、环境质量公告、地块内历史生产企业的相关环境备案及批复资料等）
地块所在区域自然和社会信息	所在区域自然信息（包括：地理位置、地形地貌、水文地质、气候气象、土壤地层分布、地下水埋深、资料）；所在区域社会信息（包括：敏感目标分布、土地利用规划、相关国家和地方政策法规及标准等）
相邻地块用地历史及生产记录资料	生产历史记录及其他相关资料等

常用地块生产历史资料收集清单及可能来源一览　　　　表6-2

序号	资料名称	可能来源
1	环境影响报告书（表）、环境影响登记表、竣工环境保护验收监测报告、监督性监测报告、企业自行监测报告	企业、生态环境主管部门
2	企业清洁生产审核报告	企业、清洁生产审核主管部门
3	排污许可证（正副本）、排污污染物申报登记表	企业、生态环境主管部门
4	营业执照、土地使用证或不动产权证书等	企业
5	土地登记信息、土地使用权变更登记、土地承包文件、土地征用补偿证明材料、房屋拆迁协议等记录	企业、土地行政主管部门
6	危险废物转移联单、环境污染事故记录、责令改正违法行为决定书	企业、生态环境主管部门
7	土壤及地下水环境监测记录、土壤污染防治自查报告	企业、生态环境主管部门
8	地块地质勘察报告、水文地质报告	企业
9	不同时期地块及周边的地形图、卫星遥感图像或航空图像	企业、卫星影像图
10	相邻地块建设项目环境影响报告书（表）、环境影响登记表、竣工环境保护验收监测报告、监督性监测报告、企业自行监测报告	相邻企业、生态环境主管部门

第一阶段资料收集过程中，调查人员应根据专业知识和经验判断对收集的资料进行审核、分析，判断资料的有效性，识别资料中的错误和不合理信息等，并分析出调查地块可能涉及的污染物质种类及可能涉及污染的区域等。

第一阶段调查过程中，如资料缺失严重，影响地块污染识别或无法作出判断时，应在第一阶段调查结论中予以说明，并可给出进行第二阶段调查的建议。

（2）现场踏勘

第一阶段调查过程中开展现场踏勘的目的是通过对地块及周围区域进行现场考察，观察地块内存在的可疑污染源、污染痕迹、涉及危险物质的场所等，核实已收集资料中信息的准确性，获取与地块污染有关的直接线索。现场踏勘可采用GPS定位仪、异常气味辨识、摄影录像设备、现场笔记等手段，并可使用光离子检测仪（PID）、X射线荧光分析仪（XRF）等便携式检测仪器进行现场快速检测，辅助识别和判断地块内土壤污染情况。现场踏勘的重点一般包括：地块内可疑污染源，地块内及相邻地块异常污染痕迹、恶臭、化学品味道和刺激性气味等，涉及危险物质的场所、储槽、管线及生产设施等，污水管线或渠、污水池废物堆放地等。同时观察记录地块周边可能受污染物影响的居民区、学校、医院、饮用水水源保护区等敏感目标分布情况。

（3）人员访谈

第一阶段调查过程中开展人员访谈主要是针对资料收集和现场踏勘过程中所涉及的疑问及已有资料进行考证，并进行必要的信息补充。访谈对象应该对地块现状和历史知情，一般应包括：地块管理机构或地方政府工作人员、生态环境主管部门工作人员、地块历史和现在各阶段的使用者、相邻地块的工作人员或居民等（表6-3）。

第一阶段调查期间人员访谈样表   表6-3

项目名称：××××退役地块土壤污染状况调查			
项目地址：北京市××区××街			
访谈人：		访谈日期：	
被访谈人员信息	姓名：	职业：	联系电话：
1.地块基本情况、历史变迁（历史沿革：建厂时间、建厂前土地利用情况、企业生产及变更情况）			
2.地块内企业厂区平面布置情况，曾存在的设施和功能区主要包括什么？			
3.企业历史生产工艺、原辅材料及污染物排放和处理处置设施使用情况（生产过程中是否有恶臭、刺激性或异味气体散发？有无废水外排情况？）			
4.地块内企业化学品储存与废物管理情况（有无化学品及其他固体废物乱堆乱放情况？）			
5.调查地块内历史上是否发生过环境事故？			
6.地块周边地下水、地表水是否作为饮用水源？			
7.相邻地块内生产企业污染物排放情况，有无污染事故发生？			
8.有无其他补充内容？如有请列出。			

（4）第一阶段调查结论

第一阶段调查结论应明确地块内及周围区域有无可能的污染源，并通过分析第一阶段调查过程中的不确定因素对评价结论的影响，明确地块是否需要开展第二阶段调查。若第一阶段调查结论表明地块无须进行第二阶段调查，则可编制第一阶段调查报告，并结束地块的土壤污染调查活动。

2.第二阶段调查

（1）初步调查

若地块第一阶段土壤污染状况调查结果表明地块内或周围相邻区域存在可能的污染源，如存在化工厂、农药厂、冶炼厂、加油站、化学品储罐、固体废物处理等可能产生有毒有害物质的设施或活动的退役地块，以及由于资料缺失等原因造成无法排除地块内及周边存在污染源时，则需要进行第二阶段土壤污染状况调查，首先进行初步调查，主要工作内容包括：初步采样分析工作计划制定、现场采样、实验室检测分析、调查报告编制。

①初步采样分析工作计划制定

根据第一阶段调查结果，进一步核查已有信息，判断污染物的可能分布，并制定初步调查采样分析工作计划，工作计划内容主要包括：第一阶段调查核查分析、初步调查点位布设、采样深度、采样方法及流程、检测项目、样品采集、样品保存与流转、质量保证与质量控制措施等。其中初步调查点位布设与检测项目是初步采样分析工作计划的重点工作，直接关系到初步调查结论的可靠性与科学性。

初步调查点位布设的位置和数量应当基于专业判断，原则上点位布设数量：地块面积≤5000m²，土壤采样点位数不少于3个；地块面积＞5000m²，土壤采样点位数不少于6个，并可根据实际情况酌情增加。在地块内地下水上、下游及疑似污染区域内应至少布置3个地下水监测井，可根据实际情况酌情增加。地下水监测井的设置数量和位置，需满足刻画地块地下水流场信息的要求，应避免地下水监测井位置联系呈一条直线。点位布设位置重点选择潜在污染区域，例如：储罐储槽、污水管线、污染处理设施区域、危险物质储存库、"跑冒滴漏"严重的生产装置区、历史上可能的废渣地下填埋区、受大气无组织排放影响严重的区域、与周边分布的污染型企业相邻区域等。参考《土壤环境质量 建设用地土壤污染风险管控标准（试行）》（GB 36600—2018），初步调查样品检测项目应包括表1中的基本项目，以及污染识别阶段确定的地块特征污染物。地块特征污染物识别需要结合地块内历史生产活动、工艺流程及原辅材料使用等情况综合确定，常见退役地块类型及可能的特征污染物种类参考表6-4。

②现场采样

现场采样指依据初步采样分析工作计划中规定的采样方案进行现场土壤、地下水样品采集，主要工作内容包括：采样准备及现场采样点定位，土孔钻探，土壤样品采集，地下水监测井建井，地下水样品采集，样品保存与运输等。

常见退役地块类型及可能的特征污染物种类表　　　　　表 6-4

序号	退役地块类型	可能的特征污染物种类
1	化学原料与化学品制造	挥发性有机物、半挥发性有机物、重金属、持久性有机污染物、农药
2	金属制造业	重金属、氯代有机物
3	机械制造业	重金属、石油烃
4	炼焦、焦化	挥发性有机物、半挥发性有机物、重金属、氰化物
5	纺织业	重金属、氯代有机物
6	交通运输设备制造	重金属、石油烃、持久性有机污染物
7	皮革、皮毛制造	重金属、挥发性有机物
8	煤炭开采、洗选	重金属
9	黑色金属和有色金属矿采选	重金属、氰化物
10	火力发电	重金属、持久性有机污染物
11	电力供应	持久性有机污染物
12	燃气生产和供应	半挥发性有机物、重金属
13	水污染治理	持久性有机污染物、半挥发性有机物、重金属、农药
14	危险废物处置	持久性有机污染物、半挥发性有机物、重金属、挥发性有机物
15	车辆等交通运输工具维修	重金属、石油烃、苯系物、甲基叔丁基醚（MTBE）

现场采样相关单位应当具备相应的专业能力，例如土孔钻探、地下水监测井建井工作一般应委托专业从事水文地质勘察的单位，且现场钻探人员应具有水文地质钻探经验；现场土壤、地下水样品采集与保存一般应委托第三方环境检测机构，样品采集人员应具有环境、土壤等相关专业知识，熟悉采样流程，掌握土壤和地下水采样的技术要求和相关设备的操作方法，样品管理员应熟悉土壤和地下水样品保存、流转的技术要求。现场采样过程还应当按照《建设用地土壤污染状况调查 技术导则》（HJ 25.1—2019）、《建设用地土壤污染风险管控和修复监测技术导则》（HJ 25.2—2019）、《工业企业场地环境调查评估与修复工作指南（试行）》等文件要求进行。

③实验室检测分析

现场采集的土壤、地下水等样品需要转运至实验室进行检测分析确定污染物含量，主要工作内容包括：土壤、地下水样品分析，检测数据质量分析，以及检测结果分析。

样品分析应选择通过中国计量认证（CMA）的第三方实验室开展相应的样品

检测。土壤样品中相关污染物的分析测试应优先采用《土壤环境质量 建设用地土壤污染风险管控标准（试行）》（GB 36600—2018）和《土壤环境监测技术规范》（HJ/T 166—2004）中的指定方法；地下水样品中相关污染物的分析测试方法应按照《地下水质量标准》（GB/T 14848—2017）中的指定方法执行。样品检测完成后应按批次对检测数据质量进行分析，包括：分析样品检测结果是否满足相应的实验室质量控制要求；根据现场采样过程掌握的地块实际情况，分析数据的代表性。确保检测数据的准确性。最后，将地块内土壤、地下水样品检测结果对照相应标准，初步判断地块内污染物是否存在超标、超标种类、浓度水平和空间分布等信息。

④调查报告编制

土壤污染状况调查遵循分阶段调查的原则，土壤污染状况调查报告为根据国家相关标准规范可以结束调查时的完整调查报告。地块初步调查工作结束后，若调查结果表明地块内土壤未受到污染，则可结束调查，调查单位应编制土壤污染状况调查报告并申请评审。初步调查结果表明污染物含量超过土壤污染风险管控标准的，地块存在土壤污染风险需要进行详细调查的，一般仅对详细调查报告申请评审。

土壤污染状况调查报告由市生态环境主管部门（直辖市由区县生态环境主管部门）会同同级自然资源与规划局组织评审，评审流程主要包括：①土地使用权人向所在县（市、区）生态环境主管部门提出申请并提交相关资料；②所在县（市、区）生态环境主管部门受理，做出受理决定或不予受理的说明；③组织开展评审，一般由主管部门组织专家评审或委托第三方专业机构组织评审；④结果告知，主管部门一般在评审会议结束之日起5个工作日内将评审意见告知申请人。

（2）详细调查

若初步调查结果表明土壤中一种或多种污染物含量超过国家或地方有关建设用地土壤污染风险筛选值，则对人体健康可能存在风险（即可能超过可接受水平），应当开展进一步的详细调查和风险评估。详细调查主要工作内容包括：详细采样方案制定、水文地质调查、现场采样、实验室检测分析、调查报告编制等。

①详细采样方案制定

分析初步调查已获得的地块水文地质条件，污染点位分布、污染物种类、污染深度、污染程度，以及地下水水质污染情况等信息，并依据初步采样调查结果，制定详细调查采样方案，主要内容包括：采样点布置、采样深度、检测项目等。

详细调查采样点位布设一般需要在初步调查采样点位布设的基础上进行加密点位布设，初步调查结果表明存在污染的区域或需要划定污染边界范围的区域，土壤采样点网格面积一般不应大于20m×20m，其他区域网格面积一般不应大于40m×40m。存在地下水污染的区域，地下水监测井网格密度不应大于40m×40m，其他区域地下水监测井网格密度不应大于80m×80m。对于初步调查发现的超标点位，详细调查采样深度应在污染层位以上和以下均扩展两层，向上和向下均需要检测到没有超筛选值的深度为止，即"封顶"和"兜底"。详细调查检测项目一般为初步调查发现的超标污染物。

　　②水文地质调查

　　详细调查阶段一般需要同步进行水文地质调查工作，为后续风险评估提供数据支撑，同时，通过获取地块水文和地质方面的特征参数，可以比较准确的掌握污染物在该区域内的土壤和地下水中的形态、分布位置、分布规律以及扩散范围等信息，用于辅助地块开展土壤、地下水污染防治工作。

　　水文地质调查主要包括：地层结构、分布、地下水位、水力梯度、地下水流速及流向等内容；土壤理化样品应检测土壤pH值、粒径分布、土壤容重、土壤密度、含水率、孔隙度、有机质含量、渗透系数（横向/纵向）等指标。按照地下水采样点位，结合环境物探、勘察基本确定调查区水文地质条件，如包气带、含水岩组的岩性结构、厚度与分布、边界条件，基本摸清调查对象周边地下水补径排条件。一般委托专业从事水文地质勘察的单位按照《岩土工程勘察规范（2009年版）》（GB 50021—2001）相关规定开展水文地质调查工作，并形成水文地质调查报告。

　　③现场采样

　　详细调查现场采样要求同初步调查基本一致。

　　④实验室检测分析

　　详细调查阶段样品实验室检测分析要求同初步调查基本一致。

　　⑤调查报告编制

　　详细调查结束后应在对整个调查过程和结果进行描述、分析、总结和评价的基础上，编制土壤污染状况调查报告。内容主要包括：地块开展调查的背景、地块及周边相邻区域概况、收集资料分析、现场踏勘、人员访谈、初步采样分析、详细采样分析、结果和分析（含检测结果统计表）、调查结论与建议、附件等。详细调查阶段的土壤污染状况调查报告应综合初步调查、详细调查获得的检测数据，以及水文地质调查获取的水文地质特征信息，确定地块土壤和地下水污染物种类、浓度和空间分布，根据需要划定地块污染范围，提出是否需要进一步开展风险评估的建议。

详细调查阶段土壤污染状况调查报告评审与初步调查阶段基本一致。

3.第三阶段调查

第三阶段调查主要目的是为后续风险评估、风险管控或修复等工作提供基础参数，主要工作内容包括：地块特征参数和受体暴露参数的调查。根据实际工作需要，选取适当的参数进行调查。

地块特征参数包括：不同代表位置和土层或选定土层的土壤样品的理化性质分析数据，如土壤pH值、容重、有机碳含量、含水率和质地等；地块（所在地）气候、水文、地质特征信息和数据，如地表年平均风速和水力传导系数等。受体暴露参数包括：地块及周边地区土地利用方式、人群及建筑物等相关信息。

实际工作中，第三阶段调查一般与第二阶段调查同步进行，无需单独编制第三阶段土壤污染状况调查报告。

6.1.4 土壤污染健康风险评估

分节介绍风险评估工作内容及要求，风险评估模型及常用软件，风险管控目标与修复目标值确定，以及划定污染地块风险管控与修复范围。

1.危害识别

危害识别主要通过收集整理土壤污染状况调查阶段获得的相关资料和数据，土地利用方式规划资料，以及地块内污染物相关资料，获取要进行风险评估的地块详细信息，并确定关注污染物，为下一步评估提供基础资料。

（1）获取地块相关信息

危害识别阶段通过收集相关资料获取的地块相关信息主要包括：

地块及周边相邻区域用地历史变迁及不同阶段生产经营活动、平面布置、地表及地下生产设备设施和构筑物的分布情况等；地块土壤、地下水等环境样品中污染物的浓度数据，包括不同深度土壤污染物浓度；水文地质调查阶段获取的地块土壤样品中的理化性质信息，如土壤pH值、容重、有机碳含量、含水量、质地等；地块所在区域气候、水文、地质特征相关信息，如：地表平均风速、地下水埋深、渗透系数等；地块及周边地块规划利用方式，地块内敏感人群及建筑物布局等相关信息。

（2）确定关注污染物

根据地块土壤、地下水等环境样品中污染物的浓度数据调查结果，对地块污染物进行筛选，确定地块关注污染物。一般将地块土壤中浓度超过《土壤环境质量 建设用地土壤污染风险管控标准（试行）》（GB 36600—2018）或地方建设用地土壤污染风险管控标准中规定的筛选值的污染物确定为关注污染物；地块位于地下水饮用水源补给径流区和保护区，或所在区域属于地下水环境敏感区的，一般将地下水样品中浓度超过《地下水质量标准》（GB/T 14848—2017）规定的Ⅲ类质量标准的污染物确定为关注污染物。

2. 暴露评估

在危害识别的基础上，分析地块内关注污染物迁移和危害敏感受体的情景，确定地块土壤和地下水污染物的主要暴露途径和暴露评估模型，确定评估模型参数取值，计算敏感人群对土壤和地下水中污染物的暴露量。

（1）分析暴露情景

暴露情景是指特定土地利用方式下，地块污染物经由不同途径迁移和到达受体人群的情况。典型的暴露情景通常分两种：以住宅用地为代表的第一类用地方式下，儿童和成人可能长时间暴露于地块污染而产生健康危害（致癌效应和非致癌危害）；以工业用地为代表的第二类用地方式下，成人可能长时间暴露于地块污染而产生的健康危害。第一类用地和第二类用地具体类型参照《土壤环境质量 建设用地土壤污染风险管控标准（试行）》（GB 36600—2018）中建设用地分类。

（2）确定暴露途径

根据地块土壤、地下水污染情况，污染物暴露途径通常包括6种土壤污染物暴露途径和3种地下水污染物暴露途径（表6-5）。

地块污染物常见暴露途径 表6-5

序号	分类	暴露途径	暴露方式
1	土壤污染物暴露途径	经口摄入土壤途径	人群经口摄入表层土壤，如误食黏附在皮肤上的土壤颗粒等
2		皮肤接触土壤途径	人群经皮肤直接接触表层土壤颗粒或土壤尘
3		吸入土壤颗粒物途径	人群经呼吸吸入空气中来自表层土壤的颗粒物
4		吸入室外空气中来自表层土壤的气态污染物途径	人群经呼吸吸入室外空气中来自表层土壤的污染物蒸汽

序号	分类	暴露途径	暴露方式
5	土壤污染物暴露途径	吸入室外空气中来自下层土壤的气态污染物途径	人群经呼吸吸入室外空气中来自下层土壤的污染物蒸汽
6		吸入室内空气中来自下层土壤的气态污染物途径	人群经呼吸吸入室内空气中来自下层土壤的污染物蒸汽
7	地下水污染物暴露途径	吸入室外空气中来自地下水的气态污染物途径	人群经呼吸吸入室外空气中来自地下水中的污染物蒸汽
8		吸入室内空气中来自地下水的气态污染物途径	人群经呼吸吸入室内空气中来自地下水中的污染物蒸汽
9		饮用地下水途径	人群经口摄入含有污染物的地下水

暴露途径选取时主要根据地块规划利用方式，综合考虑地块后续开挖建设方案及地下水利用方式等信息，分析确定土壤、地下水中污染物可能存在的暴露途径，选取全部或部分暴露途径进行暴露评估。

（3）选取暴露参数

在采取常规暴露模型进行暴露量计算时，常用的暴露参数主要包括：空气中可吸入颗粒物含量、混合区大气流速风速、成人/儿童每日摄入土壤量、成人/儿童暴露期、成人/儿童平均体重、成人/儿童平均身高、致癌效应平均时间、非致癌效应平均时间、成人/儿童每日饮用水量等，暴露参数应优先采用地块所在地的区域性参数，如空气中可吸入颗粒物含量一般选用地块所在地市近三年环境质量状况公报中PM10的平均值；人群相关的暴露参数可参考《中国人群暴露参数手册》中相应地区的特定参数。缺乏地块所在地区域性参数值的，可参考《建设用地土壤污染风险评估技术导则》（HJ 25.3—2019）中的推荐值。

（4）暴露量计算

一般参照《建设用地土壤污染风险评估技术导则》（HJ 25.3—2019）和《地下水污染健康风险评估工作指南》中的暴露评估推荐模型计算敏感人群对土壤和地下水中污染物的暴露量，同时说明暴露量计算过程、参数取值及依据。

3. 毒性评估

在危害识别的基础上，分析关注污染物对人体健康的危害效应，并确定与关注污染物相关的参数。

（1）分析危害效应

地块土壤、地下水中污染物对人体健康的危害效应包括：致癌效应和非致癌效应（一般用危害商表征）。

（2）确定污染物毒性参数

污染物毒性参数主要包括：致癌效应毒性参数、非致癌效应毒性参数、污染物理化性质参数及污染物吸收因子等相关参数4类。参数取值一般参考《建设用地土壤污染风险评估技术导则》（HJ 25.3—2019）或国内地方风险评估技术导则推荐值，引用其他来源的参数值时应选择权威数据并说明数据来源及选取依据。

4.风险表征

风险表征是根据地块内采样点土壤、地下水样品中的关注污染物检测数据，通过致癌风险和危害商的计算模型计算关注污染物的致癌风险和危害商。污染物监测数据一般选择地块表层和下层土壤或地下水中检测数据的最大值。当地块内关注污染物检测数据较多，且呈正态分布时，可选取检测数据的平均值、平均值置信区间上限值或最大值进行风险表征计算。

计算得到的地块污染物的致癌风险和危害商，可作为确定地块污染程度的重要依据。当土壤/地下水中单一污染物的致癌风险超过 10^{-6} 或非致癌危害商值超过 1 的采样区域，应划定为风险不可接受的污染区域。

5.修复目标与修复范围初步确定

采用单一污染物可接受致癌风险超过 10^{-6}、可接受危害商超过 1 分别计算基于致癌效应的土壤和地下水风险控制值，以及基于非致癌效应的土壤和地下水风险控制值，取两个计算值中的较小值作为地块内该污染物的风险控制值。风险控制值计算参考《建设用地土壤污染风险评估技术导则》（HJ 25.3—2019）中的推荐模型。

风险评估阶段，可根据计算得到的风险控制值及土壤污染风险管控标准中规定的筛选值、管制值，初步确定关键污染物修复目标。土壤修复目标值确定一般遵循以下原则：当计算得到的污染物风险控制值介于《土壤环境质量建设用地土壤污染风险管控标准（试行）》（GB 36600—2018）中筛选值和管制值之间时，选用风险控制值作为该污染物的修复目标值；当计算得到的污染物风险控制值小于等于筛选值时，建议选用筛选值或地方相关标准作为修复目标值。地下水修复目标值一般综合考虑计算的风险控制值、地块所在区域执行的《地下水质量标准》（GB/T 14848—2017）中地下水质量分类指标限值、地下水规划用途等多个因素确定。

地块内调查阶段检测结果超过修复目标值的区域，可作为修复范围划定区域。通常采用具有插值功能的软件对地块内关注污染物检测结果进行浓度插值，将得到的浓度等值线分布图和调查阶段监测点位矢量图进行叠加，得到不同深度土壤污染物浓度或地下水污染物浓度等值线，与污染物建议修复目标值相对照，从而确定关注污染物建议修复范围及面积。

6.2 污染地块土壤污染风险管控与修复

6.2.1 概述

（1）风险管控与修复定义

狭义的土壤污染风险管控与修复是指根据前期土壤调查和风险评估结果，对需要采取风险管控措施的污染地块，制定风险管控方案，实现针对性的风险管控措施，如防止污染地块土壤或地下水中的污染物扩散，保护地块周边环境保护敏感目标，降低危害风险。对需要采取治理与修复措施的污染地块，制定修复方案，实施治理与修复，同步进行治理与修复工程过程监管及二次污染防治。风险管控与修复工程完工后，土壤污染责任人应当委托第三方机构对治理与修复效果进行评估，确保污染地块风险管控或治理修复效果达到既定目标。

（2）风险管控与修复区别

风险管控技术主要利用工程措施将污染物封存在原地，限制污染源迁移，切断暴露途径，从而降低污染物风险，保护受体，风险管控过程污染物浓度不降低。修复主要是采用物理、化学或生物技术固定、转移、吸收、降解或转化地块土壤中的污染物，使其含量降低到可接受水平，或将有毒有害的污染物转化为无害物质的过程，即通过降低污染物浓度方式降低污染物风险。污染地块选择风险管控还是治理修复一般基于风险评估报告结论、污染地块相关开发利用计划等因素综合确定。通常风险管控技术的投资成本相比修复来说较低，在地块暂无开发利用计划或污染物清除成本很高、清除效果不理想的情况下，适宜采取风险管控措施防止污染扩散或实现污染地块安全利用。

（3）土壤污染风险管控和修复名录

依据《中华人民共和国土壤污染防治法》第五十八条，"国家实行建设用地土壤污染风险管控和修复名录制度"。建设用地土壤污染风险管控和修复名录（以下简称"名录"）由省级人民政府生态环境主管部门会同自然资源等主管部门制定，对于按规定需要进行土壤污染状况调查的建设用地地块，如调查结果显示地块污染物含量超过土壤污染风险管控标准，并且经土壤污染风险评估，需要实施风险管控、修复的，纳入"名录"管理。进入"名录"的地块，土壤污染责任人应按照风险评估报告要求，及时开展地块风险管控或修复工作。"名录"根据建设用地地块土壤污染风险评估报告及风险管控、修复效果评估报告的评审结果适时更新。列入"名录"的地块，不得作为住宅、公共管理与公共服务用地，禁止开工建设任何与风险管控、修复无关的项目。实行"名录"制度的主要目的是加大建设用地土壤污染管控力度，规范污染地块管理程序，促进土壤污染治理修复和安全有序利用。

（4）效果评估

通过资料回顾与现场踏勘、点位布设采样与实验室检测，综合评估地块风险管控与土壤修复是否达到规定要求或地块风险是否达到可接受水平。开展工作目的是对土壤是否达到修复目标、风险管控是否达到规定要求，地块风险是否达到可接受水平进行科学、系统的评估，提出后期监管建议，为地块安全再利用提供科学依据。

（5）管理权限划分

对"名录"中需要实施风险管控或修复的地块，污染地块土地使用权人应当按照国家有关环境标准、导则及技术规范，并结合土地利用总体规划和城乡规划，编制风险管控或修复方案，报所在地市级生态环境主管部门备案，并及时上传全国污染地块土壤环境管理系统，将主要内容向社会公开。风险管控或修复方案一般由污染地块土地使用权人自行组织专家评审或论证。

建设用地土壤污染风险管控效果评估报告、修复效果评估报告，由省级（直辖市市级）生态环境主管部门会同自然资源等主管部门组织评审。主管部门组织开展评审工作的方式一般包括：①组织专家评审；②指定或者委托第三方专业机构评审或者组织评审；③省级生态环境主管部门会同自然资源主管部门认可的其他方式。

6.2.2 工作流程

污染地块土壤污染风险管控与修复工作流程一般可分为以下阶段，如图6-2所示：

（1）编制污染地块风险管控和修复方案

在启动污染地块风险管控与修复工作之前，应编制风险管控或修复方案。修复方案主要内容包括：选择修复模式，筛选修复技术，制定修复方案并进行方案比选，最终确定经济、实用和可行的修复方案。

（2）污染地块风险管控和修复工程实施

污染地块风险管控和修复工程施工期间，施工单位应综合考虑地块条件、污染

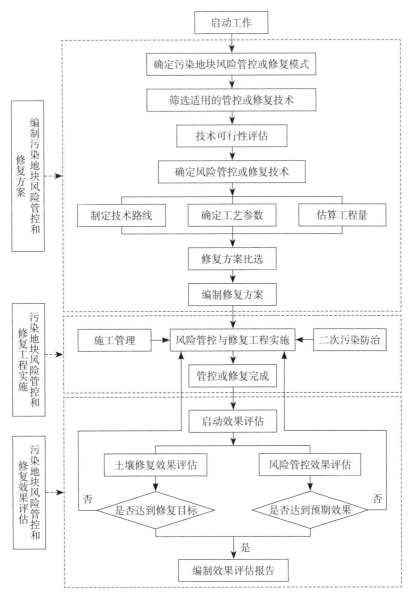

图 6-2　污染地块土壤污染风险管控与修复工作流程图

特征、技术工艺等因素，做好施工总体部署及施工现场管理，落实二次污染防治措施，保障风险管控和修复项目施工过程的规范有序。也可聘请环境监理单位，开展污染地块风险管控和修复施工过程的监督管理。

（3）污染地块风险管控和修复效果评估

污染地块风险管控、修复活动完成后，土壤污染责任人应当另行委托有关单位对风险管控效果和修复效果进行评估，编制效果评估报告，效果评估报告上传至全国污染地块土壤环境管理系统，主要内容向社会公开。经评审后达到确定的风险管控、修复目标且可以安全利用的地块，移出"名录"后，可以按照土壤污染状况调查报告、风险评估报告中的规划用途再开发利用。未达到风险管控、修复目标的地块，禁止开工建设任何与风险管控、修复有关的项目。

6.2.3 污染地块风险管控和修复方案编制

1.选择修复模式

（1）确认地块条件

实际考察地块现状情况，对比前期土壤调查和风险评估阶段，关注地块是否发生重大变化，周边环境保护敏感目标是否发生变化。考察现场施工条件，用电、用水、进出场道路等条件是否便利，为后续施工方案确定提供基础信息。如基础信息不满足要求，必要时应适当开展补充监测。地块条件发生重大变化时，必要时可进行补充性土壤污染状况调查和风险评估，以满足风险管控或修复方案编制的需要。

（2）确定修复要求

结合地块管控或修复介质（土壤或地下水）、目标污染物、目标值及范围等因素，与地块利益相关方进行沟通，确认开展风险管控或修复工作的具体要求，如：修复时间、预期经费投入、场地是否允许开展原位修复等。

（3）确定修复模式

根据前期调研结果，选择适合地块的风险管控或修复总体思路，即修复策略，主要包括：永久性处理修复（消除污染源）、工程性控制技术（阻止污染扩散或切断暴露途径）。鼓励采用绿色的、可持续的和资源化修复，鼓励治理与修复工程在地块原址进行。

2.筛选与评估修复技术

（1）筛选适用的管控或修复技术

结合地块污染特征、污染物特性、土壤特性及上一阶段确定的修复模式，同时考虑技术成熟度、适合的污染物类型和土壤类型，修复可实施性，时间和成本的可接受性、对周边环境影响程度等因素，筛选出可行的管控或修复技术。一般采用列表描述各种修复技术原理、适用条件、技术成熟度、修复的效果、时间和成本等技术经济指标和技术应用的优缺点等方面并进行比较分析，进而筛选确定目标地块适用的管控或修复技术（表6-6、表6-7）。

表 6-6

常用地块土壤风险管控及修复技术介绍一览

序号	技术名称	技术简介	应用参考因素			适用条件	局限性
			成熟性	时间	费用		
1	异位固定化/稳定化技术	向污染土壤中添加固化剂/稳定化剂，经充分混合，使其与污染介质、污染物发生物理、化学作用，将污染土壤固封为结构完整的具有低渗透系数的固化体，或将污染物转化成化学性质不活泼形态，降低污染物在环境中的迁移和扩散	技术成熟/国内存在较多修复案例	需要时间较短	中等	适用于污染土壤。可处理金属类、石棉、放射性物质、腐蚀性无机物、氰化物以及砷化合物等无机物；农药/除草剂，石油类多环芳烃类、多氯联苯类以及二噁英等有机化合物	不适用于挥发性有机化合物和以污染物总量为验收目标的项目。当需要添加较多的固化/稳定剂时，对土壤的增容效应较大，会显著增加后续土壤处置应费用
2	异位热脱附处理技术	异位热脱附处理技术是用直接或间接的热交换，加热土壤中有机污染物到足够高的温度，使其蒸发并与土壤相分离，土壤中挥发出的污染组分经尾气处理后达标排放到环境中的处理技术。热脱附尾气中的热量传递传媒介为空气、燃烧气、惰性气体	技术成熟/国内存在修复案例	需要时间较短	中等/较高	针对挥发性和半挥发性有机合物比较有效，辅以合适的尾气处理系统，适应的污染物浓度水平也较宽泛。对于不同类型的污染物及其浓度，通过调节回转窑内温度、土壤的停留时间，可达到较好的处理效果	该技术应用时，高黏土含量或湿度会增加处理费用，且高腐蚀性的进料会损坏处理单元；透气性差或黏性土壤由于会在处理过程中结块而影响处理效果；需要大量的燃料，对尾气进行处理，存在产生二次污染物的风险。本次修复中混有生活垃圾等污染土壤主要为黏性土，且土壤中混有不少有活性固体废物
3	异位化学还原技术	异位化学还原技术是利用化学还原剂将污染环境中的污染物质还原从而去除的方法。该技术将强还原剂通过注射、搅拌等形式加入到目标污染土壤，通过还原作用，使土壤中的污染物或中间转化产物无毒或毒性相对较小的最终产物。常用的还原剂包括微米级/纳米级零价铁以及已经成熟应用的商业化配方产品等，修复药剂在目标修复区域的均匀分布，与污染物充分接触是保证修复效果的关键因素	较成熟/国内存在在修复案例	需要时间中等	较低	化学还原可处理重金属类（如六价铬）、氯代有机物、硝基苯类等中间有机物等。具有见效快，二次污染小等特点，可与其他形式修复技术联合使用	异位化学还原技术可能出现不完全反应，或中间体形式的污染物，污染物浓度过高时，处理效率可能受限，因此，前期药剂搅拌与混匀环节是很关键

工程项目全过程环境咨询服务管理方法及应用

序号	技术名称	技术简介	应用参考因素			适用条件	局限性
			成熟性	时间	费用		
4	异位化学氧化技术	通过将化学氧化剂与污染土壤充分接触反应，将污染物质氧化成二氧化碳和水，或转化为低毒、稳定的化合物。常见的氧化剂包括高锰酸盐、过氧化氢、芬顿试剂、过硫酸盐和臭氧。影响修复效果的关键技术参数包括：污染物的性质、浓度、药剂投加比、土壤渗透性、土壤氧化还原电位、pH值、含水率和其他土壤地质化学条件等	较成熟/国内存在修复案例	需要时间较短	中到高	化学氧化可处理石油烃、BTEX(苯、甲苯、乙苯、二甲苯)、酚类、MTBE(甲基叔丁基醚)、含氯有机溶剂、多环芳烃、农药、硝基苯类等大部分有机物；对于难生物降解、可氧化的有机污染物效果较好	对于高浓度污染土壤处理成本较高；对于部分污染物，需要采用催化剂提高处理效率。土壤总体污染较低时，大量氧化剂可能被土壤中有机质消耗；高氧化剂可能造成氧化作不均匀
5	生物堆降解技术	生物堆降解技术是将大量污染土壤混合堆积成堆体，置于装有渗滤液收集系统的防渗区域，提供适量的水分和养分，并采用强制通风系统注入空气(补充氧气)，利用土壤中好氧微生物的呼吸作用将有机污染物转化为二氧化碳和水，从而达到去除污染物的目的	较成熟/国内存在修复案例	需要时间较长	较低	条件适宜前提下，对石油烃污染土壤修复效果好，微生物含量≥107cfu/g 时，可在45d 内实现5000mg/kg石油烃污染土壤达标治理。二次污染少，处理效率高	需要控制土壤温度、含水率、养分等影响修复效率的关键因素；周期较长，不适用于杂环芳烃等高含量的污染土壤修复；宜与其他技术联合使用
6	生物通风技术	生物通风技术是一种强化好氧生物修复方法，即在受污染土壤中强制通入空气，强化微生物对土壤中有机污染物进行生物降解，同时将易挥发的有机物一起抽出，然后对排出气体进行处理后排放。生物通风技术可用作原位或异位修复技术。生物通风效果取决于两个因素：首先土壤中必须有足够的空气，维持好氧条件；其次，可降解目标污染物通常存在，且其活性能满足降解速率的要求	较成熟/国内存在修复案例	需要时间较长	较低	生物通风技术对于被石油烃、低黏代或非氯代溶剂、某些杀虫剂、木材防腐剂等有机物污染的土壤处理效果良好，适用于土壤高渗透性、低含水量和低黏性的土壤。原位生物通风常用于修复地下水位上部透气性较好的土壤，也适用于结构疏松多孔的土壤	邻近地下水及饱和层土壤或低渗透性的土使用该技术效果较差，土壤中水分含量大时，温度过低也会限制生物有效性。可能导致污染物进入邻近地下空间，需要监控土壤表面可能排放废气

序号	技术名称	技术简介	应用参考因素			适用条件	局限性
			成熟性	时间	费用		
7	水泥窑焚烧	将污染土和水泥生料一起进入回转窑,通过高强度的加热,将土壤转变成稳定的玻璃和固态晶体,将污染土壤在配比,将污染土壤烧制为水泥。烧制前需分析其物理特性,其组分不宜取和水泥产品质量产生不利影响。需要对污染土壤进行预处理,使其符合窑要求	较成熟/国内应用较多	需要时间较短	中到高	适用于各类复合有机污染土壤及不宜挥发的重金属污染土壤,污染物去除比较长久彻底	由于受水泥品质限制,添加配比较低,处理能力视水泥窑数量和容量而定。需合理控制添加,控制产品质量有影响;该技术在处理过程中需要对飞灰和焚烧烟气进行检测,并采取治理措施。需附近有可修复并能接收修复土壤。本次修复土壤中可能存在三硝基甲苯等爆炸物类,可能不适宜采用焚烧处理方式,且周边区域无可用水泥窑
8	土壤化学淋洗技术	用水或添加表面活性剂、螯合剂的水溶液来淋洗土壤,将污染土壤中污染物淋洗到溶液中。被淋洗的土壤经检测合格后可以回收利用。淋洗土壤的溶液需要收集起来进行无害化处理,处理后的残渣可以回用于淋洗,处理后的水可以回用或处理达标后排放,处理后的土壤可以回用或处理后填埋	技术成熟/国内存在修复案例	需要时间中等	较低到中等	适用于大粒径、多孔隙、易渗透、低黏土含量的砂质土壤,最好用于砂砾、砂砾土壤和沉积土等;同时适用于重金属和有机污染场地。一般在洗涤前需要对土壤进行预处理和分级	对粒径较小的土壤不适用,黏土中的污染物较难清洗,一般来说,当土壤中黏土含量达到25%~30%时,将不考虑采用该技术。本次修复土壤中多黏性土含量较高,污染物较难清洗
9	阻隔填埋	在污染土壤的表层设不渗透的封闭覆盖层,在可能扩散的垂直方向和水平方向设不渗透的封闭墙,填埋场的底部要设置防渗层。阻止污染物扩散,常用的封闭材料如人造土、沥青、钢铁、混凝土等。要对污染区域进行封闭或对人类活动有限制,要定时的对场地进行监测	技术成熟/国内存在修复案例	需要时间较短	较低到中等	适用于低含水率的污染土壤,有时也被用来处理大规模污染区域,一般不用来处理深埋较深的污染土壤。实施过程较简单,对于各种污染物都有广泛的适用性	挖掘-阻隔技术无法减小污染物的毒性、活性和数量,需要的占地面积较大。填埋需要和场地后期建设相结合;填埋地依然有潜在的风险;需要对地下水质做长期的监测,以便对地下水质进行监控,填埋场需要定期检查和维护。本次修复土壤位于在生产企业内部,不适宜进行阻隔填埋

表6-7

常用地块地下水风险管控及修复技术介绍一览

序号	技术名称	技术简介	应用参考因素			适用条件	局限性
			成熟性	时间	费用		
1	抽出处理技术	根据地下水污染范围，在污染场地布设一定数量的抽水井，通过水泵将污染地下水抽取上来，然后利用地面设备处理或送污水处理厂处理。处理后的地下水，排入地表径流回灌到地下或供当用于供水	成熟	3~5个月	低至中	可用于各种污染情形，含水层介质渗透系数K>5×10⁻⁴cm/s，尤其适用于渗透性较好的含水层，可以是粉砂或卵砾石等不同介质类型。设备简单、易于安装	对修复区干扰大，可能导致地下水资源浪费；可能出现反弹；需要考虑抽出的污染地下水表处理与排放，有可用污水处理厂时，具有较大优势
2	原位化学氧化技术	向土壤或地下水的污染区域注入氧化剂，通过氧化作用，使土壤或地下水中的污染物转化为无毒或毒性相对较小的物质。常见的氧化剂包括高锰酸盐、过氧化氢、芬顿试剂、过硫酸盐和臭氧	较成熟	6~9个月	中至高	可用于处理土壤和地下水中多种有机污染物，处理效果好，施工效率高。适用于苯系物、多环芳烃、石油烃等有机污染物	对于渗透性较差的区域，氧化剂传输速率较慢
3	可渗透反应墙技术	在地下安装透水的活性材料墙体拦截污染物羽状体，当污染物羽状体通过反应墙时，污染物在可渗透反应墙内发生沉淀、吸附、氧化还原、生物降解等作用得以去除或转化，从而实现地下水净化的目的	国内应用案例较少	一般数年	高	可处理污染物类型广泛，处理能力大、设备简单、运行管理简单，无二次污染	不适用于承压含水层，不宜用于含水层深度超过10m的非承压含水层，对反应墙中沉淀和反应介质的更换、维护、监测要求较高。处理周期较长，需进行长期观测，运行和管理
4	原位生物修复技术	原位生物修复技术是指利用地下水中土著微生物或人工筛选培养的高效降解菌株，在原地地下水环境中生物降解水中的污染物	国内应用案例较少	6~24个月	低	常用于降解石油类污染物，对下水环境干扰小，设备简单，易于安装	不适用于低渗透性场地，污染物浓度修复到一定程度后，降解效率会相应降低，相应修复周期会大大增加
5	吹脱处理技术	吹脱处理技术是将地下水中有机污染物由液相转移至气相，再对尾气进行收集处理的技术	较成熟	6~24个月	中	适用于挥发和半挥发性有机染物去除，设备简单、易于安装	需要结合地下水抽出系统和污染物尾气处理使用，且需要考虑地下水排放去向

（2）修复技术可行性评估

修复技术可行性评估一般需要以下几个步骤：

①实验室小试

针对筛选确定的修复技术的关键环节和关键参数，制定实验室试验方案。若通过实验室小试即可获得修复技术的全部参数，并能明确技术适用性和修复目标的可达性，则可直接确定修复技术可行。实验室小试要采集地块内的污染土壤或地下水进行试验。

②现场中试

如筛选确定的土壤修复技术适用性具有不确定性，则应在污染地块内开展现场中试试验，验证修复技术的实际效果，中试试验过程中需同时考虑工程管理和二次污染防范等因素，同时应兼顾地块内污染浓度、土壤类型等存在差异的不同区域，以获取尽可能精确的修复技术所需的参数。

③类似应用案例分析

修复技术可行性评估也可以采用相同或类似地块修复技术的应用案例分析进行，必要时可现场考察和评估应用案例实际工程。类似情景一般应包括：目标污染物相同、地块特征和土壤特性相似等。

通过以上评估手段，对各修复技术进行综合比较，确定修复技术。

3.形成修复备选方案及比选

根据选择的修复模式和筛选评估确定的修复技术，初步制定不少于2种修复备选方案，修复方案可采用单一修复技术，也可采用2种或2种以上的修复技术进行优化组合。每种备选方案重点内容应包括：能够反映地块修复总体思路、方式、工艺流程、具体步骤及二次污染防治的地块修复技术路线；通过实验室小试或现场中试等方式获取修复工艺参数；地块实施修复的估算工程量（含二次污染防治涉及的工程量）。

对备选的修复方案进行比选，主要从关键技术指标、修复工程费用和二次污染防治措施等方面进行比选，综合考虑修复药剂及设备资源可获得性、对管理人员专业经验的要求、修复对土壤再生利用影响、修复所需时间及修复工程实施对环境影响程度等方面，综合比较并最终确定最佳修复方案，其余方案可作为备选方案。

最后根据确定的最佳修复方案，制定环境管理计划，提出修复工程监理及验收建议，并编制修复方案报告。

6.2.4 污染地块风险管控和修复工程实施及过程管理

污染地块风险管控和修复工程实施阶段主要涉及：编制修复施工方案、施工现场准备、现场施工及施工过程环境监管等环节。

1. 施工方案

施工方案应包括：工程管理目标，项目组织机构，污染土壤分布范围、主要工程量及施工分区，总体施工顺序，施工机械和试验检测仪器配置，劳动力需求计划，施工准备等内容，同时明确施工质量的控制要点、施工工序与步骤，各修复技术方案中所需的设备型号、设备安装和调试过程、细化的环境管理计划、施工进度、施工管理保障体系等内容。

2. 施工现场准备

为保证整个工程的顺利进行，施工开始前需要进行一系列准备工作，主要包括：

（1）成立施工管理组织机构，并做好管理人员及劳动力安排；

（2）清理施工地块内杂物，并进行施工场地平整，如有需要，可进行施工临时道路修筑；

（3）根据施工现场平面布置图进行测量放线，如涉及开挖区域，开挖范围应进行测量放线并做好标记，测量放线应做到真实、准确；

（4）材料机械准备，包括大型器械、修复设备、工程防护用具、个人安全防护用具和应急用具等；

（5）处理场地防渗，应根据施工方案和环境管理要求，对处理场地等易产生土壤、地下水等二次污染的区域进行防渗和导排处理；

（6）水电准备，施工用电、用水的接入，相关管路和设施等应符合国家相关规定；

（7）消防准备，应健全消防组织机构，配备足够消防器材，并派专人值班检查，加强消防知识的宣传和对现场易燃易爆物品的管理，消除一切可能造成火灾、爆炸事故的根源，严格控制火源、易燃、易爆和助燃物，生活区及工地重要电器设施周围，设置接地或避雷装置，防止雷击起火造成安全事故；

（8）人员培训，入场前应对相关施工人员开展施工安全和环境保护培训。

3. 现场施工及过程环境监管

施工方在污染土壤修复过程中，需严格按照业主和当地环境保护部门对该项目的管理要求，建立健全污染土壤修复工程质量监控体系，明确各级质量管理职责，通过增加技术保障措施、加强设备的运行管理、人员配置和污染土壤进出场管理等措施，确保该工程的污染土壤修复质量达到标准。施工过程如发现修复效果不能达到修复要求，应及时分析原因，并采取相应补救措施。如需进行修复技术路线和工艺调整，应报环境保护主管部门重新论证和审核。

项目施工期间，施工单位应综合考虑地块条件、污染特征、技术工艺等因素，做好污染地块风险管控和修复施工过程环境监管，环境监管工作内容主要包括：施工现场管理，如场地、材料、机械、用电、临界区域、人员等管理及防护；污染土壤运输管理（如有）；管控或修复药剂安全管理；废水、废气、固体废物及噪声等二次污染防治等。修复施工期间，土壤污染责任人或土地使用权人等责任人应当设立公告牌，公开相关情况和环境保护措施。

6.2.5 污染地块修复或风险管控效果评估

污染地块修复或风险管控效果评估工作内容主要包括：评估准备、布点、现场采样及实验室检测、效果评估及提出后期环境监管建议等。

1. 评估准备

风险管控、修复活动完成后，土壤污染责任人另行委托有关单位对风险管控效果、修复效果进行评估。在开展修复效果评估之前，应通过收集污染地块风险管控与修复相关资料、开展现场踏勘、人员访谈等方式，确定效果评估监测范围，核实评估监测范围是否与修复方案中确定的一致，修复范围和工程量等是否发生变更，如发生变更，应根据实际情况对效果评估范围进行调整。落实主体修复或管控工程实施情况，包括：主体修复或管控工程实施情况是否发生变化，修复后的土方量最终去向，施工过程有无发生事故等。此外，还应核实管控或修复施工过程中，二次污染防治措施落实情况，是否发生过二次污染事故。最后，根据以上工作掌握的地块风险管控或修复工程实际情况，结合地块地质与水文地质特征、污染物空间分布、修复设施布局、周边环境情况，对地块概念模型进行更新，为下一步效果评估采样布点设置等提供依据。

2. 评估布点

修复效果评估布点按土壤修复模式（异位修复、原位修复）及风险管控策略的不同，主要分为以下几种情形。

（1）基坑清理效果评估布点

地块修复方案中涉及污染土壤清挖时，清理作业后会形成基坑，需要对基坑底部和侧壁进行布点采样，判断污染土壤清挖清理效果是否满足要求。

基坑底部一般采用系统布点法划分采样单元，即将监测区域划分成面积相等的若干采样单元，采样单元网格大小原则上不超过40m×40m。基坑侧壁一般采用等距离布点法划分横向采样单元，横向点位间距原则上不超过40m，当基坑深度小于或等于1m时，基坑侧壁可不进行垂向分层采样；当基坑深度大于1m时，基坑侧壁应进行垂向分层采样，相邻两层之间垂向距离一般不大于3m。基坑底部和侧壁采样布点最少数量与基坑面积有关（表6-8）。

基坑底部和侧壁推荐最少采样点数量 表6-8

基坑面积（m²）	基坑底部最少采样点数量（个）	侧壁最少采样点数量（个）
$X < 100$	2	4
$100 \leqslant X < 1000$	3	5
$1000 \leqslant X < 1500$	4	6
$1500 \leqslant X < 2500$	5	7
$2500 \leqslant X < 5000$	6	8
$5000 \leqslant X < 7500$	7	9
$7500 \leqslant X < 12500$	8	10
$X > 12500$	网格大小不超过40m×40m	采样点横向间距不超过40m

（2）修复后的异位土壤效果评估布点

土壤异位修复完成后，一般以堆体模式存放，为评估土壤修复效果，应结合堆体大小设置采样点，原则上修复后的土壤堆体，每个采样单元（样品代表的土方量）不应超过500m³，其中，重金属和半挥发性有机物可在采样单元内采集混合样，挥发性有机物不得采集混合样。异位修复后的土壤堆体最少采样单元数量要求见表6-9。也可根据《污染地块风险管控与土壤修复效果评估技术导则（试行）》（HJ 25.5—2018）推荐的修复差异系数法确定采样布点数量。

异位修复后的土壤堆体最少采样单元数量要求 表6-9

堆体体积（m³）	采样单元数量（个）
< 100	1
100~300	2
300~500	3
500~1000	4
每增加500	增加1个

（3）土壤原位修复效果评估布点

采用原位修复的土壤效果评估布点一般采用系统布点法，参照基坑底部布点数量要求，同时应结合地块污染分布、土壤性质、修复设施位置等因素，在污染较严重区域、修复效果薄弱区、修复范围边界处等位置增设采样点。

原位修复土壤垂直方向采样深度应覆盖污染深度，并根据原位修复可能造成的污染物迁移情况适当增加采样深度。

（4）风险管控效果评估布点

常见的污染地块风险管控措施包括：固化/稳定化、封顶、阻隔填埋、地下水阻隔墙、可渗透反应墙等管控措施。风险管控效果评估的目的是评估管控措施是否有效，需要在工程完工1年内开展至少4个批次的采样，一般每个季度采样一次。评估布点一般结合风险管控设施等布置情况，在管控范围上游、内部、下游，以及可能涉及的潜在二次污染区域设置地下水监测井，用于采样检测。

（5）土壤修复二次污染区域布点

土壤管控或修复施工过程可能涉及二次污染，潜在二次污染区域主要包括：异位污染土壤暂存区、固体废物或危险废物堆存区、污染土壤转运车辆设备临时道路、修复过程中污染物迁移可能涉及的区域等。二次污染区域布点可采用系统布点方法，但要结合潜在二次污染区域实际分布情况确定。一般采集土壤表层样品（0~20cm），存在污染物迁移时采样深度要根据实际情况确定。

3. 现场采样与实验室检测

修复效果评估现场采样与实验室检测按照土壤污染状况调查阶段要求进行，具体要求可参照《建设用地土壤污染风险管控和修复监测技术导则》（HJ 25.2—2019）执行。修复效果评估检测指标一般选取对应修复范围内土壤中的目标污染物，采用化学氧化/还原、微生物等技术修复后的土壤检测指标应报告产生的二次污染物。风险管控效果评估检测指标包括污染物指标和工程性能指标两类，其中污染物指标主要有：土壤目标污染物浓度、固化/稳定化修复土壤的浸出浓度、室内空气中目标污染物浓度（一般为挥发性有机物）等；工程性能指标主要用于判断风险管控工程措施、设施的性能效果，主要有抗压强度、渗透性能、阻隔性能、工程设施的连续性与完整性等。

4. 效果评估

（1）土壤修复效果评估

评估阶段工作内容是采用合适的评估方法，将采集样品的实验室检测结果与评估标准进行比对，判断土壤修复效果是否达到既定要求，并编制土壤修复效果评估报告。

①评估标准

污染土壤清挖形成的基坑土壤和修复后的土壤评估标准值一般按照修复方案或施工方案中确定的修复目标值。但如果修复后的土壤需要外运至其他地块时，还用综合考虑根据接收地土地利用方式及敏感受体土壤暴露情景进行风险评估确定的风险控制值，接收地土壤背景浓度，以及《土壤环境质量 建设用地土壤污染风险管控标准（试行）》（GB 36600—2018）中接收地用地方式对应的土壤筛选值，选择较高者作为评估标准值，并确保接收地的地下水和环境安全。

②评估方法

根据效果评估确定现场采集及检测样品数量多少，评估方法一般采用逐一对比法或统计分析两种（表6-10）。

土壤修复效果评估方法对比一览

表6-10

评估方法	逐一对比法	统计分析
适用情形	检测样品数量<8个	检测样品数量>8个
对比分析方法	将样品检测值与评估标准值逐个对比	将样品均值的95%置信区间上限与评估标准值进行比较
是否达到修复效果的结论	①样品检测值≤评估标准值，达到修复效果；②样品检测值>评估标准值，未达到修复效果	样品均值的95%置信上限≤评估标准值，且样品浓度最大值不超过评估标准值的2倍，认为达到修复效果；否则认为未达到修复效果
其他	当同一污染物平行样数量≥4组时，可结合t检验，分析样品检测值与评估标准值的差异是否显著，若不显著，则认为达到修复效果，否则，认为未达到修复效果	原则上统计分析方法应在单个基坑或单个修复范围内分别进行；对于低于检出限的检测数据，可用检出限数值进行统计分析

（2）风险管控效果评估

①评估标准

风险管控工程性能指标评估标准一般是满足设计要求或不影响预期风险管控效果。风险管控措施的污染物指标评估标准主要包括：管控设施和措施下游地下水中污染物浓度持续下降；固化/稳定化后土壤中污染物的浸出浓度应达到接收地地下水用途对应的地下水水质标准限值。

②评估方法

风险管控工程性能指标和污染物指标均达到评估标准，则认为风险管控达到预期效果，只需对风险管控措施开展后续运行与维护。否则认为风险管控未达到预期效果，须对风险管控措施进行优化。

5.后期环境监管建议

（1）需开展后期环境监管的情形

地块修复或风险管控工程实施完成后，以下情形需要进行后期环境监管：

①修复后土壤中污染物浓度未达到《土壤环境质量 建设用地土壤污染风险管控标准（试行）》（GB 36600—2018）中第一类用地筛选值的地块，如经修复治理后，土壤中污染物浓度达到第二类用地筛选值；

②采取风险管控措施的地块；

③对于地下水污染物超标，但经风险评估等方式确定不需要进行修复的地块。

（2）后期环境监管方式

后期环境监管方式一般包括长期环境监测和制度控制，两种方式可结合使用。

①对于实施风险管控的地块应开展长期环境监测，长期环境监测方式通常采用设置地下水监测井或土壤气监测井进行周期性采样和检测的方式，长期监测井布设位置应优先考虑污染物浓度高的区域、距离敏感点较近的区域。一般可1~2年开展一次，也可根据地块实际情况进行调整。

②通过制度控制进行后期环境监管，一般可采用的方式包括：限制地块使用方式（如不作为住宅等居住用地），限制地下水利用方式（如禁止开采饮用地下水），通知和公告地块潜在风险，限制进入地块等。不同制度控制方式可结合使用。

7 案例分析

7.1 案例概述

某东部沿海A市，拟新建一座危险废物填埋场，用于处置全省产生的各类危险废物，主要建设内容包括：刚性填埋区、预处理车间、初雨及事故池、污水处理设施等。

本项目拟接收的危险废物类别包括：HW17、HW18、HW19、HW21、HW22、HW23、HW24、HW25、HW26、HW28、HW31、HW33、HW34、HW35、HW36、HW46、HW47、HW48、HW49、HW50等大类中的部分危险废物（其中废液不接收），处理量为5000吨/年。

主要经济技术指标：本项目总投资约9500万元，设置填埋量5万吨，设计处理能力5000吨/年，服务年限10年。

项目建设背景：

A市所在省份化工产业发达，拥有诸多港口，区域内河网纵横，地势总体西高东低，分为平原、丘陵、岗地3个地貌单元，地质条件稳定。

区域属于北亚热带季风气候区，雨量充沛，光照充足，气候温暖。

为推动该项目实施，建设单位特委托某咨询单位，开展生态环境前期咨询工作。

7.2 谋划阶段环境咨询服务

项目谋划阶段重点对项目的建设内容及选址进行评估，进一步分析项目落地的可行性，在环境咨询方面应抓住选址这一关键因素，从"三线一单"符合性分析及相关法律法规符合性角度梳理项目选址的可行性。

7.2.1 "三线一单"符合性分析

通过本项目的选址，平面布局等情况与"三线一单"生态环境分区管控要求进行对照，充分识别是否存在问题或矛盾。

（1）采用矢量叠图法，识别本项目选址所在的环境管控单元，通过与"三线一单"生态环境分区管控要求及所在环境管控单元对应的生态环境准入清单要求进行对照，梳理本项目落地的符合性。

（2）在充分梳理项目选址的环境质量现状的基础上，坚持以生态功能不降低、环境质量不下降、资源环境承载能力不突破为目标，在充分识别项目排放的各类污染物的基础上，采用预测分析法，确保项目落地不会对周边环境造成影响。

7.2.2 相关法律法规符合性分析

（1）相关法律法规

通过对相关法律法规进行梳理，涉及本项目的相关法律法规主要为：

①《中华人民共和国环境保护法》

②《中华人民共和国固体废物污染环境防治法》

③《中华人民共和国水污染防治法》

④《中华人民共和国大气污染防治法》

⑤《中华人民共和国环境噪声污染防治法》

⑥《危险废物处置工程技术导则》（HJ 2042—2014）

⑦《危险废物贮存污染控制标准》（GB 18597—2023）

⑧《危险废物填埋污染控制标准》（GB 18598—2019）

⑨《道路运输危险货物车辆标志》（GB 13392—2005）

⑩《危险货物运输包装通用技术条件》（GB 12463—2009）

⑪《危险货物道路运输规则 第1部分：通则》（JT/T 617.1—2018）

（2）谋划阶段法律法规相关要求

通过对以上法律法规梳理，谋划阶段主要关注选址方面的管理要求，确保项目选址符合相关法律法规的要求，针对本项目选址要求如下：

①填埋场选址应符合环境保护法律法规及相关法定规划要求。

②填埋场场址的位置及与周围人群的距离应依据环境影响评价结论确定。

在对危险废物填埋场场址进行环境影响评价时，应重点考虑危险废物填埋场渗滤液可能产生的风险、填埋场结构及防渗层长期安全性及其由此造成的渗漏风险等因素，根据其所在地区的环境功能区类别，结合该地区的长期发展规划和填埋场设计寿命期，重点评价其对周围地下水环境、居住人群的身体健康、日常生活和生产活动的长期影响，确定其与常住居民居住场所、农用地、地表水体以及其他敏感对象之间合理的位置关系。

③填埋场场址不应选在国务院和国务院有关主管部门及省、自治区、直辖市人民政府划定的生态保护红线区域、永久基本农田和其他需要特别保护的区域内。

④填埋场场址不得选在以下区域：破坏性地震及活动构造区，海啸及涌浪影

响区；湿地；地应力高度集中，地面抬升或沉降速率快的地区；石灰溶洞发育带；废弃矿区、塌陷区；崩塌、岩堆、滑坡区；山洪、泥石流影响地区；活动沙丘区；尚未稳定的冲积扇、冲沟地区及其他可能危及填埋场安全的区域。

⑤填埋场选址的标高应位于重现期不小于 100 年一遇的洪水位之上，并在长远规划中的水库等人工蓄水设施淹没和保护区之外。

⑥填埋场场址地质条件应符合下列要求，刚性填埋场除外：

a.场区的区域稳定性和岩土体稳定性良好，渗透性低，没有泉水出露；

b.填埋场防渗结构底部应与地下水有记录以来的最高水位保持 3m 以上的距离。

⑦填埋场场址不应选在高压缩性淤泥、泥炭及软土区域，刚性填埋场选址除外。

⑧填埋场场址天然基础层的饱和渗透系数不应大于 1.0×10^{-5} cm/s，且其厚度不应小于 2m，刚性填埋场除外。

⑨填埋场场址不能满足第⑥条、⑦条及⑧条的要求时，必须按照刚性填埋场要求建设。

7.3 可行性研究阶段环境保护篇章

7.3.1 生态和环境现状

（1）所在地区环境质量现状

简要说明项目厂址的地理位置，项目所在地的地形地貌、水文地质条件、气候特征等。说明项目是否涉及生态红线、项目周围是否涉及水源保护区、文物保护单位、居住区、学校、医院等敏感点，确定位置关系。简述投资项目所在地区的空气环境、水环境、声环境、土壤环境和生态环境等质量现状及污染变化趋势。分析说明所在地区环境质量受污染的主要原因。分析危险废物填埋场选址的环境保护可行性。

（2）企业环境保护现状与分析

分析危险废物填埋场所在地是否有可依托的危废焚烧、固化设施、污水排放管线及污水处理厂等，若有依托设施，分析依托设施的处理规模、处理工艺、处理效果和富余能力等，分析依托的可行性。

（3）执行的有关环境保护法律，法规和标准

危险废物填埋场项目执行的主要污染物排放标准如下：

①《大气污染物综合排放标准》（GB 16297—1996）；

②《危险废物贮存污染控制标准》（GB 18597—2023）；

③《危险废物填埋污染控制标准》（GB 18598—2019）；

④《城镇污水处理厂污染物排放标准》（GB 18918—2002）；

⑤《工业企业厂界环境噪声排放标准》（GB 12348—2008）；

⑥《恶臭污染物排放标准》（GB 14554—1993）；

⑦《建筑施工场界环境噪声排放标准》（GB 12523—2011）。

7.3.2 生态环境影响分析

施工期污染源主要包括施工扬尘、施工机械和运输车辆尾气、施工机械产生的噪声、施工期废水及施工期固体废物。

营运期污染源主要包括危废填埋场产生的渗滤液、降雨初期地面径流水，危险废物固化过程中产生的废气、危废填埋场释放的废气，设备运行过程中产生的噪声等。对大气、水产生的污染源详细说明污染源的名称、污染源涉及污染物的名称、浓度、排放特征、处理方法及排放去向；对于噪声污染源说明噪声源名称、数量、空间位置、排放特征、减噪措施和前后噪声值等。

7.3.3 生态环境保护措施

施工期污染控制措施详细说明施工期所采取的环境保护措施，并对可能造成的生态影响给出生态环境保护修复和水土保持方案，并对治理方案的可行性和治理效果进行分析论证。

运营期环境保护措施主要包括：

废水：主要为危废填埋场产生的渗滤液和降雨初期地面径流水的处理措施，应详细分析处理措施的处理能力，处理工艺和预期效果等，说明处理措施工艺及设备的稳定性、先进性、经济性及可行性，说明项目废水的最终排放量、水质、排放去向和达标情况。

废气：主要包括危险废物固化过程中产生的废气和危废填埋场释放的废气治理措施，详细分析废气治理措施的处理能力、处理工艺和预期效果等，说明处理措施工艺及设备的稳定性、先进性、经济性及可行性，说明项目外排废气的达标情况和主要污染物的排放总量。

噪声：说明采取的主要噪声控制措施，并分析说明预期效果。

7.3.4 环境监测

填埋场环境监测是填埋场管理的重要组成部分，是确保填埋场正常运行和进行环境评价的重要手段。依据《危险废物填埋污染控制标准》（GB18598—2019）、《危险废物安全填埋处置工程建设技术要求》（环发〔2004〕75号）以及《危险废物处置工程技术导则》（HJ 2042—2014）相关要求，对渗滤液、地下水、地表水和大气连续监测，具体监测项目包括：废气、废水、地下水、厂界噪声、土壤等，并在封场后进行相关监测。

7.4 环境影响评价

7.4.1 工作流程

1.确定类别

本项目为危险废物填埋项目，根据《建设项目环境影响评价分类管理名录（2021年版）》，本项目属于"四十七、生态保护和环境治理业"中"101.危险废物（不含医疗废物）利用及处置"中类别，其中危险废物利用及处置需要编制环境影响评价报告书。

2.收集资料

编制环境影响评价报告书前，先针对危险废物填埋项目进行分析，结合其行业的工艺及产排污特点、相关技术规范要求，收集整理编制环境影响评价报告书的材料，收集的主要材料包括以下内容：

（1）项目可行性研究报告；

（2）生产工艺流程图；

（3）危险废物治理类别及治理能力、原辅材料及燃料信息；

（4）生产设备信息，包括主体工程、辅助工程及环境保护工程等涉及的设备信息；

（5）污染防治设施，各污染防治设施的设计方案；

（6）厂区平面布置图；

（7）项目所在地的近20年的气象资料；

（8）项目所在地的水文地质勘察报告；

（9）与环境影响评价相关的其他资料；

（10）国土及规划部门出具的选址意见；

（11）项目所在地的相关环境保护规划：《全国危险废物和医疗废物处置设施建设规划》《生态环境保护规划》《城市总体规划》《土地利用总体规划》《省危险废物集中处置设施建设规划》等。

3.项目申报

环境影响评价报告书编制完成后，上报前进行公示，并在申报系统内进行申报，申报内容按照各地区生态环境部门的要求进行申报，申报过程中提交的资料清单主要包括：

（1）建设项目环境影响报告书（表）；

（2）建设项目环境影响评价公众参与说明；

（3）建设项目环境影响评价审批基础信息表；

（4）建设项目环境影响评价文件报批申请书；

（5）通过政务服务大厅线上提交的建设项目环境影响报告书对全本中不宜公开内容作了删除、遮盖等区分处理的，还应当提交有关说明材料一份；

（6）上一级生态环境主管部门预审意见；

（7）生态环境部门要求的其他资料。

4.项目审批

生态环境部受理报批的建设项目环境影响报告书（表）后，按照《环境影响评价公众参与办法》的规定，公开环境影响报告书（表）、公众参与说明、公众提出意见的方式和途径，环境影响报告书的公开期限不得少于十个工作日。

生态环境部审批环境影响报告书的期限，依法不超过六十日，经审查通过的建设项目环境影响报告书，生态环境部依法作出予以批准的决定，并书面通知建设单位。对属于《建设项目环境保护管理条例》规定不予批准情形的建设项目环境影响报告书（表），生态环境部依法作出不予批准的决定，通知建设单位，并说明理由。

7.4.2 工程分析

1.项目组成

项目组成包括主体工程、公用工程、辅助设施及环境保护工程（表7-1）。

2.填埋废物入场要求

本项目拟接收的危险废物类别包括：HW17、HW18、HW19、HW21、HW22、HW23、HW24、HW25、HW26、HW28、HW31、HW33、HW34、

建设项目		建设内容及规模
主体工程	刚性填埋场	占地面积、设置填埋量5万吨、设计处理能力5000吨/年、为地上式结构、防渗层采用钢筋混凝土外壳与柔性人工衬层组合的刚性架空结构、服务年限为10年、单个单元池容积为250立方米
	入场前预处理	设置固化车间，对于部分不能直接填埋的危险废物需要固化后方可入场填埋危险废物，进行固化预处理
公用工程	给水	水源来自于市政供水管网
	排水	生活污水经化粪池预处理后进入生化处理系统处理达标后排入市政污水管网
	供电	电源来自当地变电站
辅助设施	进厂计量设施	入口处布置的地磅房
	机修工段	厂区内设置机修间
环境保护工程	渗滤液导排系统	填埋场的渗滤液收集系统由渗滤液导流层及竖向渗滤液收集管路组成。每个单元池单独导排，渗滤液导流层与竖向DN200 HDPE花管相连，花管中渗滤液由自吸泵抽取。采用竖向抽排的形式，单元池底部铺设6mm厚土工复合排水网作为渗滤液导流层
	雨水导排系统	雨水经集中收集进入雨水收集池
	事故排水系统	设置一座事故水池
	污水处理系统	渗滤液等废水处理采用"预处理＋两级DTRO"的处理工艺
	废气处理系统	预处理车间及暂存库恶臭废气经车间整体换风收集后采用"碱洗＋除雾器＋活性炭吸附"工艺处理后，通过15米高排气筒排放。填埋库区废气经收集后进入上述同一套除臭装置处理后排放
	防渗工程	按照《危险废物填埋污染控制标准》（GB 18598—2019）采取防渗措施

项目主要工程内容　　　　　　　　表7-1

HW35、HW36、HW46、HW47、HW48、HW49、HW50等大类中的部分危废（其中废液不接收），处理量为5000吨/年。危险废物填埋处置应符合《危险废物处置工程技术导则》（HJ 2042—2014）中处理处置要求。

根据《危险废物填埋污染控制标准》（GB 18598—2019），填埋废物的入场要求如下：

下列废物不得填埋：

（1）医疗废物；

（2）与衬层具有不相容性反应的废物；

（3）液态废物。

除不得填埋的三类废物，不具有反应性、易燃性或经预处理不再具有反应性、易燃性的废物，可进入刚性填埋场。

砷含量大于5%的废物，应进入刚性填埋场处置。

危险废物允许填埋的控制限值如表7-2所示。

危险废物允许填埋的控制限值　　　　　　　　表7-2

序号	项目	稳定化控制限值（mg/L）
1	烷基汞	不得检出
2	汞（以总汞计）	0.12
3	铅（以总铅计）	1.2
4	镉（以总镉计）	0.6
5	总铬	15
6	六价铬	6
7	铜及其化合物（以总铜计）	120
8	锌及其化合物（以总锌计）	120
9	铍及其化合物（以总铍计）	0.2
10	钡及其化合物（以总钡计）	150
11	镍及其化合物（以总镍计）	2
12	砷及其化合物（以总砷计）	2.5
13	无机氟化物（不包括氟化钙）	120
14	氰化物（以CN计）	5

3. 填埋场工程方案

根据《危险废物安全填埋处置工程建设技术要求》（环发〔2004〕75号），刚性安全填埋场将采用钢筋混凝土结构，刚性填埋场钢筋混凝土的设计应符合《混凝土结构设计规范》（GB 50010—2010）的相关规定，防水等级应符合《地下工程防水技术规范》（GB 50108—2008）一级防水标准；钢筋混凝土与废物接触的面上应覆有防渗、防腐材料；内衬HDPE或其他同等以上隔水效力的材料衬层。应设计成若干独立对称的填埋单元，每个填埋单元面积不得超过50m^{2}且容积不得超过250m^3；填埋结构应设置雨棚，杜绝雨水进入，刚性填埋场示意结构图如图7-1所示。

当单个池体填满时，需对池体进行封场。填埋场封场覆盖系统的目的是防止雨水、空气和动物进入其中。封场的作用主要为防止雨水下渗，减少填埋场渗滤液产生量。为达到这个目的，填埋场顶部防渗系统由数层材料组成，由下至上依次为：防渗层（1.5mmHDPE防渗膜）、保护层（抗渗混凝土）。

4. 危险废物的预处理

根据《危险废物安全填埋处置工程建设技术要求》（环发〔2004〕75号），对不

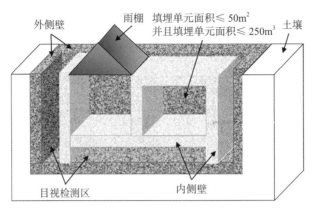

外侧壁　雨棚　填埋单元面积≤50m²　并且填埋单元面积≤250m³　土壤

目视检测区　内侧壁

图 7-1　刚性填埋场示意图（地下）

能直接入场填埋的危险废物必须在填埋前进行稳定化/固化处理。危险废物稳定化/固化处理是尽可能将填埋处置的危险废物与环境隔绝的重要工程措施之一。稳定化/固化技术由于具有处理效果稳定、处理过程简单、处理费用低廉等特点，而被广泛用于危险废物的预处理过程中，并已被大量实践所证实。

目前，稳定化/固化处理技术，按所用固化剂、稳定剂的不同可分为：水泥基稳定化/固化法、石灰基稳定化/固化法、沥青稳定化/固化法、热塑稳定化/固化法和玻璃稳定化/固化法等。

水泥基固化法和石灰基固化法处理危险废物运行费用比较低廉，设备投资少，对工人的技术水平要求不高，操作较简单，其处理后的废物，尤其重金属废物虽有一些缺陷，但从固化的废物性质及固化技术的安全性、经济性、适用范围的广泛性及技术的成熟程度等多方面考虑，水泥基固化法是较合适的一种方法。

适当的采用有机硫稳定剂或高分子有机螯合剂处理毒性较大的危险废弃物，例如：五价含砷废物、预解毒后的含氰废物、含汞废物、焚烧余灰等；采用氧化还原技术把毒性较大的六价铬（Cr^{6+}）还原为三价铬（Cr^{3+}）。例如：铬泥中含有较高浓度的六价铬（Cr^{6+}），毒性较强，按一定比例加入硫酸亚铁，再加入少量水搅拌，可使六价铬（Cr^{6+}）还原为三价铬（Cr^{3+}），降低毒性。

适当的使用药剂，不但可以弥补水泥固化的不足，而且可以降低增容量。

5.污染源源强分析

危险废物安全填埋场与垃圾卫生填埋场不同，填埋的废物主要为不可焚烧类危险废物，有机质含量低，需符合入场标准，基本杜绝含挥发性有机物的废物直接填埋，填埋废物性质相对稳定。废物本身产生的挥发性有机气体极少，因此危险废物填埋场废气主要考虑恶臭气体排放。废气排放源主要包括填埋场废气、车间废气（暂存库、固化车间）和渗滤液处理系统废气。主要污染因子为 H_2S、NH_3、臭气浓度和颗粒物，污染源源强计算可以采用类比法和系数法进行计算，分别计算点源、面源、体源正常工况及非正常工况条件下废气排放情况。

固体废物填埋场渗滤液主要包括：大气降水及地下水的入侵、危险废物中原有的含水、危险废物填埋后由于微生物、物理、化学降解作用产生的水。影响渗滤液产生的因素包括气象、气候特点，填埋废物性质及作业方式等。大气降水产生的渗滤液量可根据库区面积、雨水入渗系数及当地的降雨量等参数计算；危险废物中的含水量根据危险废物检测报告确定水分含量。填埋场渗滤液水质成分复杂，污染物浓度高，变化大，渗滤液水质可参考国内外同类危险废物填埋场渗滤液检测结果进行分析，废水中主要污染因子包括 COD_{Cr}、NH_3-N、Cd、Cu、Pb、Fe、Ni、Zn、Hg，计算渗滤液产生量、各污染因子产生浓度、处理方式及排放去向等。

固体废物主要包括职工生活垃圾、实验室检验废物、渗滤液处理产生的污泥、废气处理产生的废活性炭等，分别计算各类固体废物的产生量，根据《国家危险废物名录》（2021年版）《危险废物鉴别技术规范》（HJ 298—2019）以及《危险废物鉴别标准 通则》（GB 5085.7—2019），判定本项目运营过程中产生的固体废物是否属于危险废物，危险废物应明确危险废物类别、代码、危险特性等信息。

噪声源主要为填埋作业设备及泵类运行过程中产生的噪声，噪声特性为偶发性噪声。固定声源给出主要设备名称、型号、数量、声源源强、运行方式和运行时间等。

7.4.3 评价等级

1. 大气

根据《环境影响评价技术导则 大气环境》（HJ 2.2—2018）的相关规定，选取本项目污染源正常排放的主要污染物及排放参数，采用导则中推荐的估算模型计算每一种污染物的最大地面浓度占标率 P_i，及第 i 个污染物的地面浓度达到标准限值10%时所对应的最远距离 $D_{10\%}$，从而确定大气环境影响评价等级和评价范围。评价等级判定依据如表7-3所示。

评价等级判定依据   表7-3

评价等级	评价等级判定
一级	$P_{max} \geqslant 10\%$
二级	$1\% \leqslant P_{max} < 10\%$
三级	$P_{max} < 1\%$

估算模型中需要收集的参数如表7-4、表7-5所示。

估算模型参数表 表7-4

参数		取值
城市/农村选项	城市/农村	农村
	人口数（城市选项时）	/
最高环境温度/℃		42.1℃（累年极端最高气温）
最低环境温度/℃		-8.3℃（累年极端最低气温）
土地利用类型		耕地
区域湿度条件		湿
是否考虑地形	考虑地形	是
	地形数据分辨率/m	90m×90m
是否考虑岸线熏烟	考虑岸线熏烟	是
	岸线距离/km	0.7
	岸线方向（°）	210

大气环境影响评价工作等级判据表 表7-5

污染物		最大落地浓度（μg/m³）	P_{max}（%）	D_{max}（m）	评价工作等级
预处理车间（点源）	氨	0.32	0.16	0	三级
	硫化氢	0.008	0.08		三级
	颗粒物	4.21	0.94		三级
填埋库区（面源）	氨	2.32	1.16	50	二级
	硫化氢	0.02	0.2		三级
污水站（面源）	氨	0.280	0.14	0	三级
	硫化氢	0.007	0.07		三级

本项目大气环境影响评价等级为二级。

2.地表水

按《环境影响评价技术导则 地表水环境》（HJ 2.3—2018）的规定，地表水评价按建设项目污水排放量、水污染物当量数、排放方式等因素确定。其中间接排放的建设项目地表水环境影响评价为三级B。本项目废水经厂内污水处理系统处理达标后送至污水处理厂，不直接排放水体。因此，本项目评价工作等级确定为三级B。

3.地下水

根据《环境影响评价技术导则 地下水环境》（HJ 610—2016），按建设项目对地下水环境影响的特征，结合《建设项目环境影响评价分类管理名录》，将建设项目分为四类。本项目属于Ⅰ类项目。根据地下水评价导则的要求，危险废物填埋场应进行一级评价。

4.土壤

根据《环境影响评价技术导则 土壤环境（试行）》（HJ 964—2018），土壤环境评价工作等级划分应根据项目类别、占地情况及周边的土壤环境敏感程度进行判定。本项目类别属于Ⅰ类项目、占地规模为小型、土壤环境敏感程度为不敏感，具体评价工作等级判定如表7-6所示，本项目土壤环境评价等级为二级。

污染影响型评价工作等级划分 表7-6

敏感程度	Ⅰ类			Ⅱ类			Ⅲ类		
	大	中	小	大	中	小	大	中	小
敏感	一级	一级	一级	二级	二级	二级	三级	三级	三级
较敏感	一级	一级	二级	二级	二级	三级	三级	三级	/
不敏感	一级	二级	二级	二级	三级	三级	三级	/	/

注："/"表示可不开展土壤环境影响评价工作。

5.环境风险

根据《建设项目环境风险评价技术导则》（HJ 169—2018）评价工作等级划分原则，根据企业运营过程中涉及有毒有害、易燃、易爆物质与临界量的比值判定危险物质数量与临界量比值（Q），根据本项目行业及生产工艺确定M值的类型，进一步判定项目的危险性等级，分别判定本项目大气、地表水、地下水的敏感程度分级，确定本项目环境风险潜势，分别判断各环境要素的风险评价工作等级，经判断本项目风险潜势为Ⅰ，仅进行简单分析。

6.生态环境

根据《环境影响评价技术导则 生态影响》（HJ 19—2022），需根据项目周边有无生态敏感区，是否涉及生态红线，地下水和土壤评价范围内是否分布有天然林、公益林、湿地等生态保护目标，工程占地规模是否大于20km^2（包括永久和临时占用陆域和水域）确定项目评价等级，若不存在以上情况，项目生态环境影响评价等级为三级。

7.4.4 环境现状调查与评价

1. 空气质量现状监测与评价

（1）环境质量公报

优先采用国家或地方生态环境主管部门公开发布的评价基准年环境质量公告或环境质量报告中的数据或结论。本项目位于东部沿海A市，引用该省生态环境厅发布的《全省环境空气质量公报》中数据，作为该市环境空气质量达标性的判定依据：该市上年全年环境空气质量达到国家二级标准。

（2）特征因子监测

为了解项目所在地特征因子环境空气质量现状，对项目所在地及常年主导风向下风向敏感目标进行了补充监测，具体如下。

①监测项目。

它包括H_2S、NH_3、臭气浓度、TSP。

②监测点位。

补充监测共布设2个监测点位，分别为项目所在地和近20年主导风向（北风）下风向的敏感点处。

③监测频次。

a. 日均浓度：采用自动采样仪，24小时连续采样，连续监测7天。

b. 小时浓度：小时浓度每天监测4次（小时浓度取样时间按照《环境空气质量标准》（GB 3095—2012）中规定，未规定的取样时间不小于45分钟），连续监测7天。

④评价方法。

根据环境空气质量现状调查和监测结果，采用单因子比值法对该区域的大气环境现状进行评价，比值≥1，即超标。

2. 地表水环境质量现状监测与评价

为了解本项目所在区域的地表水环境质量现状，对附近水体进行监测，具体内容如下。

（1）监测项目

它包括水温、pH值、DO、COD_{Mn}、COD_{Cr}、BOD_5、氨氮、总磷、总氮、氟化物、挥发酚、铜、锌、砷、汞、镉、铬（六价）、铅、氰化物、粪大肠菌群。

（2）监测断面

共设2个监测断面。

（3）监测时间及频次

连续监测3天，每天取样1次。

（4）现状评价方法

根据《水功能区、水环境功能区划分方案》，各监测断面地表水体为Ⅲ类水体，评价标准采用《地表水环境质量标准》（GB 3838—2002）中的Ⅲ类水质标准。本项目采用单因子标准指数法评价地表水环境质量现状。

3.地下水质量监测与评价

为了解本项目所在区域的地下水环境质量现状，对区域地下水水质进行监测，具体监测内容如下。

（1）监测项目

①常规因子：pH值、氨氮、硝酸盐、亚硝酸盐、挥发性酚类、氰化物、耗氧量、铁、锰、镍、锌、铜、镉、铅、汞、砷、六价铬、氟化物、溶解性总固体、总硬度、氯化物、硫酸盐、菌落总数、总大肠菌群；

②八大离子：K^+、Na^+、Ca^{2+}、Mg^{2+}、Cl^-、SO_4^{2-}、CO_3^{2-}、HCO_3^-；

③水位。

（2）监测时间及频次

每天采样1次，监测1天。

（3）监测布点

水位布点：共布置14个地下水水位监测点。

水质布点：共布置7个水质监测点。

（4）评价方法

采用单因子指数法进行地表水环境质量现状评价，当单因子指数＞1时，说明该因子已超过规定标准。

4.声环境质量现状监测与评价

为了解项目所在区域的声环境质量现状，对项目周边声环境进行监测：

（1）监测项目：等效连续A声级Leq（A）。

（2）监测布点：共设4个监测点。

（3）监测时间及频次：昼间、夜间各一次，监测1天。

5.土壤环境质量现状监测与评价

（1）监测点位及监测项目

项目厂区内、厂区周边共布设6个监测点。监测项目为《土壤环境质量 建设用地土壤污染风险管控标准（试行）》（GB 36600—2018)45项；同步检测土壤理化性质。

（2）采样深度

每个柱状土样分取三个土样：表层样（0~50cm）、中层样（50~150cm）、深层样（150~300cm）。

（3）监测方法

监测方法按《土壤环境监测技术规范》（HJ/T 166—2004）要求进行。

（4）评价方法

土壤环境质量现状评价应采用标准指数法，并进行统计分析，给出样本数量、最大值、最小值、均值、标准差、检出率和超标率、最大超标倍数等。

7.4.5 环境影响预测与评价

1.环境空气影响预测与评价

根据《环境影响评价技术导则 大气环境》（HJ 2.2—2018），二级评价项目不进行进一步预测与评价，只对污染物排放量进行核算，计算正常工况及非正常工况有组织及无组织废气排放情况。

本项目废气主要为预处理车间及暂存库废气、填埋区废气、污水处理站废气。其中厂内污水处理废气产生量较少，不会对周围环境产生明显影响。预处理车间正常工作时车间门窗关闭，采用车间整体排风，收集的废气采用"碱洗＋除雾器＋活性炭吸附"工艺处理后，通过15m排气筒排放。填埋区内不设置专门的气体导排系统，在每个单元格内预埋DN200 HDPE花管，将个别单元格内因危废品处理不完全而产生的气体排出单元池。在刚性填埋库四周设置除臭主管，每个单元池填满封场后，将DN200 HDPE花管连接到除臭主管上，通过除臭主管将填埋场内气体输送到预处理配套的臭气处理系统（"碱洗＋除雾器＋活性炭吸附"工艺）集中处理，通过同一根排气筒排放。

2.地表水环境影响预测与评价

（1）废水排放情况

本项目建成后废水主要包括生活污水和填埋场渗滤液，主要污染因子包含COD、SS、氨氮、TDS和少量重金属，废水排放情况中分别计算生活污水、渗滤液的废水产生量、产生浓度及各因子产生量。污水处理拟采用"预处理＋两级DTRO"的处理工艺，调节池渗滤液经泵提升至渗滤液原水储罐，进行pH值调节、砂滤器、保安过滤器等简单预处理后，进入第一级DTRO，经第一级DTRO处理后产生的透过液进入第二级DTRO进一步处理，第一级DTRO浓缩液排至浓缩液储池等待回灌处理。经第二级DTRO处理后的透过液进入脱气塔处理后达标排放，第二级浓缩液返回第一级DTRO合并继续处理。第一级浓缩液排入浓缩液储池，通过MVR系统蒸发脱盐。将高浓度废水中水蒸发并冷凝为冷凝水回至第一级DTRO，盐分结晶出来，实现盐分的分离。蒸发过程盐结晶后和蒸馏母液一并排出，经过离心分离结晶盐和母液，母液回到蒸发系统中，结晶盐作为危废处置。由于渗滤液中含有一定的溶解性气体，而反渗透膜可以脱除溶解性的离子而不能脱除溶解性的气体，就可能导致反渗透膜产水pH值低于排放要求，经脱气塔脱除透过液中溶解的酸性气体后，pH值能达到排放要求，经过预处理后废水中各项污染物可以达到相应标准，满足污水处理厂的进水水质要求。

（2）依托污水处理设施的环境可行性

本项目依托的污水处理厂处理能力为2万m³/d，目前实际处理量为1.2m³/d，本项目废水排放量约18m³/d，本项目废水排放量占依托污水处理厂处理能力的0.09%，本项目废水水质预处理后达到纳管标准，因此本项目废水排放不会对依托的污水处理厂正常运行产生冲击。

3.地下水影响预测与评价

（1）项目水文地质条件

①项目地质情况。

本项目所在地地貌类型为冲积平原地貌，总体西高东低，根据本次调查揭露，场地分布地层为素填土、淤泥质粉质黏土、粉质黏土、角砾土、含砾砂粉质黏土及下覆熔结凝灰岩。

②主要含水层。

素填土：该层主要分布于填埋场区内表层，调查区其他区域未见明显分布，厚度为0~7.50m，其主要成分为凝灰岩碎屑、碎块及砂砾石，结构较为松散，渗透性及富水性均好，渗透系数为8.0×10^{-1}cm/s，该层中赋存的地下水为孔隙潜水。

角砾土：该层主要分布于调查区上游，靠近山脚区域，填埋场区未见分布，结构稍密，埋深1.00~2.50m，揭露层厚7.50~9.00m，主要成分为大于2mm的粗颗粒，渗透性及富水性均好，渗透系数为9.0×10^{-2}cm/s，该层中赋存的地下水为孔隙潜水。

含砾砂粉质黏土：该层在本次调查区下游山前平原均有分布，结构稍密，埋深

31.00~55.80m，揭露层厚3.00~7.50m，其中砾砂含量约40%，渗透性及富水性均较好，通过抽水试验分析所得渗透系数为2.55×10^{-2}cm/s，该层中赋存的地下水为孔隙承压水，为填埋场区主要含水层。

③主要隔水层。

淤泥质粉质黏土：该层在拟建填埋场范围内均有分布，层厚变化大，本次调查揭露层厚为6.00~23.00m，靠近海边层厚呈增大趋势，由于主要由黏粒土及淤泥质土组成，颗粒细，孔隙少，胶结较好，渗透能力较弱、贮水空间小，含水量较小，属于隔水层，渗透系数为2.0×10^{-6}cm/s。

粉质黏土：该层在拟建填埋场范围内均有分布，与淤泥质粉质黏土交错互层，层厚相对较薄，本次调查揭露层厚为1.50~7.20m，由于主要由黏粒土组成，颗粒细，孔隙少，胶结较好，渗透能力较弱、贮水空间小，含水量较小，该层与淤泥质粉质黏土层无明显隔水层，具有紧密的水利联系，构成不同岩性的同一岩组，同属隔水层，渗透系数为1.1×10^{-5}cm/s。

熔结凝灰岩：该层为本次调查区的基岩层，广泛分布，其结构为熔结凝灰结构，块状构造，埋层较深，本次调查揭露32.00~60.00m，岩面起伏大，根据其风化程度及裂隙发育情况，可将其划分为强风化熔结凝灰岩和中风化熔结凝灰岩，富水性弱，强风化熔结凝灰岩渗透系数为4.0×10^{-4}cm/s，中风化熔结凝灰岩渗透系数为4.0×10^{-6}cm/s。

④地下水补给、径流、排泄特征。

调查区地形较低缓、起伏不大，属丘陵岗地和山前平原地貌，总体东高西低。区内地下水主要受大气降水补给和上游河水侧向补给。总体径流和排泄方式为填土层接受大气降水补给后，往下渗透分别转为补给松散岩类孔隙水、孔隙承压水及基岩裂隙水，高处基岩裂隙水排泄于丘间谷地，以地表水或潜流（谷地潜水）形式向下游河流阶地补给，并排泄于大海。

（2）地下水环境影响预测与评价

①水文地质概念模型。

水文地质概念模型是把水文地质单元实际的边界性质、内部结构、渗透性能、水力特征和补给排泄等条件概化为便于进行数学与物理模拟的基本模式。建立评价区的水文地质概念模型是进行预测评价的第一步。

模型模拟区处于滨海平原，地貌上属海相淤积平原，区内新构造运动以沉降运动为主，堆积了巨厚的第四系地层，模拟区面积约为6km²。根据环境水文地质调查结果及周边环境，平面上主要以研究区东北部山脊、西南面的地表水体结合北面和东南面地下水水位监测井连线为边界，山脊概化为零流量边界，其余概化为给定水头边界。

模拟区地下水主要赋存在第四系松散岩类孔隙和基岩裂隙中，本项目主要影响第四系含水层中上部①$_{-1}$层素填土与下部⑨$_{-2}$层含砾砂粉质黏土中赋存的饱和地下水。根据水文地质勘查和岩土工程勘察资料，在中部①$_{-2}$层到⑨$_{-1}$层为一层较厚的粉质黏土和淤泥质粉质黏土，属于相对隔水层，其上概化为潜水含水层，其下含砾砂粉质黏土为承压含水层。而在模拟区东北部还有基岩出露，故本次模拟主要含水层为孔隙潜水含水层、孔隙承压含水层及基岩裂隙含水层，凝灰岩为隔水底板。顶部接受大气降水补给，主要以蒸发和径流排泄为主，水流模型概化为三维非均值各向异性地下水稳定流模型。

②模型参数。

根据水文地质调查期间水文地质试验——抽水试验可知：含砾砂粉质黏土层的渗透系数为 $4.51 \times 10^{-3} \sim 5.16 \times 10^{-3}$cm/s。室内渗透试验得到，素填土水平渗透系数为 5.0×10^{-2}cm/s，垂向渗透系数为 4.0×10^{-2}cm/s；粉质黏土水平渗透系数为 6.0×10^{-6}cm/s，垂向渗透系数为 5.0×10^{-6}cm/s；淤泥质粉质黏土水平渗透系数为 2.9×10^{-6}cm/s，垂向渗透系数为 2.2×10^{-6}cm/s。取抽水试验渗透系数和室内渗透试验的水平渗透系数和垂向渗透系数均值作为模型的含水层渗透系数参数值，根据土层的天然孔隙比计算孔隙率，得潜水含水层的平均孔隙度为0.4，根据《环境影响评价技术导则 地下水环境》（HJ 610—2016），含水层有效孔隙度约为0.2。

本区历年平均降水量为1322.5mm，平均年蒸发量为1208.3mm，多年平均净降水量约为114.2mm。

本项目填埋库区为地上式刚性结构，通过目视能观察到填埋单元的破损和渗漏情况，因此不予评价。主要评价区为调节池，调节池位于填埋库区东北侧，属于地下式钢筋混凝土结构形式，壁厚300mm，净尺寸为20m×8m×2.4m，容积为320m³。底板高程-1m，调节池内壁铺设1层2.0mm厚HDPE防渗膜。

水平防渗层和垂直防渗层的渗透系数应不低于 1.0×10^{-7}cm/s，本模型中取 1.0×10^{-7}cm/s作为防渗层的渗透系数。

③溶质运移数学模型。

水是溶质运移数学模型的载体，地下水溶质运移数值模拟应在地下水流场模拟基础上进行。污染物在地下水系统中的迁移转化过程十分复杂，它包括挥发、溶解、吸附、沉淀、生物吸收、化学和生物降解等作用。本次评价本着风险最大原则，在模拟污染物运移扩散时不考虑吸附作用、化学反应等因素，重点考虑对流弥散作用。在水流模型基础上，输入溶质运移模型参数，模拟污染物运移。

④预测软件。

对于上述数学控制方程的求解，采用地下水模拟软件VisualModflow进行计算。VisualModflow是目前国际上最先进的综合性的地下水模拟软件包，是由MODFLOW、MODPATH、MT3D、FEMWATER、PEST等模块组成的可视化三维地下水模拟软件包；可进行水流模拟、溶质运移模拟、反应运移模拟；VisualModflow在美国和世界其他国家得到广泛应用。VisualModflow系统中所包含的MODFLOW模块可构建三维有限差分地下水流模型，是由美国地质调查局（USGS）于20世纪80年代开发出的一套专门用于模拟孔隙介质中地下水流动的工具。自问世以来，MODFLOW模块已经在学术研究、环境保护、水资源利用等相关领域内得到了广泛的应用。

⑤预测方案。

调节池在非正常状况下，泄漏的渗滤液中耗氧量、氨氮、总汞、总砷在泄漏后1年（365天）、15年（5475天），以及封场后15年（16425天）、30年（21900天）在调节池底部和承压含水层顶部的浓度分布。

⑥预测结果。

根据《危险废物填埋污染控制标准》（GB 18598—2019）设计地下水污染防渗措施，根据《环境影响评价技术导则 地下水环境》（HJ 610—2016），可不进行正常工况情景下的预测。

地下水环境影响预测仅考虑在非正常工况下（因施工质量不佳、调节池未按设计运行要求作业等原因造成水泥防渗层发生破损），即调节池中渗滤液的泄漏速率为设计工况下的30倍的情景，来计算渗滤液中主要污染因子在地下水中的迁移过程，进一步分析污染物影响范围、超标范围和浓度变化。污染物超标范围参照《地下水质量标准》（GB/T 14848—2017）Ⅳ类标准限值，污染物浓度超过上述Ⅳ类标准限值的范围即为浓度超标范围。

非正常工况下，考虑到调节池水泥防渗层发生破损情况下，针对污染物的预测结果表明，调节池的污染物主要集中在池内，至模拟末期，平面上污染物均未超出厂界，垂直向上最大运移至潜水含水层底部，运移距离为6m，不会对承压含水层造成影响。

4.声环境影响预测与评价

项目噪声主要来源于填埋作业设备和泵类，通过选用低噪声的填埋作业设备，并采取隔声、消声、减振措施，大大降低了噪声源强。根据《环境影响评价技术导则 声环境》（HJ 2.4—2021）的技术要求，采取导则上的推荐模式进行预测分析。

5.土壤环境影响预测与评价

（1）预测情景

根据《环境影响评价技术导则 土壤环境（试行）》（HJ 964—2018），污染影响型建设项目应项目环境影响识别出的特征因子，选取关键预测因子。根据工程分析，综合考虑项目运营期污染物产生特征，考虑调节池底部发生泄漏事故导致污水直接泄漏至土壤，考虑最极端的事故排放为泄露污水浓度与进水浓度相同，其污染物浓度为产生浓度，预测因子选取Ni、Cr。

（2）渗漏源强设定

根据《给水排水构筑物工程施工及验收规范》（GB 50141—2008）中水池渗水量按照池壁和池底的浸湿面积计算，钢筋混凝土结构水池渗水量不得超过2L/（m² · d）。非正常工况条件下，围堰底部防渗层发生失效（按防渗面积的3‰算），水池均为钢筋混凝土结构，非正常状况下的渗漏量为规范允许最大渗漏量的10倍。

（3）预测模型

有机污染物、可溶盐污染物等在土壤中的运移和分布都受到多种因素的控制，如污染物本身的物理化学性质、土壤性质、土壤含水率等。污染物的弥散、吸附和降解作用所产生的侧向迁移距离远小于垂直迁移距离，重点预测污染物在土壤中垂向向下迁移情况。土壤预测评价应用HYDRUS软件求解非饱和带中的水分与溶质运移方程。对于边界条件概化方法，综述如下：

①水流模型。

考虑降雨，土壤中水随降雨增加，故上边界定为大气边界可积水。下边界为潜水含水层自由水面，选为自由排水边界。

②溶质运移模型。

溶质运移模型上边界选择浓度通量边界，下边界选择零浓度梯度边界。

③预测情景。

事故状态下渗滤液调节池出现泄露典型污染物镍和铬在土壤中的运移进行预

测，由地勘资料可知厂区主要为第四系沉积物，在大气降水条件下，入渗的少量大气降水被包气带土层吸收，在单次降水较大的情况下，会形成地表径流。由于当地蒸发量较大，第四系地层较薄，入渗的大气降水很快会被蒸发散失掉，不会形成稳定的地下水水位。根据场地水位调查可知，水位埋深为31~55.8m，岩性为含砾砂粉质黏土，局部互层。垂直入渗主要是对厂区第四系淤泥质粉质黏土层影响较大，将整个剖面剖分为300个网格进行预测，间距10cm。在预测目标层布设4个观测点，距模型顶端距离分别为700、1000、1500和2000cm。

（4）预测结果

渗滤液调节池发生渗漏后Ni和Cr随着时间的迁移污染物下渗的深度变大。Ni和Cr的浓度随时间而迁移扩散，浓度先增大后减小，最后趋于稳定，深度为10m处砂质泥岩土层中污染物浓度较低，大约在100天观测到污染物，浓度随时间先增加后减小，最后趋于稳定浓度约为0.06909mg/L。20m深处在356天时监测到污染物，根据预测结果，Ni和Cr在淤泥质粉质黏土层始终处于达标状态。但是企业实际运行过程中应该加强检查，防止渗滤液调节池发生渗漏。如果在持续渗漏情况下，重金属的难以消解，在富集作用下会对项目区的土壤造成污染。

6.固废环境影响分析

国家对于固体废物治理技术政策的总原则是危险废物的减量化、资源化和无害化，即首先通过清洁生产减少废弃物的产生，在无法减量化的情况下优先进行废物资源化利用，最终对不可利用废物进行无害化处置，这也是我国处置固体废物的基本原则。根据《建设项目危险废物环境影响评价指南》，本报告对项目运营期间固废环境影响进行分析。

7.4.6 选址与规划符合性分析

1.规划符合性分析

规划符合性分析主要分析与以下规划的符合性分析：

（1）《全国危险废物和医疗废物处置设施建设规划》

（2）《生态环境保护规划》

（3）《城市总体规划》

（4）《土地利用总体规划》

（5）《省危险废物集中处置设施建设规划》

2.相关标准符合性分析

本项目对填埋物入场要求、安全填埋场设计与施工的环境保护要求、封场要求等均需符合《危险废物填埋污染控制标准》(GB 18598—2019)、《危险废物贮存污染控制标准》(GB 18579—2023)相关要求。项目与该标准的符合性分析如表7-7所示。

与《危险废物填埋污染控制标准》(GB 18598—2023)等标准的
符合性分析表

表7-7

序号	相关内容		本项目情况	符合性
1	填埋物入场要求	下列废物不得填埋: a) 医疗废物; b) 与衬层具有不相容性反应的废物; c) 液态废物;除以上所列废物,不具有反应性、易燃性或经预处理不再具有反应性、易燃性的废物,可进入刚性填埋场	项目建设分析化验设施对危险废物进行化验,进入安全填埋场的废物经检测合格后满足入场要求,方可进入刚性填埋场	符合
2	安全填埋场设计与施工的环境保护要求	填埋场应包括以下设施: 接收与贮存设施、分析与鉴别系统、预处理设施、填埋处置设施(其中包括:防渗系统、渗滤液收集和导排系统、填埋气体控制设施)、环境监测系统(其中包括人工合成材料衬层渗漏检测、地下水监测、稳定性监测和大气与地表水等的环境检测)、封场覆盖系统(填埋封场阶段)、应急设施及其他公用工程和配套设施	本次技改项目依托现有建成的接收与贮存设施、分析与鉴别系统、预处理设施,并建设了刚性填埋场防渗系统、渗滤液收集系统和封场覆盖系统	符合
		填埋场处置不相容的废物应设置不同的填埋区,分区设计要有利于以后可能的废物回取操作	安全填埋场库区填埋废物性质各异,为了跟踪填埋废物,必须明确填埋物料在填埋库中所处的位置。对填埋库区的填埋单元进行编号分类。进入库区的危险废物需填写填埋记录,并记录在电子档案内,注明其在填埋库内的填埋单元编号、深度及单元内填埋位置。在填埋过程中,针对可以再利用的废物,采用吨袋包装后,放入填埋单元格中。运行过程中根据物料的种类和成分,分类进行填埋,并做好标记。后期填埋的危险废物一旦具备资源化的条件,可以定点地对废物取出进行再利用	符合

序号		相关内容	本项目情况	符合性
2	安全填埋场设计与施工的环境保护要求	刚性填埋场设计应符合以下规定： a) 刚性填埋场钢筋混凝土的设计应符合《混凝土结构设计规范》(GB 50010—2010) 的相关规定，防水等级应符合《地下工程防水技术规范》(GB 50108—2008) 一级防水标准；b) 钢筋混凝土与废物接触的面上应覆有防渗、防腐材料；c) 钢筋混凝土抗压强度不低于 $25N/mm^2$，厚度不小于 35cm；d) 应设计成若干独立对称的填埋单元，每个填埋单元面积不得超过 $50m^2$ 且容积不得超过 $250m^3$；e) 填埋结构应设置雨棚，杜绝雨水进入；f) 在人工目视条件下能观察到填埋单元的破损和渗漏情况，并能及时进行修补	均按照标准要求进行相应设计	符合
3	封场要求	刚性填埋单元填满后应及时对该单元进行封场，封场结构应包括 1.5mm 以上高密度聚乙烯防渗膜及抗渗混凝土	根据本项目刚性填埋场的特点，每个单元池填埋满后，立即采用 12cm 厚预制钢筋混凝土盖板进行封场，然后采用 8cm 混凝土找平。盖板下部铺设 1.5mm 厚 HDPE 膜，与池壁防渗层焊接，待填埋池全部填埋后，喷射混凝土找坡，避免池顶积水	符合

7.5 环境监理服务

7.5.1 环境监理依据

（1）建设项目环境影响评价文件；

（2）建设项目环境影响评价文件的批复文件；

（3）与项目相关的环境保护法律法规

（4）与项目相关的技术标准和技术规范；

（5）建设项目的工程技术资料；

（6）环境监理合同；

（7）环境监理的其他依据。

7.5.2 环境影响及减缓措施

施工期对环境产生的影响有：

（1）大气环境；

（2）地表水环境；

（3）地下水环境；

（4）声环境；

（5）生态环境；

（6）固体废物处理。

1.空气环境影响及减缓措施

施工期对空气环境影响的因素主要是粉尘和施工机械的燃油尾气，施工时由于场地平整，土石方移动等因素，拟建地植被遭到一定程度的破坏造成土壤裸露，在车辆过往、建筑施工时产生一定的扬尘，特别是大风、干燥季节扬尘较大，同时，土石方的移动和建筑材料的装卸、使用也会导致施工场地及运输道路附近扬尘增大，但一般来说，施工扬尘影响范围主要集中在施工场周边，对于施工产生的扬尘，主要通过洒水降尘的方式，减少粉尘的排放。

2.水环境影响及减缓措施

本工程施工期对水环境的影响因素主要包括施工工人的生活污水、施工过程中设备排放水和车辆清洗水以及雨天时地表径流。设备冲洗水主要污染物为悬浮物，地表雨水含有大量泥沙，生活污水污染物主要以COD为主，对施工期产生的水污染，现场设计方案建立沉淀池、过滤池、油污池等措施。

3.声环境影响及减缓措施

施工期噪声主要是由各类施工机械和设备产生。如挖掘机、装载机、压路机和材料运输车辆的交通噪声等。施工机械噪声强度为90~100dB，具有噪声高、无规则、突发性等特点，对环境的影响是局部范围内的、短期的。所以在机械设备进场前需对机械设备按要求进行报审验收，不合格机械不能用于本工程，施工期定期对机械设备进行检修，随着施工结束，其影响也随之消失。

4.固体废物影响及减缓措施

产生的固体废弃物主要为废弃的土石方及建筑材料和基建废石，可根据地形条件，将废石用于废石堆场拦石坝和土建施工护坡、挡土墙等的建设，本工程可利用的土方可以就地利用，大部分按照要求弃至政府规定的弃土场统一处理。

5.生态环境影响及减缓措施

本工程的建设需要占用土地、剥离地表植被、开挖土方、平整场地等，必将改变拟建地原有的自然地形地貌，扰动地表、破坏植被，局部生物生产力将有所下降；施工使得原有的自然景观遭到破坏，取而代之的是建构筑物等人工景观，对局部的景观产生影响，故本工程的施工对局部生态环境有一定的影响。在建设过程中，应同时注重绿化、复垦、护坡、水土保持等工程的建设。

7.5.3 环境控制目标

工程项目建设一方面可以改善一个地区的经济和环境，另一方面也会对项目所在的地区或周边环境产生不良的影响。工程项目建设除了项目的投资、进度与质量三大目标外，环境目标已经成为项目建设的另一重大目标，而且随着人们对环境问题的关注，工程项目建设中的环境目标控制就日益重要。

建筑垃圾主要来源于构成建筑物的那些原材料。

建筑垃圾大多属于固体垃圾而且含有大量的有害物质，对环境会造成极为严重的影响。减少建筑垃圾，一方面有利于降低业主和承包商的经济支出，另一方面有利于整个地区和国家环境的改善。除了建筑垃圾对环境的影响外，项目建设还会有如下的环境方面的问题：水污染、空气污染、视觉污染、噪声污染等。

（1）项目决策阶段的环境目标控制

项目决策工作的好坏对环境会产生直接而且深远的影响。决策失误是最大的失误，这不仅是项目投资损失的问题，而且关系到由此造成的资源浪费以及对生态环境的破坏。项目决策阶段重点应当做好以下工作：

①项目本身技术的可行性、经济的合理性。

②项目规划选址中注意对周边环境的影响。

项目选址不当，许多项目建在水源上方、城市的上风方向，致使项目当前以及今后的搬迁，造成资源的浪费。项目选址不当会成为影响空气环境质量的主要因素。

③遵守政府有关环境影响评价报告书的规定。

（2）项目设计阶段的环境目标控制

建筑设计的目的是更好地满足人的需要，设计阶段应重点考虑以下几方面的影响因素：

①考虑平面布局对环境的影响。

土地资源的再回收利用；现场生态环境；道路与交通；建筑微观气候。

②考虑对居民、用户和邻居的影响。

听取用户和社区的意见；建筑外观符合美学要求；控制噪声；预测并减少建设对环境的影响。

③详细咨询有关的机构。

水文、地质情况；防洪、防污；文物保护。

④能源方面。

节能设计；采用高效节能材料；利用可再生资源。

⑤建筑采光与通风。

自然通风与自然采光的使用。

⑥建筑物的外部环境。

绿化环境；利用植物绿化建筑物。

（3）项目招标投标及采购阶段的环境目标控制

鉴于项目建设中造成的污染问题以及对项目建设的影响，许多地方的合同招标中不同程度地规定了环境问题的解决办法或对策要求，投标单位控制环境污染的措施与文明施工已成为评标过程中的一项重要指标。只是在招标文件中要求的还不够具体和详细。实际工作中应重点做好以下几方面的工作：

①招标文件中应有专门的章节详细阐述环境问题与措施要求。

②招标文件中应包括有关环境的法律和法规的清单，以便引起承包商的重视。

③招标文件中强调项目对环境的特别要求。

④评标中增加环境措施的分值。

（4）合同委托阶段的环境目标控制

项目业主与选择的承包商签署合同时，招标文件中的有关环境的要求以及承包商在投标文件中涉及的环境问题都应写入合同条款。承包商应指派专门负责环境问题的代表。建议合同条件中写入下述与环境有关的法律和政策规定：环境保护；建筑垃圾处理；水处理；噪声控制；施工安全和健康；有害物质的控制；空气污染治理；绿色产品采购；文明施工。

（5）施工阶段环境目标控制

项目施工对环境的影响程度并不亚于项目建设的其他阶段，虽然项目规划、决策和设计决定了项目的布局、结构形式和材料的选择，但是施工阶段是形成项目实体的阶段，牵涉的单位和人员多、工艺复杂，对项目环境的影响也较大。重点应做好以下几方面工作：

①项目现场文明施工。

项目建设中，始终保持工地的良好现场卫生，早晚打扫现场通道，对周边自然环境、历史文物进行积极保护，实行"零事故"安全生产，使得整个工地井井有条。

制定专门的环境管理系统；进行环境教育和培训；施工中记录环境状况；制定专门的采购政策；与政府环境保护部门积极配合。

②工程噪声控制。

制定了专门的环境噪声污染防治办法，充分考虑了项目建设和区域开发所产生的噪声对周围生活环境的影响，为消除或减轻环境噪声污染提供了具体的、有力的法律保证。

③粉尘控制。

在项目建设过程中，粉尘给环境造成的影响在人的心中已经有了深刻的认识，项目在实施过程中制定并采取相应的防治粉尘控制措施。

7.5.4 施工阶段环境监理工作内容

施工阶段环境监理主要根据工程建设内容及变化情况（批建是否相符），对环境保护"三同时"措施落实情况、施工污染环境保护达标控制、生态保护措施执行情况、事故应急体系环境管理制度等实施监理，并编写施工期环境监理报告。

（1）建设项目主体工程批建符合性及污染防治措施实际落实情况，直接决定项目（试）生产期实际污染生产机削减情况是否达到环评预期效果。建设单位往往因为市场和技术条件的变化，或对环境保护法律法规不了解和经济效益最大化的利益驱动，在设计及实际建设中调整环境保护内容，如总平面图的调整可能涉及项目卫生防护距离内的敏感点变化；主体工程规模、生产工艺和生产装备的调整可能涉及实际生产的污染源及源强变化；配套环境保护治理设施的调整可能导致实际污染源源强削减量的变化。根据《中华人民共和国环境影响评价法》第二十四条"建设项目的环境影响评价文件经批准后，建设项目的性质、规模、地点、采用的生产工艺或者防治污染、防止生态破坏的措施发生重大变动的，建设单位应当重新报批建设项目的环境影响评价文件"及第二十六条"在项目建设、运行过程中产生不符合经审批的环境影响评价文件的情形的，建设单位应当组织环境影响的后评价，采取改进措施，并报原环境影响评价文件审批部门和建设项目审批部门备案；原环境影响评价文件审批部门也可以责成建设单位进行环境影响的后评价，采取改进措施"，在未引入环境监理的项目中，出现上述调整变化只有在申请试生产和环境保护竣工验收时才发现，造成管理上的被动和整改带来的巨大代价。因此，环境监理工作必须对项目批建符合性开展全过程的持续调查和监督。根据建设工程进度，结合项目设计资料、及时检查已完成的工程内容及安装主要生产设备，核查工程选线、产品生产工艺及各类环境保护设施规模，了解是否出现变更调整。对项目建设的关键内容和设备进行核实，防止批小建大、使用落后生产设备等情况的发生。

对未按建设项目环境影响评价及批复要求施工的或项目建设过程中存在调整变更的，环境监理单位应及时告知建设单位。属重大变更的，环境监理单位应告知建设单位及时办理相关手续；属非重大变更的可视情况组织设计单位、环境影响评价单位、专家等对变更方案召开论证会，形成会议纪要及专家意见后，必要时以专题报告形式报送建设单位。

（2）环境保护"三同时"措施落实监理

①污水处理措施：新建污水处理设施是否按照环境保护"三同时"要求与主体工程同时设计、施工和投产，监理其建设的规模、处理能力、工艺流程是否与设计相一致。如依托原有污水处理厂，应充分考虑其处理容量、工艺流程是否满足要求，保证项目运行后产生的污水能够顺利进入原有污染治理设施并得到处理，避免暗排管线的建设。

②废气处理和回收设施：新建废气处理和回收设施是否按照环境保护"三同时"要求与主体工程同时设计、施工和投产，监理其建设的处理能力、处理工艺是否与设计相一致，是否能满足各种废气的处理要求。如依托原有装置，应充分考虑其处理容量、处理工艺是否满足要求，所依托的装置是否合理、有效、可靠。

③噪声控制设备：对装置本身应采用低噪声设备，对一般机泵、风机等尽可能选择低噪声设备，对高噪声设备安置在室内，并采用减振、隔声、消声等降噪措施；对蒸汽放空口、空气放空口、引风机入口加设消声器，对无法避免的高噪声设备尽量布局在远离厂界的部位。

④固废治理设施：新建危废填埋场要按照建设要求进行建设，应符合危废填埋场建设标准。不能满足危险废物的填埋要求或者不具备场内处理条件的，则应将危险废物交由有危险废物处理资质的单位处置。监督检查危险化学品的管理措施、危险化学品的放置场所、使用行为及处置方法是否符合要求，保证危险化学品的安全使用和处置。

（3）施工环境保护达标监理

监督检查项目施工建设过程中各种污染因子达到环境保护标准要求；控制项目

施工期间废水、废气、固体废物、噪声等污染因子的排放，满足国家有关环境保护标准和环境保护行政主管部门的要求。

①监测：委托有资质的监测单位定期或不定期对环境质量、污染源、生态、水土流失等进行监测；确定环境质量及污染源状况，评价控制措施的效果、衡量环境标准实施情况和环境保护工作的进展。

②水环境监理：对施工过程中的生产废水和生活污水的来源、排放量、水质指标及处理设施的建设过程进行检查、监督，检查废（污）水是否达到了环境影响评价文件及其批复的排放标准。

③废气环境监理：对施工过程中产生的废气和粉尘等大气污染状况进行检查并督促施工单位落实环境保护措施。

④固体废物监理：对施工期固体废弃物（包括施工、生活垃圾和施工废渣）的处理是否符合环境影响评价文件及其批复的要求进行检查监督。

⑤噪声环境监理：对施工过程中产生强烈噪声或振动的污染源，监督施工单位按设计要求进行防治，重点是环境影响评价文件中的噪声敏感区。

（4）生态保护措施落实监理

监督检查项目施工建设过程中自然生态保护和恢复措施、水土保持措施和涉及自然保护区、文物古迹保护区、风景名胜区，水源保护区等的保护措施落实情况；

①控制施工场界范围：按照环境影响评价文件及其批复要求，控制施工作业场界，禁止越界施工，占用土地。

②施工过程监理：检查监督建设项目施工场地布置，采取环境友好方案，合理安排施工季节、时间、顺序，采取对生态环境影响较小的施工方法。

③因地制宜保护措施：结合建设项目所在区域生态特点和保护要求，采用必要的生态保护措施，减少和缓和施工过程中对生态的破坏，减小不可避免的生态影响的程度和范围。

④水土流失防治措施的落实：环境监理控制的水土保持工作，负责监督环境影响评价文件中涉及的防治水土流失工程、措施的落实。

⑤人群健康保护措施的落实：督促工程参建各方建立疫情报告和环境卫生监督制度，检查落实制定的保护措施，检查医疗卫生保障机制运行情况，检查保护水源地和饮用水消毒措施的落实，监督落实建设项目的电磁、辐射安全防护距离。

（5）环境风险防范措施监理

对建设项目的环境风险防范措施、风险事故应急预案等进行检查、并评价各项风险的执行情况。检查是否有遗漏的建设项目环境保护措施风险，处理突发环境污染事件是环境监理不可或缺的工作内容。

（6）编写施工期环境监理报告

环境监理过程中应根据具体项目特征和各阶段施工安排，结合建设项目环境监理要求，开展环境监理工作，确保项目建设全过程、各方面均能够满足环境保护相关要求。根据施工期环境监理成果，编写施工期环境监理阶段报告；不涉及试生产（运营）的建设项目，直接编写施工期环境监理总结报告，并反映设计阶段环境监理工作成果。

7.6 排污许可

7.6.1 确定类别

根据《固定污染源排污许可分类管理名录（2019年版）》，危险废物填埋项目行业类别属于"四十五、生态保护和环境治理业"中"环境治理业"，属于排污许可重点管理类别，需要在启动生产设施或者在实际排污之前申请排污许可证，登录"全国排污许可证管理信息平台"，申请排污许可证。排污许可证申请依据《排污许可证申请与核发技术规范 工业固体废物和危险废物治理》（HJ 1033—2019）要求进行填报。

7.6.2 收集资料

填报排污许可信息前，先针对危险废物填埋项目进行分析，结合其行业的工艺及产排污特点、相关技术规范要求，收集整理排污许可申报材料，收集的主要材料包括以下内容：

（1）公司营业执照；

（2）生产工艺流程图；

（3）危险废物治理类别及治理能力、原辅材料及燃料信息；

（4）生产设备信息，包括主体工程、辅助工程及环境保护工程等涉及的设备信息；

（5）污染防治设施，报告各污染防治设施的名称及设施参数；

（6）厂区平面布置图；

（7）监测布点图；

（8）生态环境管理文件（包括环境影响评价文件及批复、监测报告、总量批复文件、污染防治设施设计报告等）；

（9）与排污许可管理相关的其他资料。

7.6.3 项目申报

依据《排污许可管理办法（试行）》，实行重点管理的排污单位在提交排污许可申请材料前，应当将承诺书、基本信息以及拟申请的许可事项向社会公开。公开途径应当选择包括全国排污许可证管理信息平台等便于公众知晓的方式，公开时间不得少于五个工作日。排污单位向核发环保部门提交通过全国排污许可证管理信息平台印制的书面申请材料。申请材料应当包括：

（1）排污许可证申请表，主要内容包括：排污单位基本信息，主要生产设施、主要产品及产能、主要原辅材料，废气、废水等产排污环节和污染防治设施，申请的排放口位置和数量、排放方式、排放去向，按照排放口和生产设施或者车间申请的排放污染物种类、排放浓度和排放量，执行的排放标准；

（2）自行监测方案；

（3）由排污单位法定代表人或者主要负责人签字或者盖章的承诺书；

（4）排污单位有关排污口规范化的情况说明；

（5）建设项目环境影响评价文件审批文号，或者按照有关国家规定经地方人民政府依法处理、整顿规范并符合要求的相关证明材料；

（6）排污许可证申请前信息公开情况说明表；

（7）污水集中处理设施的经营管理单位还应当提供纳污范围、纳污排污单位名单、管网布置、最终排放去向等材料；

（8）排污许可管理办法（试行）实施后的新建、改建、扩建项目排污单位存在通过污染物排放等量或者减量替代削减获得重点污染物排放总量控制指标情况的，且出让重点污染物排放总量控制指标的排污单位已经取得排污许可证的，应当提供出让重点污染物排放总量控制指标的排污单位的排污许可证完成变更的相关材料；

（9）法律法规章规定的其他材料。主要生产设施、主要产品产能等登记事项中涉及商业秘密的，排污单位应当进行标注。

7.6.4 受理

排污单位所对应的生态环境主管部门收到申请后，对申请材料的完整性、规范性进行审查，按照不同情形分别作处理。不需要申请排污许可证的，应当当场或者在五个工作日内告知排污单位不需要办理；不属于本行政机关职权范围的，应当当场或者在五个工作日内做出不予受理的决定，并告知排污单位向有核发权限的部门进行申请；申请材料不齐全或者不符合规定的，应当当场或者在五个工作日内出具告知单，告知排污单位需要补正的全部材料，可以当场更正的，应当允许排污单位当场更正；属于本行政机关职权范围，申请材料齐全、符合规定，或者排污单位按照要求提交全部补正申请材料的，应当予以受理。

7.6.5 核发

排污单位所对应的生态环境主管部门受理后，属于本行政机关职权范围，申请材料齐全、符合规定，或者排污单位按照要求提交全部补正申请材料的，应当对排污单位的申请材料进行审核，满足条件的应当核发排污许可证。排污单位位于法律法规所禁止建设区域内的，属于国务院经济综合宏观调控部门会同国务院有关部门发布的产业政策目录中明令淘汰的落后生产工艺装备、落后产品的，不予核发排污许可证。

7.6.6 证后管理

排污许可证核发后，排污单位需按照排污许可证规定事项开展证后管理，生态环境主管部门需在职权范围内依法依规开展监管。

7.6.7 申报内容

1.排污单位基本情况表

参照生态环境部发布的《排污许可证申请与核发技术规范 工业固体废物和危险废物治理》（HJ 1033—2019）样表和全国排污许可证管理信息平台表单，根据本项目情况，填写排污单位基本信息表，见表7-8。

7 | 案例分析

排污单位基本信息表 表7-8

单位名称		注册地址	
邮政编码		生产经营场所地址	
行业类别	危险废物治理	投产日期	
生产经营场所中心经度		生产经营场所中心纬度	
组织机构代码	/	统一社会信用代码	
技术负责人		联系电话	
所在地是否属于大气重点控制区		所在地是否属于总磷控制区	

所在地是否属于总氮控制区		所在地是否属于重金属污染特别排放限值实施区域	
是否位于工业园区		所属工业园区名称	
是否需要改正		排污许可证管理类别	重点管理
主要污染物类别		☑废气　　☑废水	

主要污染物种类	☑颗粒物 □SO₂ □NOx □VOCs ☑其他特征污染物[硫化氢、臭气浓度、非甲烷总烃、氨（氨气）]	☑COD ☑氨氮 ☑其他特征污染物[悬浮物、pH值、五日生化需氧量、总有机碳、总磷（以P计）、总氮（以N计）、氟化物（以F-计）、氰化物、总铜、总锌、总钡、石油类、钡]	

※ 下表保留原结构：

主要污染物种类	☑颗粒物 □SO₂ □NOx □VOCs ☑其他特征污染物[硫化氢、臭气浓度、非甲烷总烃、氨（氨气）]	☑COD ☑氨氮 ☑其他特征污染物[悬浮物、pH值、五日生化需氧量、总有机碳、总磷（以P计）、总氮（以N计）、氟化物（以F-计）、氰化物、总铜、总锌、总钡、石油类、钡]
大气污染物排放形式	☑有组织 ☑无组织	废水污染物排放规律：☑间断排放，排放期间流量不稳定且无规律，但不属于冲击型排放
大气污染物排放执行标准名称	《恶臭污染物排放标准》（GB 14554—1993），《大气污染物综合排放标准》（GB 16297—1996）	
水污染物排放执行标准名称	《危险废物填埋污染控制标准》（GB 18598—2019），《污水综合排放标准》（GB 8978—1996）	

危险废物经营许可证编号	有效期限	发证日期	发证机关	经营方式	核准年经营规模（t/a）	核准利用规模（t/a）	核准处置规模（t/a）

2. 排污单位登记信息

（1）主要产品及产能

填写危险废物处置排污单位主要生产单元、设施名称及设施参数、废物名称、危险废物类别、处理能力等信息。危险废物分为外来的和自身产生的危险废物，按照《国家危险废物名录》，填报处置的危险废物的名称、类别、废物代码、危险特性，以及设计年处置能力、计量单位（t/a）、来源（外来/自身产生）等信息。取得危险废物经营许可证的排污单位，应按照危险废物经营许可证规定的核准经营规模、废物类别进行填报。

排污单位填报内部设施编号或根据《排污单位编码规则》（HJ 608—2017）进行编号并填报，每个生产单元应分别编号。

（2）主要原辅材料及燃料

辅料主要包括物化处理药剂、固化/稳定化材料和药剂、废水处理药剂、废气处理药剂等。辅料的设计年使用量为与处置能力相匹配的辅料的年使用量（以t计），按设计使用量或上一年实际使用量填写。辅料中有毒有害成分根据《污水综合排放标准》（GB 8978—1996）中第一类污染物以及《优先控制化学品名录》《有毒有害大气污染物名录》及其他有关文件规定明确，其占比即在辅料中的含量，按设计值或上一年生产实际值填写。

燃料主要包括使用的燃料信息及燃料的含水率、灰分、硫分、挥发分等信息。

（3）产排污节点、污染物及污染治理设施

①废气。

包括产排污环节名称、污染物种类、排放形式（有组织、无组织）、污染防治设施、是否为可行技术、有组织排放口编号、排放口设置是否符合要求、排放口类型等。

a.污染防治设施、有组织排放口编号。

污染防治设施编号可填写排污单位内部编号，或根据《排污单位编码规则》（HJ 608—2017）进行编号并填报。有组织排放口编号填写地方生态环境主管部门现有编号，若无编号，则由排污单位根据《排污单位编码规则》（HJ 608—2017）进行编号并填报。

b.污染防治设施工艺及是否为可行技术。

参照《排污许可证申请与核发技术规范 工业固体废物和危险废物治理》（HJ 1033—2019）第6部分"污染防治可行技术要求"进行填报。如采用不属于该文件中的技术，应提供相关证明材料。

c.排放口设置要求。

根据《排污口规范化整治技术要求（试行）》（环监〔1996〕470号）和地方相关管理要求，以及排污单位执行的排放标准中有关排放口规范化设置的规定，填报废气排放口设置是否符合规范化要求。

②废水。

填报废水类别、污染物种类、污染防治设施、是否为可行技术、排放去向、排放方式、排放规律、排放口编号、排放口设置是否符合要求、排放口类型。

a.废水产排污情况。

危险废物处置排污单位排放废水类别、污染物种类、排放方式、排放口名称。

b.污染防治设施、排放口编号。

污染防治设施编号可填写排污单位内部编号，或根据《排污单位编码规则》

（HJ 608—2017）进行编号并填报。污水排放口编号填写地方生态环境主管部门现有编号，若无编号，则由排污单位根据《排污单位编码规则》（HJ 608—2017）进行编号并填报。

c.污染防治设施工艺及是否为可行技术。

参照《排污许可证申请与核发技术规范 工业固体废物和危险废物治理》（HJ 1033—2019）第6部分"污染防治可行技术要求"进行填报。如采用不属于第6部分中的技术，应提供相关证明材料。

d.排放规律。

当废水直接或间接进入环境水体时应填写排放规律，不外排时不用填写。排放规律根据《废水排放规律代码（试行）》（HJ 521—2009）填写。

e.排放口设置是否符合要求。

根据《排污口规范化整治技术要求（试行）》（环监〔1996〕470号）和地方相关管理要求，以及排污单位执行的排放标准中有关排放口规范化设置的规定，填报排放口设置是否符合规范化要求。

③固体废物。

排污单位应填报自身产生的一般工业固体废物和危险废物的产生环节、名称、类别、产生量、治理方式及去向。

（4）产排污环节对应排放口

①废气。

废气排放口应填报排放口地理坐标、排气筒高度、排气筒出口内径、国家或地方污染物排放标准、环境影响评价审批、审核要求及承诺更加严格排放限值。

②废水。

废水产排污环节对应排放口根据排放口编号顺序填报废水排放口基本信息，包括排放口地理坐标、排水去向、排放规律等。废水直接排放口应填报排放口地理坐标、对应入河排污口名称及编码、受纳自然水体信息、汇入受纳自然水体处的地理坐标及执行的国家或地方污染物排放标准；废水间接排放口应填报排放口地理坐标、受纳污水处理厂信息及执行的国家或地方污染物排放标准，单独排入城镇集中污水处理设施的生活污水仅说明去向。废水间歇式排放的，应当载明排放污染物的时段。废水向海洋排放的，填报岸边排放或深海排放；深海排放的，还应说明排污口的深度、与岸线直线距离。雨水排放口基本信息包括排放口编号、排放口地理坐标（经度、纬度）、排放去向、受纳水体信息以及汇入受纳水体处地理坐标。

雨水排放口编号可填写排污单位内部编号，或采用"YS+三位流水号数字"（如YSO01）进行编号并填报。

③固体废物。

排污单位应填报一般工业固体废物贮存、处置设施以及危险废物贮存设施和填埋设施的编号、名称。

（5）许可排放限值

危险废物填埋场排污单位废气许可排放浓度（或排放速率）依据《大气污染物综合排放标准》（GB 16297—1996）、《恶臭污染物排放标准》（GB 14554—1993）确定。废水处理设施无组织废气依据《恶臭污染物排放标准》（GB 14554—1993）确定。

危险废物填埋场渗滤液许可排放浓度依据《危险废物填埋污染控制标准》（GB 18598—2019）确定，其他危险废物（不含医疗废物）利用、处置排污单位废水许可排放浓度依据《污水综合排放标准》（GB 8978—1996）确定。

3.环境管理要求

（1）自行监测

排污单位可自行或委托监测机构开展监测工作，根据《排污许可证申请与核发技术规范 工业固体废物和危险废物治理》（HJ 1033—2019）和《排污单位自行监测技术指南 工业固体废物和危险废物治理》（HJ 1250—2022），排污单位开展自行监测的污染源包括产生有组织废气、无组织废气、生产废水、生活污水等的全部污染源，同时对雨水中化学需氧量、悬浮物以及周边土壤及地下水开展监测。监测点位、指标及频次，具体见表7-9～表7-11。

废气污染物监测点位、指标及频次   表7-9

排放源	生产单元	监测点位	监测指标	监测频次
有组织源	固化/稳定化单元	输送、给料废气、破碎筛分废气、搅拌废气排放口	颗粒物、其他	半年
	物化处理单元	压实、破碎废气排放口	颗粒物、其他	半年
	污水处理设施	除臭设施排放口	硫化氢、氨、臭气浓度	半年
无组织源	危险废物填埋场	厂界	硫化氢、氨、臭气浓度、颗粒物、其他	月

废水污染物监测点位、指标及频次　　　　　　　　　　　表7-10

监测点位	监测指标	监测频次
渗滤液调节池废水排放口	总汞、烷基汞、总砷、总镉、总铬、六价铬、总铅、总铍、总镍、总银、苯并(a)芘	月
废水总排放口	pH值、流量、化学需氧量、悬浮物、五日生化需氧量、氨氮、磷酸盐、其他	月
生活污水单独排放口	pH值、流量、五日生化需氧量、化学需氧量、氨氮、总磷	季度
雨水排放口	化学需氧量、悬浮物	月

土壤、地下水等其他监测要求　　　　　　　　　　　　表7-11

监测点位	监测指标	监测频次
地下水监测井	浊度、pH值、可溶性固体、氯化物、硝酸盐(以N计)、亚硝酸盐(以N计)、氨氮、大肠杆菌总数、其他	运行第一年每月一次;正常情况下每季度一次

厂界环境噪声每季度至少开展一次昼、夜间噪声监测,监测指标为等效连续A声级,夜间有频发、偶发噪声影响时,同时测量频发、偶发最大声级。夜间不生产的可不开展夜间噪声监测。周边有噪声敏感建筑物的,应提高监测频次。

(2)环境管理台账记录

包括基本信息、接收固体废物信息、生产设施运行管理信息、污染防治设施运行管理信息、监测记录信息及其他环境管理信息等。生产设施、污染防治设施、排放口编码应与排污许可证副本中载明的编码一致。

对于未发生变化的基本信息,按年记录,每年一次;对于发生变化的基本信息,在发生变化时记录。

(3)执行(守法)报告

①年度执行报告

排污单位应每年提交一次排污许可证年度执行报告,于次年一月底前提交至有核发权的生态环境主管部门。对于持证时间超过三个月的年度,报告周期为当年全年(自然年);对于持证时间不足三个月的年度,当年可不提交年度执行报告,排污许可证执行情况纳入下一年度执行报告。

②季度执行报告

重点管理排污单位应每季度提交一次排污许可证季度执行报告,于下一周期首月十五日前提交至有核发权的生态环境主管部门。对于持证时间超过一个月的季度,报告周期为当季全季(自然季度);对于持证时间不足一个月的季度,该报告周期内可不提交季度执行报告，排污许可证执行情况纳入下一季度执行报告。

（4）其他控制及管理要求

危险废物填埋场应落实《中华人民共和国固体废物污染环境防治法》等法律法规及《危险废物填埋污染控制标准》（GB 18598—2019）、《环境保护图形标志 固体废物贮存（处置）场》（GB 15562.2—1995）、《危险废物收集、贮存、运输技术规范》（HJ 2025—2012）和《危险废物处置工程技术导则》（HJ 2042—2014）等标准规范要求，防止危险废物入场、固化、填埋、监测、封场等对环境造成的污染。

7.7 环保管家

7.7.1 环境咨询服务

1. 环保档案梳理

可以为企业提供环保档案梳理，包括梳理危险废物填埋场项目环境影响评价审批、"三同时"验收，排污许可证、企业生产情况、排污总量控制情况、突发环境污染事件应急预案落实情况及自行监测开展情况等政策制度的执行情况（表7-12）。

企业环保档案梳理

表7-12

项目类别	梳理主要内容
查看环评报告、环评批复、排污许可证或登记表、环保竣工验收、排污许可证材料	①填埋场的类型、容积、服务年限、填埋预处理和处置工艺、危险废物贮存仓库、配套的污染防治设施、危险废物产生情况等；②企业的产排污情况，监测要求等
查看危险废物经营许可证、单位监测计划，日常环境监测报告	查看近一年内是否按照危险废物经营许可证监测方案要求对污染物排放情况进行监测，监测频次、项目是否符合要求，污染控制是否符合控制标准的要求。（重点关注地下水自行监测频率是否每个月至少一次，监测指标是否超标；渗滤液等废水污染物排放指标是否符合要求；渗滤液收集、处置台账，达标排放情况等）
查看意外事故的防范措施和应急预案以及备案情况	①是否依法制定意外事故的防范措施和应急预案，同时按照《企业事业单位突发环境事件应急预案备案管理办法（试行）》的要求，出现需修订的情形或者每三年按要求及时修编；②应急预案是否备案；③是否按照预案要求每年组织应急演练
查看填埋场运行计划	是否按要求制定填埋废物运行计划。包括入场要求、运行管理要求、污染物排放控制等
查看填埋场环境安全性能评估报告	定期对填埋场环境安全性能进行评估。填埋运行期间，评估频次不得低于两年一次

2.排污许可证证后管理

（1）自行监测合规性检查

检查排污许可自行监测方案，排污单位应根据排污许可证中的"自行监测要求"确定的监测内容、频次开展自行监测。具体在排污许可证"环境管理要求-自行监测要求"中查看。

（2）台账记录合规性检查

排污单位应根据排污许可证中台账记录要求的记录信息进行记录。记录形式为电子台账和纸质台账。保存期限不少于3年（危险废物经营单位应当将台账记录保存10年以上，以填埋方式处置危险废物的台账记录应当永久保存）。具体在排污许可证"环境管理要求—环境管理台账记录要求"中查看。

（3）执行报告合规性检查

按期上报执行报告，排污单位应根据排污许可证副本关于执行报告内容和频次的要求，编制排污许可证执行报告。执行报告分为年报和季报。重点管理的排污单位需要编制年报和季报，包括年度执行报告和季度执行报告。

（4）信息公开合规性检查

国家排污许可证信息公开系统或其他便于公众知晓的方式按照《企业事业单位信息公开办法》和《排污许可证管理办法（试行）》相关规定进行信息公开。

3.环境保护信息披露

根据本项目所在地设区的市级生态环境主管部门制定的本行政区域内的环境信息依法披露企业名单，确定本项目是否需要进行环境保护信息披露。设区的市级生态环境主管部门于每年3月底前确定本年度企业名单，并向社会公布。若本项目企业在名单内，则需要编制年度环境信息依法披露报告和临时环境信息依法披露报告，并上传至企业环境信息依法披露系统。年度环境信息依法披露报告主要包括以下内容：

（1）企业基本信息，包括企业生产和生态环境保护等方面的基础信息；

（2）企业环境管理信息，包括生态环境行政许可、环境保护税、环境污染责任保险、环保信用评价等方面的信息；

（3）污染物产生、治理与排放信息，包括污染防治设施，污染物排放，有毒有害物质排放，工业固体废物和危险废物产生、贮存、流向、利用、处置，自行监测等方面的信息；

（4）碳排放信息，包括排放量、排放设施等方面的信息；

（5）生态环境应急信息，包括突发环境事件应急预案、重污染天气应急响应等方面的信息；

（6）生态环境违法信息；

（7）本年度临时环境信息依法披露情况；

（8）法律法规规定的其他环境信息。

7.7.2 环保现场排查

1.污染物排放检查

包括企业"三废"的产生量和处理量，废水、废气管网的设置情况，固体废物堆场情况，配套污染物防治设施的稳定运行情况，工艺情况及达标排放情况，雨污分流、涉水企业周边水体有无异常等情况，见表7-13。

企业环保现场检查内容

表7-13

项目类别	梳理主要内容
核查危险废物贮存仓库	①贮存场所符合《危险废物贮存污染控制标准》的有关要求（贮存场所地面须作硬化及防渗处理；场所应有雨棚、围堰或围墙；设置废水导排管道或渠道，将冲洗废水纳入企业废水处理设施处理或危险废物管理；贮存液态或半固态废物的，需设置泄漏液体收集装置；装载危险废物的容器完好无损）。②分类收集、贮存危险废物，未混合贮存性质不相容且未经安全性处置的危险废物。③未将危险废物混入非危险废物中贮存。④危险废物的容器和包装物必须设置规范的危险废物识别标志。⑤危险废物贮存场所必须设置规范的危险废物识别标志。⑥核实是否按照危险废物经营许可证规定从事经营活动，实际收集、贮存、产生危险废物情况是否与平台申报台账一致。⑦实际贮存场所名称、数量是否与平台填报一致。⑧危险废物场所是否按规范对废气进行收集处理，废气收集处理设施是否正常运行
核查分析检测实验室	①实验室配备的仪器设备是否符合入场分析检测要求。②危险废物入厂时是否对所接收的性质不明确的危险废物进行危险特性分析。③核查企业填埋场入场指标，判断是否按照入场指标和标准对入场危险废物进行分析测试
核查预处理车间	①固化稳定化等预处理设施是否正常运行。②预处理设施、场所是否设置规范的危险废物识别标志
核查填埋处置设施（包括防渗系统、渗滤液收集和导排系统等）	①是否设置雨棚；②人工目视填埋单元是否有破损和泄漏情况等
核查污染防治设施和事故应急池	①核查渗滤液和废水、废气等处理设施是否按要求正常运行。②应急池容积是否符合要求，是否规范运行。③核查企业是否做好雨污分流、清污分流

2.台账记录和其他环境管理检查

企业环保台账检查内容见表7-14。

企业环保台账检查内容 表7-14

项目类别	梳理主要内容
查看企业危险废物经营许可证信息	①危险废物经营许可证核准经营类别、经营规模、有效期等；②企业项目信息，包括处置工艺、污染防治情况等。③自行环境监测方案
查看危险废物管理计划	①是否制定了年度危险废物管理计划；②危险废物管理计划内容是否齐全，危险废物的产生环节、种类、危害特性、产生量、利用处置方式是否描述清晰
查看联单接收和次生危险废物转出情况	①联单接收情况，包括转移量、接收量、接收类型、危险类别、转移单位、联单信息等；②次生危险废物转出情况，包括转移量、接收量、转出类型、危险废物类别、接收单位、联单信息等；③电子联单轨迹是否异常
查看管理台账情况	填埋处置的危险废物类别、填埋量、入库、出库、次生危险废物产生、库存情况等
查看预警信息及处理情况	平台预警信息处理情况，督促企业及时处理预警信息

7.7.3 监测服务

按照《排污许可证申请与核发技术规范 工业固体废物和危险废物治理》（HJ 1033—2019）、《排污单位自行监测技术指南 工业固体废物和危险废物治理》（HJ 1250—2022）及排污许可证自主监测要求等规定，建立企业监测制度，制定监测方案，对污染物排放状况及其对周边环境质量的影响开展自行监测，保存原始监测记录，并公布监测结果。按照环境监测管理规定和技术规范的要求，查看企业永久性采样口、采样测试平台和排污口标志的合规性。安装污染物排放自动监控设备的要求，按有关法律和《污染源自动监控管理办法》的规定执行。

排污单位开展自行监测的污染源包括产生有组织废气、无组织废气、生产废水、生活污水等的全部污染源，同时对雨水中化学需氧量、悬浮物以及周边土壤及地下水开展监测。

1.水污染物监测要求

采样点的设置与采样方法，按《地表水和污水监测技术规范（HJ/T 91—2002）》的规定执行。企业对排放废水污染物进行监测的频次，应根据填埋废物特性、覆盖层和降水等条件加以确定，至少每月一次。

填埋场排放废水污染物浓度测定方法采用相应方法标准进行。

2.地下水监测

（1）填埋场投入使用之前，企业应监测地下水本底水平。地下水监测井的布置要求：

①在填埋场上游应设置1个监测井，在填埋场两侧各布置不少于1个的监测井，在填埋场下游至少设置3个监测井；

②填埋场设置有地下水收集导排系统的，应在填埋场地下水主管出口处至少设置取样井一眼，用以监测地下水收集导排系统的水质；

③监测井应设置在地下水上下游相同水力坡度上；

④监测井深度应足以采取具有代表性的样品。

（2）地下水监测频率：

①填埋场运行期间，企业自行监测频率为每个月至少一次；如周边有环境敏感区应加大监测频次；

②封场后，应继续监测地下水，频率至少一季度一次；如监测结果出现异常，应及时进行重新监测，并根据实际情况增加监测项目，间隔时间不得超过3天。

3.大气监测

采样点布设、采样及监测方法按照《大气污染物综合排放标准》（GB 16297—1996）的规定执行，污染源下风方向应为主要监测范围。

填埋场运行期间，企业自行监测频率为每月至少一次。如监测结果出现异常，应及时进行重新监测，间隔时间不得超过一星期。

4.检测结果分析

统计各有组织排放口及无组织排放口的排放浓度范围、污染物排放量、非正常工况及特殊时段污染物的排放浓度范围及污染物排放量，分析各污染物达标排放情况，将实际排放量与环境影响评价及排污许可阶段审批的排放量进行对比，分析是否达到相关审批要求；对检测报告中有超标的数据进行分析，分析数据超标原因，分析超标点位发生的情况，包括环保设施运行异常、因故障等紧急情况停运污染防治设施等情况，给出合理的解决建议。

7.8 竣工环保验收

7.8.1 验收工作范围

根据《建设项目竣工环境保护验收暂行办法》《建设项目竣工环境保护验收技

术指南污染影响类》及相关法律法规，本次自主验收范围为危险废物填埋场环境影响评价报告及其批复文件中废水、废气及噪声相关内容，主要包括验收准备、自查、编制验收技术方案、实施监测与检查、编制验收监测报告、组织验收、编制验收报告、信息公开公示及政府备案九个阶段。成果内容必须符合中华人民共和国有关规范和标准要求，符合国家相关环境保护监测规范要求，顺利通过环境保护工程设施验收及技术评审。

7.8.2 验收技术资料

（1）某危险废物填埋场项目环境影响评价报告书及批复文件；

（2）竣工验收监测报告。

7.8.3 验收工作流程

（1）资料收集与分析

本项目竣工环保验收主要收集以下资料：

①某危险废物填埋场项目环境影响评价报告书及其批复文件；

②设计和施工中的变更情况及相应的批复文件；

③初步设计（环保篇）；

④立项批复；

⑤竣工图；

⑥其他相关图件：建设项目地理位置图、平面布置图、周边环境概况图、污水流向图、污染物处理工艺流程图、污染源的相关资料及现场拍摄、收集的照片等。

（2）根据上述资料，开展分析及企业自查工作

①环保手续履行情况。

针对某危险废物填埋场项目环境影响评价报告书及其批复文件，初步设计（环保篇）等文件的编制，建设过程中的变动及相应手续完成情况，国家与地方生态环境部门对项目的督查、整改要求的落实情况，排污许可相关管理规定申领了排污许可证；

②项目建成情况。

对照环境影响报告书（表）及其审批部门审批决定等文件，分析项目建设性质、规模、地点，主要填埋工艺及填埋量、项目主体工程、辅助工程、公用工程和依托工程内容及规模等情况。

③针对污水、废气、噪声、固体废物等产生量、主要污染因子、相应配套处理设施、处理工艺、排放去向，落实现场勘查重点内容。

④分析常年主导风向，主要建筑物平面布置，污水排放口、污水接管口，废气有组织、无组织排放源，主要噪声源等具体位置，拟布设的污水、废气、厂界噪声监测点。

（3）现场勘查

①主体工程勘查。

调查填埋库区建设内容及主要设备等。

②环境保护工程及公辅工程调查。

调查各类渗滤液、生活污水的产生、收集、流向及处理措施；污水处理设施的能力及处理流程等；

调查填埋气废气产生及处理情况；

调查各类噪声源产生及治理情况；

调查固体废物产生及处理、处置情况。

③其他勘查内容。

各类排污口规范化设置情况；环境管理机构与监测机构人员设置、仪器设备配置及日常监测计划等情况；建设单位对环境风险事故防范与应急措施的落实情况；绿化建设情况；项目建设和试营运期间环境污染事故及公众投诉情况。

（4）编制验收监测方案

验收监测方案主要包括工程概况、污染物及治理措施、验收评价标准、验收监测内容、分析方法等内容。其中验收监测内容包括大气污染物监测方案、渗滤液监测方案、生活污水监测方案及噪声与声环境监测方案，见表7-15。

项目监测内容组成 表7-15

序号	监测内容	监测方式	监测对象
1	大气污染物监测方案	有组织污染源监测	各类排气筒
		无组织污染源监测	厂界
2	渗滤液监测	/	渗滤液污排放口
3	生活污水监测	/	生活污水排放口
4	噪声与声环境监测方案	/	厂界噪声及声环境

案例分析

①废气。

填埋场有组织废气及无组织废气排放应满足《大气污染物综合排放标准》（GB 16297—1996）和《挥发性有机物无组织排放控制标准》（GB 37822—2019）的规定，监测因子根据填埋废物特性从上述两个标准的污染物控制项目中提出，并征得当地生态环境主管部门同意。

a.有组织废气监测。

采样位置：进出口。

采样频次：连续两天，每天3次。

b.无组织废气监测。

采样位置：上风向1个点位、下风向3个点位，共4个点位。

采样频次：连续两天，每天3次。

②废水。

危险废物填埋场废水污染物执行《危险废物填埋污染控制标准》（GB 18598—2019）表2水污染物排放限值要求。监测因子包括：pH值、悬浮物、化学需氧量、五日生化需氧量、总有机碳、氨氮、总氮、总铜、总锌、总银、氰化物、总磷、氟化物、总汞、烷基汞、总镉、总铬、六价铬、总砷、总铅、总银、总镍、总铍、苯并（α）芘。

采样位置：出水口。

采样频次：连续两天，每天4次

③噪声。

执行《工业企业厂界环境噪声排放标准》（GB 12348—2008）。

监测位置：厂界四周。

监测时间：昼间、夜间。

采样频次：连续两天，昼夜各2次。

④固体废物。

一般工业固体废物贮存执行《一般工业固体废物贮存和填埋污染控制标准》（GB 18599—2020）相关要求。

危险废物贮存执行《一般工业固体废物贮存和填埋污染控制标准》（GB 18599—2020）相关要求。

（5）验收报告编制

在完成上述内容监测并取得监测成果后，对监测数据和检查结果进行分析、评价得出结论。主要章节包括：

①验收项目概况；

②验收依据；

③工程建设情况；

④环境保护设施；

⑤建设项目环境影响报告书（表）的主要结论与建议及审批部门审批决定；

⑥验收执行标准；

⑦验收监测内容；

⑧质量保证及质量控制；

⑨验收监测结果；

⑩验收监测结论；

⑪建设项目环境保护"三同时"竣工验收登记表。

主要图件包括：

①建设项目地理位置图；

②建设项目平面布置图（标注单位周边情况、环境敏感目标位置）；

③污水处理工艺流程图；

④验收监测点位布设图。

（6）报告评审

组织成立验收工作组，以召开验收会议的方式，在现场核查和对验收监测报告内容核查的基础上，严格依照国家有关法律法规、建设项目竣工环境保护验收技术规范、建设项目环境影响报告书及其审批部门审批决定等要求对建设项目配套建设的环境保护设施进行验收，形成科学合理的验收意见。验收意见应当包括工程建设基本情况，工程变动情况，环境保护设施落实情况，环境保护设施调试运行效果，工程建设对环境的影响，项目存在的主要问题，验收结论和后续要求。

根据《建设项目竣工环境保护验收暂行办法》（国环规环评〔2017〕4号）相关要求，需由项目单位组织召开环保验收专家评审会，且专家意见需一同作为备案材料提交属地生态环境局。

（7）信息公开公示

验收报告会议审查结束并完成报告修改后5个工作日内，公开验收报告，公示的期限不得少于20个工作日，验收报告公示期满后5个工作日内，登录全国建设项目竣工环境保护验收信息平台，填报建设项目基本信息、环境保护设施验收情况等相关信息，环境保护主管部门对上述信息予以公开。

（8）政府备案

形成一套完整的建设项目竣工环境保护验收档案报政府备案，主要包括环境影响报告书及其审批部门审批决定、验收报告（含验收监测报告（表）、验收意见和其他需要说明的事项）、信息公开记录证明（需要保密的除外）等。

7.9 环境应急预案

7.9.1 应急预案编制流程

（1）工作开展前的准备工作

通过网络查询、与生态环境局的电话咨询以及聘请环保领域的专家进行现场培训，充分了解生态环境部和地方生态环境局对企业突发环境事件备案管理的具体政策要求，确定制定应急预案必须具备的具体内容以及需要提交的文本材料。最终，根据此次预案的工作内容，明确领导小组成员的任务和职责，使工作有条不紊地开展。

（2）企业内排查和资料收集

根据环境应急预案的编制要求，应急预案编制小组成员认真对厂区进行了全面仔细的排查，对项目生产工艺、环境危险源具体分布、现有的环境应急物资和应急设备以及对项目周边环境现状、环境敏感点等情况进行认真细致的调查和询问，充分收集与本项目有关的数据和信息。

（3）预案编制

在充分整理好前期搜集的项目周围环境现状资料以及厂区各部门提供的相关技术资料基础上，根据《企业事业单位突发环境事件应急预案备案管理办法（试行）》（环发〔2015〕4号）的要求，编制《公司突发环境事件应急预案》，主要章节包括：总则、企业基本情况、企业环境危险源与环境风险分析、应急组织指挥体系与职责、预防与预警机制、信息报告与应急响应、突发环境事件现场应急处置、应急救护、监测、终止及信息发布、后期处置、应急保障、应急物资储备情况和监督管理等。

在编制的过程中，定期组织会议进行技术上的问题探讨和工作进展的汇报。及时向相关部门负责人核实和了解项目的环境风险防范措施和应急组织机构的安排，使预案更加全面和具有可操作性，如实地反映厂区环境风险防范存在的问题以及后期需要环境风险措施整改和完善的内容。另外聘请环保专家和相关机构进行技术上指导和培训，使文本的质量符合环保审查的要求。

（4）单位内部审核

环境风险应急预案文本编制完成后，在厂区内部由各相关专业管理部门及应急管理组织成员审核，并由预案编制组汇总修改意见，采纳合理建议对预案进行完善后形成初稿。

（5）外部专家审核

预案送审稿完成后，组织环境风险应急管理专家、周边单位有关代表及政府环保管理部门代表组成评审组，对预案初稿进行评审，充分征求各专家的意见，对预案内容进行进一步修改完善，形成最终备案稿。

（6）单位负责人签署发布实施

预案编制小组汇总内、外部及专家意见，对预案内容进行修改完善，形成的预案最终稿，交由企业负责人审定后，签署颁布令，开始实施，并按预案演练计划进行演练。

（7）预案备案

按照《企业事业单位突发环境事件应急预案备案管理办法（试行）》（环发〔2015〕4号）要求，向主管部门进行备案。

7.9.2 编制应急预案总体要求

1. 应急预案编制目的

为了预防危险废物在运输、贮存、预处理过程中发生火灾、爆炸或泄漏污染事故，健全突发性环境污染事件应急机制，规范公司应急管理和应急响应程序，提高应对企业突发性环境污染事件的处理能力，迅速有效地控制和处置可能发生的事故，尽量降低事故造成的人员伤亡及财产损失，力争把突发性环境污染事件所造成的损失控制在最小范围内。

2. 应急预案适用范围

本预案适用于在危险废物经营、贮存、运输、处置等过程中发生的环境安全事故。

7.9.3 资料准备与环境风险识别

1. 企业基本信息

该危险废物填埋场主要用于填埋处置所在区域产生的各类危险废物，危险废物接收类型主要涉重金属类危险废物，占地面积约7200m²，设计处理能力5000吨/年，服务年限10年。

2.自然环境概况

收集项目所在地地形地貌、气候气象、河流、水文地质等相关资料，为后续风险事故污染物传播过程，提供途径和相关参数。

3.环境质量现状

查阅项目所在地环境功能区划，明确环境要素功能及用途，同时明确环境质量现状。

4.周边环境风险受体情况

根据《企业突发环境事件风险分级方法》（HJ 941—2018），环境风险受体指在突发环境事件中可能受到危害的企业外部人群、具有一定社会价值或生态环境功能的单位或区域等。结合项目所在地特点，开展周边环境风险受体调查。

5.环境风险物质识别

该危险废物填埋场主要进行危废的贮存和处置，风险单元包括实验室等。核实各风险单位风险物质储存情况，对照《企业突发环境事件风险评估指南（试行）》（环办〔2014〕34号）附录B，识别危废中涉及的各环境风险物质及其理化性质。

6.生产规模与生产工艺

结合该危险废物填埋场填埋废物的种类和数量，调查其生产过程，同时对项目平面布置进行分析。重点描述该项目防渗工程、地下水监控系统等工程内容，同时明确该项目废水、废气产生排放情况。

7.现有环境风险防控与应急措施情况

从危废入场检验措施、危险废物暂存泄漏环境风险防范措施、消防废水事故排放环境风险防范措施、雨水系统管理制度、污水站环境风险防范措施、实验室环境风险防范措施等角度，梳理现有环境风险防控与应急措施。

8.现有应急物资与装备、救援队伍情况

对企业现有环境应急物资与装备，企业救援队伍情况进行调查。

7.9.4 突发环境事件应急预案

突发环境事件应急预案是为正确应对和有序处置突发性环境污染事故，进一步健全公司环境污染事件应急机制，规范应急管理工作，提高突发环境事件的应急救援反应速度和协调水平，增强综合处置突发事件的能力，预防和控制次生灾害的发生，最大限度地保护员工和人民群众的身体健康和环境安全，将环境污染事故造成的影响降低至最低限度，使应急准备和应急管理有据可依、有章可循，增强全体员工风险防范意识，促进经济社会全面、协调、可持续发展。根据国家和地方各级环境保护部门的有关文件精神，结合本公司环境保护工作的实际情况，制定本预案。在切实加强环境风险源的监控和防范措施，有效降低事件发生概率的前提下，建立完善的环境保护应急管理和控制体系，规定响应措施，对突发环境事件及时组织有效救援，控制事件危害的蔓延，减小环境影响，提高公司对突发性事故的抵御能力。并能在事故发生后，迅速有效地展开应急救援、人员疏散、污染跟踪和信息通报等活动，将事故损失和社会危害减少到最低程度，维护社会稳定，保障公众生命健康和财产安全，保护环境和周边水资源安全，促进社会全面、协调、可持续发展。

制定环境突发应急预案在于未雨绸缪，防患于未然，提高防范和处置各类重大突发事件的能力。针对各危险源的危险性质、数量可能引起事故的危险化学品所在场所或设施，根据预测危险源、危险目标可能发生事故的类别、危害程度，制定应急救援方案在发生事故时，采取消除、减少事故危害和防止事故恶化的措施，最大限度降低事故损失。

突发环境事件应急预案报告内容包括：总则、企业基本情况、企业环境危险源与环境风险分析、应急组织指挥体系与职责、预防与预警机制、信息报告与应急响应、突发环境事件现场应急处置、应急救护监测终止及信息发布、后期处置、应急保障、应急物资储备情况和监督管理。

7.9.5 环境风险评估报告

环境风险评估报告是为贯彻《中华人民共和国环境保护法》《中华人民共和国突发事件应对法》《国家突发环境事件应急预案》《突发环境事件应急管理办法》（部令第34号），预防和减少突发环境事件的发生，控制、减轻和消除突发环境事件的危害，需对企业自身进行环境风险评估。环境风险评估的目的是分析和预测企业存在的潜在危险、有害因素，确定事故发生的类型，危害程度以及影响范围；通过预测的影响结果，采取有针对性、可预防性的风险防范措施，将建设企业事故率、损失和环境影响降低至最低水平；同时为进一步健全企业环境污染事件应急机制，提高突发环境事件的应急救援反应速度和协调水平，增强综合处置突发事件的能力，预防和控制次生灾害的发生等提供科学依据。

环境风险评估报告内容包括：总则、资料准备与环境风险识别、突发环境事件及其后果分析、完善环境风险防控和应急措施的实施、完善环境风险防控和应急措施的实施计划、企业突发环境事件风险等级的确定。

7.9.6 环境应急资源调查报告的编制

环境应急资源调查报告是根据《企业事业单位突发环境事件应急预案备案管理办法》（环发〔2015〕4号）《企业事业单位突发环境事件应急预案评审工作指南》《企业突发环境事件风险评估指南（试行）》（环办〔2014〕34号）的相关要求，按照《环境应急资源调查指南（试行）》（环办应急〔2019〕17号）要求，开展企业环境应急资源调查，收集和掌握本地区、本单位第一时间可以调用的环境应急资源状况，建立健全重点环境应急资源信息库，加强环境应急资源储备管理，促进环境应急预案质量和环境应急能力提升。

环境应急资源调查报告内容包括：调查概要、调查过程、调查结果与结论及相关附件。

7.9.7 突发环境事件应急预案编制说明

突发环境事件应急预案编制说明主要阐述企业应急预案相关文件编制过程，对于重点内容进行说明，同时详细记录征求意见及采纳情况说明，并对评审情况说明。

7.10 退役阶段环境调查服务

7.10.1 退役危险废物填埋场概述

1. 调查背景

该危险废物填埋场主要用于填埋处置所在区域产生的各类危险废物，危险废物接收类型主要涉重金属类危险废物，占地面积约7200㎡，设计处理能力5000吨/年，服务年限10年。

根据《环境监管重点单位名录管理办法》（部令第27号）第六条规定，涉及填埋处置的危险废物处置场的运营、管理单位属于地下水污染防治重点排污单位，纳入环境监管重点单位管理。填埋场达到服务期限后按照《危险废物填埋污染控制标准》（GB 18598—2019）对刚性填埋库区进行封场。当地生态环境部门按照《中华人民共和国土壤污染防治法》相关规定，要求企业开展退役填埋场（填埋区除外）土壤、地下水环境调查，通过调查判断填埋场运营过程是否对地块及周边区域造成污染影响，方便及时发现并消除污染源头与安全隐患，防止污染扩散或加重，保护填埋场周边及下游区域土壤、地下水安全。

2.调查范围

本次调查范围为退役危险废物填埋场地块，调查范围面积约为7200m²重点调查生产区（包括：危险废物预处理区、事故池、污水处理站等）、刚性填埋库区周边及下游区域，调查范围见图7-2。调查范围拐点坐标信息表见表7-16。

调查范围拐点坐标信息表   表7-16

控制点编号	控制点坐标	
	横坐标（Y）	纵坐标（X）
1	18852.54	10450.56
2	18852.54	10450.56
3	18852.54	10450.56
4	18852.54	10450.56

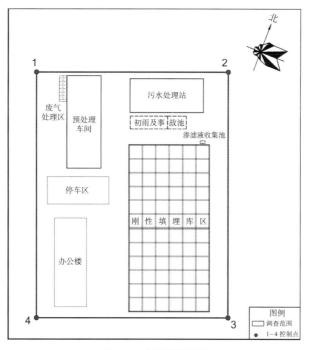

图7-2 调查范围图

3.调查工作内容

本次调查主要工作内容包括资料收集、现场踏勘、人员访谈、现场采样、样品实验室检测、检测结果分析评价、调查报告编制及下一步环境监测管理计划等，具体调查工作内容如下：

（1）收集并分析与调查地块环境相关的地块利用变迁、历史生产活动、污染记录、环境管理及备案、水文地质等文件资料，及周边相邻地块历史生产资料等；

（2）对地块历史、现状知情人进行访谈，了解潜在污染状况。访谈对象应包括：地块使用权人、相关环境管理部门工作人员、熟悉地块的个人；

（3）对现场进行踏勘，了解潜在土壤、地下水环境污染范围、疑似污染痕迹、异常气味，可能造成污染的异常迹象，周边相邻地块历史及现状、土地利用及敏感目标分布情况；

（4）对收集的资料、现场踏勘和人员访谈结果进行分析，制定地块土壤、地下水采样工作计划，现场采集土壤、地下水样品，样品经由专业实验室进行检测分析；

（5）编制报告，详述调查流程和发现，审核、分析、评价样品实验室检测结果，确定退役地块土壤和地下水是否存在超标，分析超标原因，根据污染状况调查结果给出下一步风险评估、风险管控或修复工作建议，并给出后期地下水环境监测管理建议等。

4. 敏感目标

本次危废填埋场所在地块周边不涉及常住居民区、农用地、地表水体等敏感对象，不属于生态保护红线、永久基本农田和其他需要特殊保护区域范围。项目涉及的敏感目标主要为区域土壤、地下水，无其他敏感目标分布。

7.10.2 第一阶段调查

1. 调查地块用地历史及现状

通过资料收集、走访调查、查阅历史影像等方式，对调查地块用地历史及现状进行梳理总结，以列表的方式总结不同历史时期历史使用权人、相应的生产经营活动信息、厂区平面布置、生产工艺流程、危险废物转移联单、危险废物入厂单、危险废物化验、计量等工作台账，见表7-17。

调查地块历史生产沿革表   表7-17

时间	使用权人	生产经营情况
2022年至今	B公司	封场闲置
2012—2022年	B公司	危险废物填埋场，接收危险废物种类主要为涉重金属类危险废物，厂区布置内容主要包括：危废预处理区、污水处理站
2012年以前	当地人民政府	未开发利用地

调查地块历史上涉及的主要生产活动为危险废物填埋场，无其他历史生产经营活动，现状为退役填埋场，目前已封场闲置。

2.地块内平面布置

本次调查地块内历史上涉及的生产活动主要为危险废物填埋处置，地块内主要布置内容包括：生产区、办公区、刚性填埋库区三部分，其中生产区主要布置有：危险废物预处理车间及配套废气处理设施区，配套污水处理站（混凝沉淀）及初期雨水事故池等；刚性填埋库区主要包括网格状填埋区及配套渗滤液收集池；办公区主要包括一座综合楼，地块历史平面布置图详见图7-3。

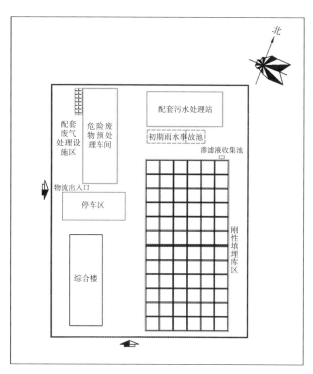

图 7-3 调查地块历史平面布置图

3.废物接收种类及工艺流程

（1）危险废物接收种类

本次调查地块内的危险废物填埋场危险废物接收种类包括：HW17、HW18、HW19、HW21、HW22、HW23、HW24、HW25、HW26、HW28、HW31、HW33、HW36、HW46、HW47、HW48、HW49（涉重金属类）、HW50等18种，具体危险废物种类信息见表7-18。

填埋场危险废物接收信息表　　　　　　　　　　　　　　　表7-18

序号	废物类别	危险废物种类	涉及污染因子
1	HW17	表面处理废物（金属表面处理及热处理加工）	重金属类
2	HW18	焚烧处置残渣	重金属类
3	HW19	含金属羰基化合物废物	重金属类
4	HW21	含铬废物	重金属类
5	HW22	含铜废物	重金属类
6	HW23	含锌废物	重金属类
7	HW24	含砷废物	重金属类
8	HW25	含硒废物	重金属类
9	HW26	含镉废物	重金属类
10	HW28	含锑废物	重金属类
11	HW31	含铅废物	重金属类
12	HW33	无机氰化物废物	氰化物
13	HW36	石棉废物	石棉
14	HW46	含镍废物	重金属类
15	HW47	含钡废物	重金属类
16	HW48	有色金属采选和冶炼废物	重金属类、氰化物
17	HW49	其他废物（涉重金属类）	重金属类
18	HW50	废催化剂（涉重金属类）	重金属类

（2）生产工艺流程

①进场：危险废物经专用运输车辆，按规定路线运输至场区后，首先填写危险废物入场单并进行化验、验收、计量，接收的危险废物须达到入场要求才可进场。

②预处理：检验合格达到填埋标准的直接进入刚性填埋库区，达到填埋标准的进入预处理车间，经过固化、稳定化等预处理方式方可进入刚性填埋库区。

③填埋：符合填埋要求的危险废物由场内车辆将危废运至上料平台，由移动式吊车运至刚性填埋库区单元池卸料，单元池填满后进行封场，逐个单元池进行填埋作业。危险废物应分类进行填埋。

④渗滤液收集：填埋库区上方设置移动式雨棚，移动雨棚停留在未封场的单元池上方，防止雨水进入单元池。库区设置移动式抽吸泵，如有少量渗滤液产生，通过竖向抽排管将渗滤液抽吸至渗滤液收集池，统一经场区污水处理站进行混凝沉淀处置。

工程项目全过程环境咨询服务理论方法及应用

4.现场踏勘与人员访谈

（1）现场踏勘

组织专业技术人员进行现场踏勘，踏勘内容主要包括：

①调查识别地块内的污染痕迹。

现场检查记录污水处理站、事故池、渗滤液收集池、危险废物预处理车间等区域是否存在污染痕迹；经由刚性填埋库区目视检测区检查填埋单元池壁和池底破损情况，是否存在渗滤液渗漏情况。

②有毒有害物质使用及存储情况。

现场检查记录有毒有害物质储存情况，记录储存位置，储存方式，储存容器是否发生损坏，储存设施是否有配套输送管线及分布情况，以及是否存在破损、渗漏等。

③建构筑物踏勘。

现场检查并记录预处理车间、综合楼、污水处理站设备间、池体等建构筑物现状及拆除情况；危险废物处置场所、贮存区、装置区等区域地面铺装破损及跑冒滴漏情况。

④原有监测井情况。

现场检查填埋场周边监测井分布情况，初步判断监测井内地下水颜色、气味异常情况。

（2）人员访谈

组织专业技术人员对调查地块开展人员访谈，走访调查地块历史使用权人、熟悉了解地块的相关人员、当地生态环境等管理部门的相关人员等，访谈调查内容主要包括：填埋场所在地块历史用途变迁情况，污染物排放处理及环境事故发生情况，填埋场管理运营情况，潜在污染区域分布情况等，人员访谈内容作为资料收集和分析的重要补充手段，可对第一阶段调查收集的重点内容进行补充和核实。

5.污染识别

（1）地块潜在污染源识别

通过资料收集、现场勘查、人员访谈等方式，掌握调查地块及周边历史用地情况，调查地块内历史生产活动、不同功能区平面布置情况、潜在污染源及潜在区域等，识别筛选出可能的土壤、地下水污染因子见表7-19。

（2）污染物迁移扩散方式

根据收集到的地块资料及现场踏勘结果，综合分析本次危险废物填埋场生产工

调查地块内潜在污染源识别分析表   表7-19

潜在污染源	潜在污染区域	关注污染物	筛选检测因子
危险废物预处理车间生产过程污染物排放	预处理车间内部及周边	重金属类、氰化物、石棉	锡、锌、镉、总铬、镍、银、铜、砷、六价铬、铅、汞、钯、硒、锑、钡、等重金属类、氰化物、石棉
污水处理站污水处理过程可能发生渗漏、事故排放等	收集池、混凝沉淀池、污水收集管线等区域		
渗滤液收集池可能发生渗漏等	渗滤液收集池及周边区域		
事故池可能发生渗漏等	事故池及周边区域		
填埋库区内各填埋单元可能发生渗漏等	库区周边及下游区域		

艺流程、功能区布置、所涉及的污染物种类及性质，分析污染迁移途径如下：

①危险废物预处理车间废物破碎处理、固化稳定化等作业过程产生的废气及粉尘颗粒物通过飘散、沉降作用进入土壤表层；

②污水站废水收集池、混凝沉淀池，事故池及渗滤液收集池，填埋单元等贮存设施区域有可能发生渗漏，污染物下渗进入土壤、地下水，并可能随地下水的流动向下游方向迁移，对调查地块所在区域地下水噪声污染影响。

6. 地块水文地质勘察结果

（1）地层分布

根据本次调查地块《水文地质勘察报告》，调查地块范围内地层可分为3大层，其中1层为第四系全新统填土，2层为第四系晚更新统下蜀组亚黏土，3层为白垩系上统赤山组泥质粉砂岩。场区内松散层不甚发育，岩性主要为棕黄、褐黄色下蜀组亚黏土，厚度一般为4~15m。

（2）水文地质条件

①含水层岩性特征。

厂区环境水文地质条件较简单，主要分布孔隙潜水。潜水含水层普遍存在，岩性以下蜀组亚黏土、次生亚黏土为主，厚度一般为4~15m，单井涌水量小于10m³/d，水位随微地貌形态而异，一般在3.5m左右，随季节变化，雨季水位上升，旱季水位下降，年变幅一般为1~2m。潜水含水层富水性较差，无供水价值。

②地下水补迳排条件。

由于浅层地下水最接近于地表，其补给条件受地形、气象、水文、人类活动等诸多自然及人为因素的影响。场区地处长江流域东南部的中纬度暖温带气候区，雨量充沛，且地下水埋藏较深，有利于大气降水对潜水的补给，因此场区内潜水主要接受大气降水的面状入渗补给，降雨后潜水水位上升，上升幅度受降雨量控制，呈现同步变化。场区位于岗地区，地表水系不发育，无河流侧向补给。

场区地形坡度较大，水位受到微地形的控制，场区东西向平均坡降达4.2%，为地下水径流创造了良好的条件。总体来讲，地下水接受降水入渗补给后汇入地下，流向地形较低的岗地前缘平原区，拟建场区内地下水总体由北向南径流。岗地区地下水径流流速相对较快，进入平原区径流流速趋缓。

根据水位统测资料分析，调查区地下水流沿地形由场区向西南、南方向径流，最后汇入南部平原区。

7.10.3 第二阶段调查

1. 采样分析工作计划

（1）采样布点方案

根据采样布点原则及依据，结合第一阶段调查识别出的重点区域，对调查地块进行采样布点，布点覆盖预处理车间、污水处理站、事故池、渗滤液收集池及周边区域，本次调查共布设10个土壤监测点。地下水监测井充分利用填埋场周边已有监测井，地块内共有6口已有地下水监测井，其中填埋场上游1口，填埋库区两侧各1口，填埋场下游3口。调查监测点位布设达到详细调查要求。

（2）采样深度及取样位置

①采样深度。

根据现场钻探取样揭露的土层情况，调查地块内土层结构以填土、黏土层为主，土层渗透系数均较低，污染物垂向迁移能力较弱。因此，采样终孔深度原则上设为6m，如现场发现污染痕迹，应加深至无污染深度。土壤采样深度主要划分如下：

a.表层：根据土层性质变化、是否有回填土等情况确定表层采样点的深度，调查地块内表层多为填土，表层采样点深度定为0~0.5m。

b.含水层：视现场采样过程水文地质记录确定，调查地块内含水层埋深在3.5m左右，各点位含水层采集一个土壤样品。

c.不同性质土层：根据不同土层的分布，一般在各土层中取一个土壤样品。同时根据现场土壤污染目视判断（如异常气味和颜色等）、现场重金属便携式测试仪（XRF）和挥发性有机物便携式测试仪（PID）测定结果，在快筛测试值较大处或异常处采集一个土壤样品送检。

d.终孔：根据实际钻探深度，在终孔深度采集1个样品。本次调查现场钻探深度应达到地下贮存设施（如污水收集池、事故池等）底部以下1m左右。终孔深度土壤PID快筛结果应无异常。

地下水监测井充分利用已有监测井，本次调查不再新设置地下水监测井。

②取样位置。

每个采样点位3m以上每隔0.5m、3m以下每隔1m采集土壤样品进行现场XRF和PID快速检测，辅助筛选送检样品。

本次调查结合地块内各水土调查孔资料及现场快速检测结果，综合考虑地块地下水分布和土层分布情况，现场每个土壤点位采集3~4个样品送实验室进一步检测。

地下水采样深度依据地块水文地质条件及调查获取的污染源特征进行确定。一般情况，采样深度在地下水水位线0.5m以下。

同时按照相关监测规范要求，采集样品总数的10%作为平行样。调查地块内采样布点方案详见图7-4。

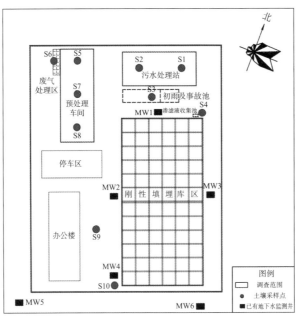

图7-4 调查地块内采样布点图

2.样品检测分析因子确定

（1）土壤样品检测因子

为了保证本次调查的准确与科学性，消除因检测因子不全带来的不确定性，结合调查地块潜在污染源识别结果（7.9.2节），最终确定本次调查土壤检测因子：pH值、《土壤环境质量 建设用地土壤污染风险管控标准（试行）》（GB 36600—2018）表1中45项基本项目、锡、锌、总铬、银、钯、硒、锑、钡、氰化物、石棉。

（2）地下水检测因子

pH值、氨氮、硝酸盐、亚硝酸盐、硫酸盐、氰化物、氟化物、挥发酚类、硫化物、锡、锌、总铬、银、钯、硒、锑、钡、《土壤环境质量 建设用地土壤污染风险管控标准（试行）》（GB 36600—2018）表1中45项基本项目。

3.现场采样及实验室分析

现场采样及实验室分析参照6.1.3节相关要求进行。

4.调查报告编制

地块调查结束后，依据相关导则、技术规范等文件要求，编制土壤污染状况调查报告，调查报告主要内容包括：对调查工作全过程描述、总结，检测结果统计、分析及评价，确定调查地块土壤和地下水是否受到污染，如存在污染，确定地块土壤和地下水污染物种类、浓度和空间分布，并划定污染范围及下一步工作建议。最后，按相关要求将土壤污染状况调查报告报相关主管部门评审。

5.下一步工作建议

（1）刚性填埋库区

针对刚性填埋库区提出封场后继续监测地下水的建议，监测频率应至少一季度开展一次，如监测结果出现异常，应及时进行重新监测，重新采样间隔时间不得超过3天，并建议根据实际情况增加监测项目。

（2）危废填埋场其他区域

①调查结果无污染。

本次调查采样检测结果如未发现异常，则可结束调查。

②调查结果有污染。

本次调查采样检测结果如发现存在土壤或地下水污染，则建议对调查地块继续开展健康风险评估工作，根据实际工作需要，可在风险评估前开展第三阶段调查，以获取后续风险评估、风险管控或修复等工作需要的基础参数。

根据风险评估结果，地块超标程度，结合地块的规划用途，建议采取有效的措施，对超标土壤或地下水进行修复或风险管控，降低健康风险，保障人体健康。

8 全过程环境咨询服务发展展望

8.1 全过程环境咨询的特点

随着社会的发展和人们生活水平的提高，环境问题日益受到关注，企业是市场经济的主体，也是环境保护的主体，是环境保护的重要参与者。在我国经济转向高质量发展的新阶段，企业主动担起环境治理责任谋发展，才能有出路。新的《中华人民共和国环境保护法》规定了企业环境保护的九大责任，从法律层面划出了企业生存发展的底线。为进一步落实相关环保要求，企业对环境咨询服务的需求与日俱增。

环境咨询服务模式也从单一项目咨询，转变为全过程，全生命周期的环境保姆式服务。全过程环境咨询是为工程项目提供从项目谋划到退役全生命周期的环境咨询服务，与传统模式相比较，全过程环境咨询具有服务范围广、全过程集成管理等优势，往往涉及建设项目的全生命周期。

对于企业而言，全过程环境咨询减少了每个阶段环境咨询的工作量，节约了成本，缩短了工期，降低了环境风险，提高了项目质量，有助于控制企业的投资风险。对于咨询企业而言，全过程环境咨询贯穿于企业的全生命周期，可以实现组织协调高效，优化资源配置，服务质量改善的特点。

全过程环境咨询为环境咨询行业提供了新思路、新想法，并日趋科学化、规范化。

8.2 全过程环境咨询的服务内容与优势

全过程环境咨询的服务在项目的全生命周期提供项目选址环境咨询服务、可行性研究环境咨询、环境影响评价咨询、施工期环境监理服务、排污许可咨询服务、环保验收咨询服务、环保管家服务、突发环境预案服务及退役期土壤污染调查、评估、风险管控及修复方案编制服务。

全过程环境咨询从项目谋划阶段开始介入项目，将生态环境保护的理念贯穿始终，每个阶段的环境咨询服务都会全面考虑企业未来的发展与环境保护需求，预先解决后续可能出现的各类环境问题，为项目的高效实施创造有利条件。

全过程环境咨询也要求咨询单位具有专业度较高、服务内容较为全面的专业素养。基于这种市场性需求，环境咨询单位将会持续打造覆盖面广，咨询服务专业的服务团队，以满足客户提出的不同方面需求，针对性地提供专项服务，提升本团队的总体服务质量，也提升客户的满意度与体验感，为客户营造一站式的环境保护服务。

8.3 全过程环境咨询服务展望

全过程环境咨询是现如今发展的趋势，环境咨询行业的发展应当结合各地的政策和实际情况，遵循政府引导，遵守法律法规，也需要更多的相关人才参与其中。通过全过程环境咨询的方法实现经济和环境保护"双赢"的目标，以顾问方式为主，帮助企业达成政府目标和企业社会责任的同时，也能实现全过程咨询行业可持续发展。

工程项目全过程环境咨询服务理论方法及应用

本书思维导图

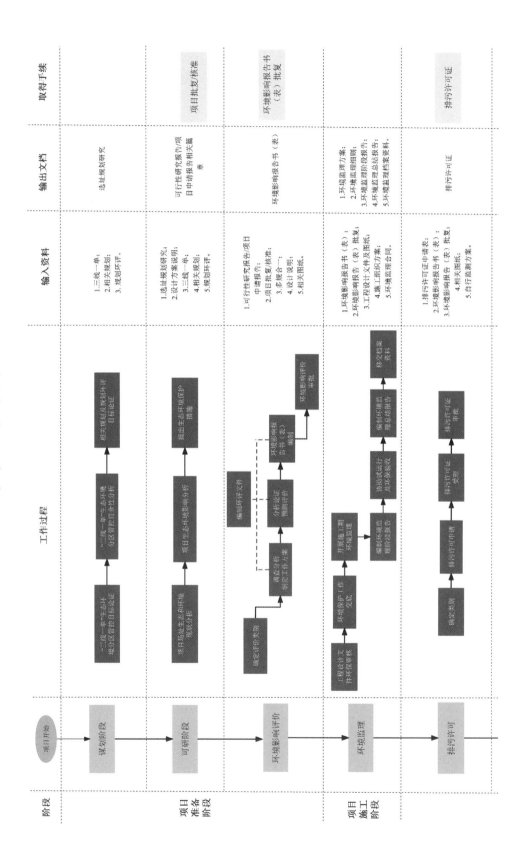

阶段	工作过程	输入资料	输出文档	取得手续
谋划阶段	"三线一单"生态环境分区管控符合性论证 → 相关规划及规划环评目标论证	1.三线一单； 2.相关规划； 3.规划环评。	选址规划研究	
可研阶段	项目场址生态和环境现状分析 → 项目生态环境影响分析 → 提出生态环境保护措施	1.选址规划研究； 2.设计方案说明； 3.三线一单； 4.相关规划； 5.规划环评。	可行性研究报告/项目申请报告相关篇章	项目批复/核准
环境影响评价	确定评价类别 → 调查分析制定工作方案 → 分析论证预测评价 → 环境影响报告书（表）编制 → 环境影响评价审批；编制环评文件	1.可行性研究报告/项目申请报告； 2.项目批复/核准； 3.多规合一； 4.设计说明； 5.相关图纸。	环境影响报告书（表）	环境影响报告书（表）批复
项目施工阶段 环境监理	工程设计文件环保核查 → 环境保护工作交底 → 开展施工期环境监理；编制环境监理阶段报告 → 协助试运行及环保验收；编制环境监理总结报告 → 移交档案资料	1.环境影响报告书（表）批复； 2.环境影响报告书（表）批复； 3.工程设计文件及图纸； 4.施工组织方案； 5.环境监理合同。	1.环境监理方案； 2.环境监理细则； 3.环境监理阶段总结报告； 4.环境监理总结报告； 5.环境监理档案资料。	环境影响报告书（表）批复
排污许可	确定类别 → 排污许可申请 → 排污许可证受理 → 排污许可证审批	1.排污许可证申请表； 2.环境影响报告书（表）批复； 3.相关图纸； 4.自行监测方案。	排污许可证	排污许可证

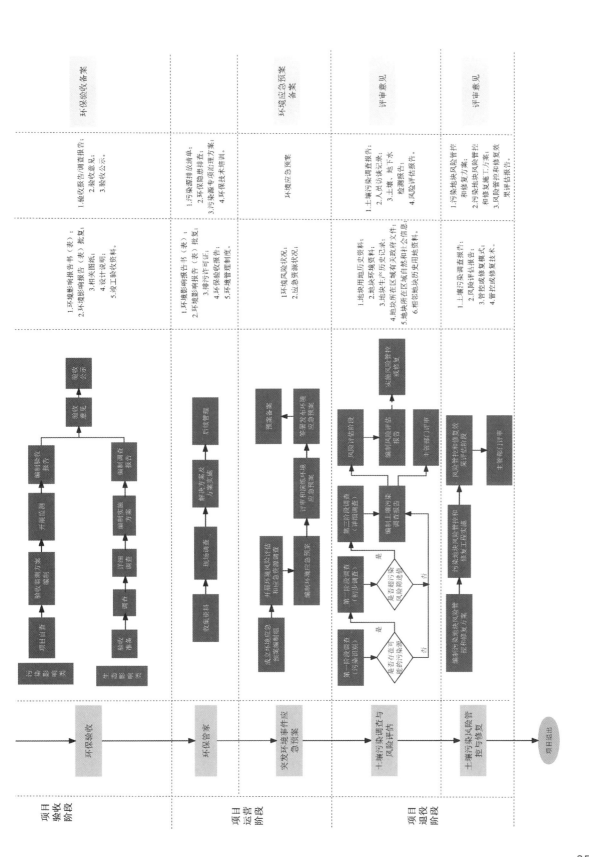

8 — 全过程环境咨询服务发展展望